Jürgen Nebel
Nane Nebel

Die CEO-Bewerbung

Karrierebeschleunigung
ohne Netzwerk und Headhunter

Campus Verlag
Frankfurt/New York

ISBN 978-3-593-51544-1 Print
ISBN 978-3-593-45018-6 E-Book (PDF)
ISBN 978-3-593-45019-3 E-Book (EPUB)

3, komplett überarbeitete Auflage 2022

Umschlaggestaltung: Anne Strasser, Hamburg
Satz: Publikations Atelier, Dreieich
Gesetzt aus der Minion Pro und Myriad Pro
Druck und Bindung: Beltz Grafische Betriebe GmbH, Bad Langensalza
Beltz Grafische Betriebe ist ein klimaneutrales Unternehmen (ID 15985-2104-1001).
Printed in Germany

www.campus.de

Für Benedikt und Amelie

Zur besseren Lesbarkeit werden in diesem Buch personenbezogene Bezeichnungen, die sich zugleich auf Frauen und Männer beziehen, nur in der männlichen Form angeführt, also etwa Leser statt Lesende oder Leserinnen und Leser oder LeserInnen oder Leser*innen oder Leser:innen oder Leser_innen. Uns hat es das Schreiben erleichtert, und Ihnen wird es das Lesen vereinfachen.

Die Autoren hoffen daher auf Ihr Verständnis und bitten, den Gleichheitsgrundsatz bezüglich der Geschlechtergleichrangigkeit als gewahrt zu betrachten.

Inhalt

Einleitung

Ihre Strategie ist falsch ... 11

Teil 1
Für CEOs gelten andere Bewerbungsregeln ... 17

Mit neuer Strategie zum Erfolg! ... 19
Praxisfall 1: Welche Karrierechancen sind noch drin? ... 19
Praxisfall 2: Überwinden der Branchengrenzen mit 53 Jahren ... 23
Praxisfall 3: Kein Profil wie aus dem Lehrbuch ... 27
Ausgangsbasis und methodische Grundlagen dieser Bewerbungserfolge ... 29

Teil 2
Die sieben Prinzipien der CEO-Bewerbung ... 35

Prinzip 1
Souveränität, Autonomie, Wahlfreiheit ... 37
Mehr Souveränität durch bessere Auswahl ... 40
Zielgruppenorientierung ... 42
»Dann sind Sie am Markt verbrannt!« ... 44

Prinzip 2
Performance: Erfolgsdarstellung ... 49
Die vier Stufen der Erfolgsdarstellung ... 51
Der Köder muss dem Fisch schmecken ... 61
KISS vs. »Mehr kann auch besser sein!« ... 65

Prinzip 3
Transparenz ... 69
Transparenz nach innen ... 69
Transparenz nach außen ... 80
Mit umfassender Transparenz sich für das richtige Unternehmen entscheiden ... 89

Prinzip 4
Ehrlichkeit, Wahrhaftigkeit, Authentizität ... 93
Wider das Prinzip »Sie müssen sich gut verkaufen!« ... 95
Die drei Stufen, der Wahrheit näher zu kommen ... 100

Prinzip 5
Emotionalität ... 107
Emotionalität in Ihren Unterlagen: Ihre »Beiträge zum Unternehmenserfolg« als Performance-Geschichten ... 109
Emotionalität im Bewerbungsgespräch: Humor und Leidenschaft ... 116

Prinzip 6
Augenhöhe ... 119
Mythos Motivationsschreiben ... 121
Wechselseitige Motivationsergründung ... 123
Stolperfallen für Augenhöhe: Servilität und Auftrumpfen ... 128

Prinzip 7
Strategie & Kybernetik ... 135
Ihre Beiträge zum Unternehmenserfolg ... 136
Überprüfung am Markt ... 138
Praxisfall 4: Alles erörtert im Vorstellungsgespräch – nur nicht die Hidden Agenda der mächtigsten Seilschaft im Unternehmen ... 145

Teil 3
Schritt-für-Schritt-Anleitung zur völligen Neuentwicklung Ihres CV 155

Selbst machen! 157

Wie und wie lange lesen Entscheider die vorgelegten CVs und entscheiden: »einladen oder nicht?« 159

Wie viel Zeit sollten Sie in die Entwicklung Ihres CV investieren? 163

Was Ihnen ein Spitzen-CV außer Einladungen und Vertragsangeboten noch bringt – und was er im Hinblick auf mitlesende »Stakeholder« enthalten sollte 167

Die CV-Abschnitte Punkt für Punkt 171
Deckblatt – weil man das so macht? 172
Die Überschrift mit den zentralen Informationen in zwei Zeilen 176
Ihr Foto 177
Manager-Charakteristik 178
Angestrebte Unternehmensfunktionen 182
Berufliche Stationen 183
Führungsverantwortung und Berichtslinien 197
Internationale Verantwortung und interkulturelle Erfahrung 198
Gewichtete Funktionserfahrung 202
Erfahrungen mit unterschiedlichen Eigentümerstrukturen, Unternehmensphasen, Branchen und Methoden: die Erfahrungs- und Kompetenzübersicht 204
Führungsstil und Persönlichkeit 207
Engagement und Auszeichnungen 209

Schlusswort 211

Literatur 214

Register 215

Die Autoren 220

Einleitung
Ihre Strategie ist falsch

Ganzseitige Anzeigen in der *Frankfurter Allgemeinen Zeitung* titelten schon vor Jahren: »Ihre Strategie ist falsch!« Etwas plakativ vielleicht, aber zutreffend. Dahinter verbarg sich die EKS – die Engpasskonzentrierte Strategie von Wolfgang Mewes, die später von den *FAZ*-Informationsdiensten publiziert wurde und heute vom Malik Management Zentrum St. Gallen fortentwickelt wird. Diese Strategie ist es unter anderem, auf der dieses Buch basiert – aber vor allem basiert es auf der Praxis! Denn dieses Buch ist ein reines Praxisbuch: entstanden aus mehr als 15-jähriger Beratung von CEOs, CFOs und all den anderen C-Level-Funktionsbezeichnungen, den General Managern, Heads of und Vice Presidents oder ihren deutschsprachigen Pendants, den Vorständen, Geschäftsführern oder Geschäftsfeld- und Bereichsleitern, gleichviel, ob mit Gesamt- oder Funktionsverantwortung. Es ist also ein Buch aus der Praxis für die Praxis, geschrieben insbesondere aus den Erfahrungen eben jener Manager der ersten und zweiten Führungsebene. Ihnen allen sei hierfür herzlich gedankt, denn ausschließlich durch die Diskussionen mit all diesen Männern und Frauen, die in der Unternehmenshierarchie weit oben oder zuoberst stehen, konnten wir unsere Methode Jahr um Jahr verfeinern, sie viele Male jährlich den realen Marktreaktionen aussetzen und von ihnen bestätigen oder verbessern lassen.

Voraussetzung dafür, dass wir all diesen Praktikern als wirkungsvolle Sparringspartner und Berater dienen konnten, die wissen, wovon sie sprechen und aus eigener Erfahrung die Herausforderungen auf dieser Hierarchieebene kennen, war und ist freilich unsere persönliche Biografie. Ich, Jürgen Nebel, war jahrelang operativ tätig als General Manager Deutschland und gesamtverantwortlicher Geschäftsführer der Tochtergesellschaft eines US-amerikanischen Konzerns, als Practice Group Leader einer internationalen Executive-Search-Beratung sowie als selbstständiger Managementtrainer in und für Unternehmen unterschiedlicher Größen und Branchen. Zusätzlich prägten mich meine Stammhauslehre zum Industriekaufmann bei Siemens, meine juristischen Ausbildungen, die Zulassung zum Rechtsanwalt und insbesondere meine mich in fast all diesen Zeiten begleitende Vertriebsverantwortung!

Ich, Nane Nebel, war operativ und strategisch als Marketing- und Franchisemanagerin von Handelsunternehmen mit bis zu zehn Mitarbeitern und

80 Franchisepartnern direkt unterhalb des Vorstands verantwortlich. Hinzu kommen viele Jahre als Inhouse-Consultant eines DAX-Konzerns sowie als Unternehmens-, Kommunikations- und Marketingberaterin für Unternehmen unterschiedlichster Branchen, bei denen ich auch Start-ups, Neupositionierungen, Sanierungen, Unternehmensankäufe und -verkäufe inklusive Due Diligence erfolgreich begleitet oder umgesetzt habe. Bei all diesen Aufgaben habe ich immer eng mit Vorständen, Geschäftsführern, Eigentümern und C-Level-Managern von Konzernen und mittelständischen Unternehmen zusammengearbeitet. Ich weiß also, wie Führungskräfte denken, handeln und entscheiden – aus eigener Erfahrung und aus der engen Zusammenarbeit.

Dieses Buch ist also kein Werk der Wissenschaft, aber geschrieben unter Berücksichtigung der einschlägigen Literatur. Zur relevanten Literatur gehört dabei aber gerade *nicht* die Flut der Bewerbungsratgeber: Denn viele wiederholen ohnehin nur sattsam Bekanntes, rezipieren lediglich fremdes Gedankengut, schon allein, weil erstaunlich viele Autoren, gar Bestsellerautoren, keinerlei Management- und erst recht keine Führungserfahrung haben, ja niemals einen Betrieb von innen gesehen haben, also nie persönliche Erfahrungen in der Welt mittelständischer, internationaler oder globaler Unternehmen sammeln konnten. Zur relevanten Literatur gehören dagegen sowohl Werke aus der Hirnforschung, der forensischen Vernehmungspsychologie, der Werteforschung, der Unternehmensstrategie, aber auch unmittelbar erfolgsbezogene Werke aus der Werbung und besonders dem Direktmarketing. Ferner wurde Literatur aus Fachgebieten berücksichtigt, wo in Ermangelung eigener Forschung empirische Erkenntnisse dieser Wissenschaften auf die Karriereentwicklung des C-Level-Managements übertragen werden können.

Das Buch versteht sich als Strategiemanagementlehrbuch für C-Level-Karrieren – geschrieben sowohl für Manager, die diese Hierarchieebene bereits erreicht haben, als auch für diejenigen, die dorthin gelangen wollen. Auch wenn dies kein wissenschaftliches Buch ist, stellt es vielleicht eine Anregung für die Wissenschaft dar, hier weiter und vertieft zu forschen, wo der Praktiker nur induktive Schlussfolgerungen ziehen kann.

Der Verlag und wir sind überzeugt, dass dieses Buch eine Lücke schließt, denn es weicht in vielerlei Hinsicht ab vom Mainstream – durch Vermittlung neuer und vor allem wirksamer Methoden zur Verfolgung und zum Ausbau von C-Level-Karrieren. In unserer vieljährigen Beratungspraxis waren wir selbst häufig überrascht, wie oft sich außergewöhnliche Erfolge einstellten, trotz oder gerade weil sehr viele der in diesem Buch beschriebenen Methoden deutlich von der herrschenden Meinung der kaum überschaubaren Ratgeberliteratur abweichen oder ihr gar diametral gegenüberstehen.

Beispielhaft seien hier zwei der scheinbar unumstößlichen Behauptungen genannt: zum einen die allgegenwärtige Forderung, der Bewerber müsse sich

»verkaufen«, zum anderen die Empfehlung, Bewerber sollten ihre Kompetenzen darstellen. Meist werden beide Behauptungen apodiktisch unter Verzicht auf jegliche Begründung vorgetragen, selten werden Argumente für diese Empfehlungen angeführt, und scheinbar Heerscharen von Bewerbern folgen diesen Empfehlungen. Manch einer kennt oder erkennt zwar die Fragwürdigkeit, traut sich aber nicht, in so grundlegenden Fragen von der herrschenden Gepflogenheit abzuweichen.

CEO-TIPP

Das Auflisten gleichförmiger Kompetenzkataloge wie »strategisch, analytisch, zupackend, führungs- und verhandlungsstark« in der schriftlichen Bewerbung ist in Wirklichkeit ermüdend, weil nichtssagend, das unreflektierte Befolgen der allgegenwärtigen Empfehlung, sich in der mündlichen Bewerbung »gut zu verkaufen«, ist dagegen sogar gefährlich.

Nach unserer und der Überzeugung vieler unserer Klienten ist es nicht nur falsch, sondern nachgerade gefährlich, sich »zu verkaufen«. Denn hierunter ist meist eine einseitige Darstellung der eigenen Person im Vorstellungsgespräch gemeint, die ängstlich darauf bedacht ist, sich stets von seiner vermutet »besten Seite« zu zeigen. Gebetsmühlenartiges und offenkundig unreflektiertes Wiederholen dieser allenthalben gemachten Empfehlung macht die Behauptung nicht richtiger. Eine weitere weitverbreitete Empfehlung, die der Kompetenzdarstellung, ist ebenso unsinnig. Viel Druckerschwärze wird aufgewandt für das vorgestanzt wirkende Kompetenzeinerlei: verhandlungsstark, durchsetzungsfähig, kommunikativ, begeisterungsfähig, führungsstark, strategisch, analytisch, pragmatisch und so weiter und so fort. Für Manager sind diese Eigenschaften ohnehin obligatorisch, zumindest wird einem erfolgreichen C-Level-Manager das kaum jemand absprechen! Sehr viele unserer Klienten sind froh, dass sie auf die Darstellung dieser nichtssagenden, weil inflationär gebrauchten Kompetenzfloskeln verzichten können – und mit dem Verzicht darauf sogar größere Wirkung erzielen als bislang, denn es schafft Platz und Aufmerksamkeit für die real vorhandenen, besonderen Kompetenzen.

Dennoch wird die Kompetenzdarstellung allenthalben gefordert und auch praktiziert. Sicherlich auch deshalb, weil von (internen und externen) Personalverantwortlichen in Stellenbeschreibungen und Stellenausschreibungen fast immer mit genau diesen Begriffen solche Kompetenzen gefordert werden. Die hier dargestellte Methode ist aber unter anderem deshalb wirksam, weil sie sich nicht in erster Linie an Headhunter und Personalchefs richtet, sondern vorrangig an Vorstände und Aufsichtsräte.

Wir haben in all den Jahren zusammen mit den C-Level-Managern, die wir begleiteten, erkennen können, dass die Erfolgsdarstellung, die Performance also, wesentlich mehr über die Eignung und Fähigkeiten eines Managers aussagt als stereotyp wiederholte Kompetenzkataloge, die zudem naturgemäß selbst beigemessene Kompetenzen auflisten.

Diese beiden zentralen und vielfach praktisch bewährten *abweichenden* Erkenntnisse destillierten wir zusammen mit etlichen anderen zu sieben Prinzipien. Sie sind nach unserer Erfahrung für den CEO-Bewerbungsprozess entscheidend, denn ihre Umsetzung führt zu entscheidenden Vorteilen. Natürlich entlarven nicht alle Prinzipien die Fragwürdigkeit vielfach wiederholter Ratschläge – aber einige stehen im Gegensatz hierzu!

Eines der tragenden Prinzipien wirksamer C-Level-Bewerbungen ist das der Erfolgsdarstellung. Nachweislich melden sich auf die hundertfach gleichlautenden Initiativbewerbungen, die unsere Klienten verschicken, bisweilen sogar DAX-Vorstände bei ihnen – persönlich auf geprägtem Vorstandsbriefbogen, telefonisch oder vom persönlichen E-Mail-Account aus. Und hierbei werden immer wieder auch deutlich verantwortungsvollere Aufgaben angeboten als bislang wahrgenommen. In keinem der hier dargestellten praktischen Beispiele haben wir mit den Managern ausgefeilte Videosessions, auswendig gelernte 90-Sekunden-Spots (mündliche Kurzdarstellung des Lebenslaufs), Einwandbehandlungstrainings oder gar Rollenspiele exerziert. Ebenso wenig waren Psychotests oder Kompetenztests erforderlich und schon gar keine »Fotoshootings«, als ginge es darum, sich mit den Bildern für einen Contest zu qualifizieren. Wer dies alles machen möchte, warum nicht? Aber sich hierauf zu beschränken wäre unklug, denn er betriebe nur Oberflächenkosmetik, die die Wirksamkeit kaum erhöht, bisweilen sogar senkt. Einer unserer Klienten berichtete uns, dass er für einen neu zu besetzenden Direct Report, eine Direktorenfunktion, mehrere Kandidaten interviewt hatte, die überwiegend erkennbar vorformulierte »Texte« vorgetragen hätten und offenbar durch die »Schule von Outplacement-Beratungen« gegangen seien.

CEO-TIPP

Unsere Erfahrung hat uns gezeigt: Drei Kurzdokumente – ein zweiseitiger Lebenslauf, dessen Aufbau genau erklärt und begründet wird, eine zweiseitige Darstellung Ihrer »Beiträge zum Geschäftserfolg« und ein kurzes, inhaltlich gleich gestaltetes Anschreiben – sind Ihre Eintrittskarte zum Vorstellungsgespräch, wenn Sie die sieben Prinzipien berücksichtigen, die wir Ihnen in diesem Ratgeber vorstellen. Diese Prinzipien sind es auch, die Sie im darauffolgenden Bewerbungsverfahren weiterbringen!

Lassen Sie sich inspirieren von praktischen Fällen und konkreten, erfolgserprobten Ratschlägen, die zusammen eine Methode ergeben, die einen vermutlich größeren Teil des auf 80 Prozent geschätzten verdeckten Managementmarkts aufdeckt. Durch Umsetzung der hier beschriebenen Methode werden regelmäßig individuelle Erstgespräche – je nach Zielgruppengröße schwankend – bei meist zehn bis 20 Unternehmen erzielt. Sie können so schon rechnerisch Ihre Karriereoptionen etwa verfünffachen: So können *Sie* auswählen – und sich nicht von anderen auswählen lassen! Damit kehren Sie die psychologisch wichtige Relation um: Statt einiger weniger Gespräche in einem größeren Zeitraum, zu denen fast immer etliche weitere Kandidaten geladen werden, führen Sie eine Vielzahl von Gesprächen in vergleichsweise kurzer Zeit und sind nicht selten der Einzige oder nur einer von zwei oder drei Kandidaten.

Noch eine Anmerkung: Die in dem Buch enthaltenen Fallgeschichten entsprechen realen Managerkarrieren der von uns gecoachten Führungskräfte, die Namen und manche CV-spezifische Details wurden aber geändert.

Teil 1

Für CEOs gelten andere Bewerbungsregeln

Mit neuer Strategie zum Erfolg!

In diesem Kapitel zeigen wir Ihnen, welche eindrucksvollen Erfolge Sie mit einer völlig veränderten Bewerbungsstrategie erreichen können. Unsere Beispiele aus der Praxis illustrieren, wie drei unserer Klienten ihrer bereits beachtlichen Karriere einen weiteren Aufschwung oder gar eine völlig neue – gewünschte – Richtung gegeben haben. Im ersten Praxisfall wird die Frage geklärt, welche Karrierechancen man sich mit einer gezielten Initiativbewerbung eröffnen kann – wie kann man beispielsweise die Branche oder den Wirtschaftssektor wechseln? In einem weiteren Beispiel wird gezeigt, dass man auch nach einer längeren Phase ohne Berufstätigkeit (beispielsweise aufgrund von Sabbatical, Krankheit, familienbedingter Abwesenheit, fehlender Anschlussbeschäftigung) wieder ganz oben mitmischen kann. Und im letzten Praxisfall sehen Sie, warum es darauf ankommt, die richtigen Entscheider anzusprechen – wer kein Profil wie aus dem Lehrbuch hat, fällt bei Personalern schnell durchs Raster. Mit der richtigen Methode aber erhalten selbst außergewöhnliche Karrieren neuen Schub.

Praxisfall 1: Welche Karrierechancen sind noch drin?

Mark Sprenger, 47, hat immer alles gegeben: schulisch, sportlich, familiär und natürlich auch und gerade beruflich. Und er war belohnt worden. Mit Anfang 40 verdiente er bereits 300 000 Euro im Jahr, war Geschäftsführer Vertrieb, Marketing und Einkauf einer internationalen Handelsgruppe mit direkter Personalverantwortung für 2 000 Mitarbeiter und einem Umsatz von 800 Millionen Euro. Freunde fragten sich oft, wie er das machte, denn seiner Familie mit vier Kindern widmete er mehr Zeit, als es Manager in vergleichbaren Positionen gewöhnlich tun, und auch der Sport – früher selbstredend Leistungssport mit zwei Vize-Landesmeistertiteln – forderte noch so viel Zeit, dass bei all den Geschäftsreisen, die er unternahm, kaum fassbar war, wie er das alles managte. Sprenger war fraglos ein Manager mit besonderem Potenzial. Einem Potenzial, das selbst bei den Executive-Search-Beratern der ersten Liga immer wieder auf großes Interesse stieß –

und nicht nur einmal zu der fast vorwurfsvollen Frage führte: »Wieso arbeitet ein Mann wie Sie denn im Handel?«

Ein Blick auf seine Vita gibt die Antwort: Schon an der Universität vertiefte er die Themen Handel, Banken und Versicherungen und er ließ sich auch später von seinen Interessen und seiner großen Begeisterungsfähigkeit leiten. Auch wenn er beruflich weit höher aufgestiegen war als die meisten, besaß er keinen verbissenen Ehrgeiz, war auch menschlich geschätzt, ja beliebt, und entfaltete seine Fähigkeiten nicht nur unter Maximierungsgesichtspunkten. Drohte ihn all dies jetzt im letzten Abschnitt seiner Entwicklung zu bremsen? Denn mancher Aufsichtsrat und Chef angesehener Personalberatungen hatte ihm eine Vorstandskarriere prophezeit, Verantwortungsübernahme vorausgesehen für Milliardenumsätze börsennotierter Unternehmen.

Wie kam es, dass er trotz aller gelassenen Scharfsichtigkeit, die ihn kennzeichnete, nicht dort angelangt war? Heute weiß Sprenger, woran es lag: Er hatte wie die meisten hochbegabten Manager auf Leistung *und* Beziehung gesetzt – schon sein Universitätsprofessor hatte ihn an ein Vorstandsmitglied einer börsennotierten Versicherung weiterempfohlen. Ehrenwert, aber nicht systematisch, wie ihm heute klar ist. Denn kaum hatte er als Vorstandsassistent begonnen, wurde sein Chef zum Vorstandssprecher eines Konkurrenten berufen – und Sprenger verließ das Unternehmen in Jahresfrist. Gute, entwicklungsfähige und -bereite Manager finden überall wieder einen Einstieg auf hohem Niveau: Nach dem ersten, fast vertanen Berufsjahr startete er erneut, dieses Mal in der internen Unternehmensberatung eines globalen Handelskonzerns. Schnell erkannte der Vorstand seine Fähigkeiten, und nach mehreren, auch praktisch erfolgreichen Beratungsprojekten wurde ihm die Vertriebsverantwortung für ein Unternehmen mit niedrigem dreistelligem Millionenumsatz anvertraut. Auch dies meisterte er bravourös, sodass er den Handelskonzern verließ, um seinem Chef in einen anderen Handelskonzern zu folgen. Nach seiner operativen Verantwortung übernahm er dort erneut eine herausragende Funktion in der Unternehmensentwicklung, unter anderem begleitete er die Fusion zweier ehemals konkurrierender Handelskonzerne.

Nach nur zwei Jahren verließ er das Unternehmen, weil wieder sein Chef und Mentor, wie damals schon bei der Versicherung, das Unternehmen verließ. Dieses Mal entschloss Sprenger sich aber, sich freizuschwimmen, nicht seinem Chef und Mentor zu folgen – und das gelang ihm auch souverän: Er übernahm eine überaus aussichtsreiche Alleingeschäftsführung für ein Joint Venture zwischen einem großen Handelskonzern und einem nicht minder bedeutenden Verlagshaus. Das Start-up-Unternehmen sollte ein bahnbrechendes Konzept in der Internet-Goldgräberzeit Anfang des Jahrtausends verwirklichen. Pech für Sprenger war nur, dass schon nach dem Startjahr der eine Joint-Venture-Partner die Zusagen nicht einhielt und sich fluchtartig aus der Partnerschaft verabschiedete. Jahre später wurde das Konzept erfolgreich realisiert – von anderen Geschäftsführern mit anderen Kapitalgebern. Sprenger fehlte ganz offensichtlich Fortune, das, was schon Friedrich der Große von seinen Offizieren forderte.

Der Rest ist schnell erzählt: Nach einer letzten kurzen Station noch einmal bei einem seiner Mentoren, der jetzt wieder in einem anderen Handelskonzern den Vorstandsvorsitz übernommen hatte, schwamm er sich nun endgültig frei und übernahm bei zwei weiteren Unternehmen eine Geschäftsführung beziehungsweise eine Bereichsleitung – das erste war im Handel aktiv, das zweite in der Dienstleistung. Schon im ersten schwoll sein Jahressalär auf die verdienten 300 000 Euro an – Glück hat auf Dauer eben nur der Tüchtige, wie gleichfalls Friedrich der Große schon wusste, weshalb von Glück nicht eigentlich gesprochen werden kann. Denn so viel Pech konnte selbst Sprenger nicht haben, dass exzellente Leistung sich nicht durchsetzen würde. Aber die mehrfach prophezeite Karriere an der Spitze eines Milliardenunternehmens hatte sich nicht bewahrheitet, zu ungünstig waren die Wechselfälle des Lebens für Sprenger gewesen.

Während auch mittelmäßige Manager am Ende einer Seilschaft den Berg auf beachtliche Höhe hochgezogen wurden, wenigstens bis zur Mittelstation, gelegentlich sogar bis zur Bergstation, schaffte es Sprenger – immerhin aus eigener Kraft – nur an die Spitze eines vergleichsweise kleinen Bergs, weil er strategisch, wie sich heute zeigt, unsystematisch vorgegangen war. Letztlich deshalb, weil er es nicht besser wusste, als das zu tun, was allenthalben geraten wurde: sich einen Mentor suchen, von ihm fördern lassen und im Übrigen die weitere Karriere über professionelle Headhunter einfädeln. Diese »Strategie« wurde ihm nicht gerade zum Verhängnis, aber genutzt hat sie ihm rein gar nichts – eher hat sie ihn in falscher Sicherheit gewiegt und seine Loyalität zu den beiden Mentoren strapaziert. Heute, wie gesagt, weiß er es besser. Und noch ist er jung genug, um sein exzellentes Potenzial entfalten zu können. Vorausgesetzt, er geht künftig strategisch bedachtsamer vor.

Sprenger begab sich daher in unsere strategische und nicht nur praktische Beratung mit ganz klaren Zielen, ja Vorgaben: Zum ersten Mal in seinem Berufsleben wollte er richtig wählen, seine Karriere nach *seinen* Vorstellungen fortentwickeln, und daher brauchte er viele Erstgespräche bei vielen Unternehmen – und das innerhalb eines vergleichsweise kurzen Zeitraums, um auch tatsächlich zwischen verschiedenen Alternativen wählen zu können. Und außerdem – so sehr er auch den Handel liebte, so schwer ertrug er ihn manchmal – wollte er herausfinden, ob nicht nur ein Branchenwechsel möglich wäre, sondern sogar ein Wechsel in andere Wirtschaftssektoren, beispielsweise in die Industrie, eine Bank, eine Versicherung oder in ein Dienstleistungs- oder Beratungsunternehmen. Und das zu Konditionen, die keine Einbußen gegenüber dem jetzigen Status mit sich brächten. Sprenger wollte es noch einmal wissen und zugleich herausfinden, was ihn für die nächsten 20 Jahre seines Berufslebens wirklich interessierte. Da traf er bei uns auf offene Ohren, denn wir haben schon oft erlebt, dass selbst erstklassige Manager keineswegs immer genau wissen, was sie beruflich als Nächstes wollen, oft nicht einmal, was sie als Endziel ihrer Karriereentwicklung anstreben. Wünsche und Hoffnungen, Befürchtungen und Ehrgeiz lassen sich eben nicht einfach vermessen und als klares Bild »ausdrucken«. Vieles ergibt sich erst, wenn man näher dran ist und am besten Gespräche mit Unternehmensvertretern führt. Dann weiß man überhaupt erst, was einem alles offensteht oder eben auch nicht, und nur dann kann man sich entscheiden. Und genau dieses Entscheidungsspielfeld erarbeiteten wir zusammen.

In der Zusammenarbeit kristallisierten sich mehrere Zielgruppen heraus. Neben der offensichtlichen, dem Handel, natürlich auch die Beratungs- und Dienstleistungsunternehmen; mit seiner letzten Station war Sprenger immerhin ja auch schon einmal im großen Wirtschaftssektor Dienstleistung tätig gewesen, und Beratung war ihm vertraut aus der Anfangszeit der internen Unternehmensberatung. Dagegen fehlte ihm bezüglich Banken jedwede Erfahrung, und bei einer Versicherung war er nur zum Berufsstart für ein kurzes Jahr als Vorstandsassistent tätig gewesen, was nach 20 Jahren praktisch »verjährt« war.

Es war dann nicht nur erstaunlich, wie viele Unternehmen auf seine Bewerbungen reagierten, sondern insbesondere, aus welchen Branchen und Wirtschaftssektoren sie kamen – auf Vorstandsebene antworteten diesem reinen Handelsmann Banken und Versicherungen! Es zeigte sich einmal mehr, dass sorgfältig ausgearbeitete Unterlagen, die präzise und transparent darstellen, *was* der Manager bewegt hat, Branchen- und Wirtschaftssektorengrenzen überspringen lassen. Natürlich war außerhalb des Handels die relative Resonanz geringer, aber Sprenger wurde auch von ihnen eingeladen. Mit der ersten operativen Ebene erörterte er dort, wie er seine besondere Verantwortungserfahrung und sein spezielles Wissen zum Wohle des Unternehmens einsetzen könnte. Nur wer die Wahl hat, hat keine Qual. Und bei 58 angebotenen Einladungen zu Erstgesprächen fiel die Wahl zwar nicht leicht, aber Sprenger hatte sein erstes Ziel, frei wählen und *zur selben Zeit über Alternativen entscheiden zu können,* mehr als erreicht.

Und auch sein zweites hochgestecktes Ziel, die Branchen- und Wirtschaftssektorengrenzen zu überwinden, hatte er erreicht. Erstaunlich war, dass seine Chancen in der Industrie sogar fast größer waren als im angestammten Sektor Handel. Möglich war die Prüfung attraktiver und vor allem realer Angebote nur durch die gewählte Vorgehensweise der Direktansprache von Entscheidungsträgern. Via Headhunter oder Anzeige wäre Sprenger bei Industrieunternehmen kaum auch nur zu einem Gespräch gekommen – nach 20 Jahren Handelsverantwortung. Gleiches gilt sicher auch für Banken und Versicherungen. Sprenger konnte in Ruhe auswählen und sich unter Strategie- als auch Leidenschaftsaspekten für das genau für ihn Passende entscheiden. Er nutzte das selbst geschaffene Entscheidungsspielfeld für sich und traf autonom und souverän die Wahl, von der er ausgehen konnte, dass sie ein Maximum der selbst gesetzten Kriterien erfüllte.

Praxisfall 2: Überwinden der Branchengrenzen mit 53 Jahren

Maschinenbau-Ingenieur Harald Eifler, 53, Familienvater zweier noch kleiner Töchter, gehörte zum eher ruhigen Typus des gesamtverantwortlichen Geschäftsführers. Er strahlte innere Kraft und begründete Zuversicht aus und übertrug sie auf andere. Grundlage waren wohl eine außerordentliche Beobachtungsgabe und seine Fähigkeit, die vielen ihm zugänglichen Wahrnehmungen zu ordnen und diese Schlüsse und Erkenntnisse dann in verwertbare Handlungen umzusetzen. Eine der Ursachen für seine beruflichen Erfolge.

Eifler beobachtete und reflektierte aber nicht nur die Menschen, Abläufe und Strukturen in seiner Umgebung, sondern auch sich selbst. Er kam zu uns und klagte schon im Kennenlerngespräch augenzwinkernd: »Ich habe eine Schwäche für ältere Herren!« Zwei Mal schon, nämlich die letzten beiden Male, berichtete er, sei er auf die Versprechungen und Lobhudeleien desselben Typs von Eigentümerunternehmer hereingefallen. Er war es leid, offenbar gerade hier nicht dazulernen zu können: Beide Gründerunternehmer blickten in der Bewerbungsphase, so erzählte er, auf ihn wie auf einen Sohn, anerkannten seine Erfolge, beteuerten, dass er die beste Wahl für ihr Unternehmen wäre, malten ihm eine strahlende Zukunft aus – ihr eigen Fleisch und Blut sei ja leider nicht in der Lage, die große Verantwortung für Unternehmen und Mitarbeiter zu tragen, und so weiter und so fort … Sie baten ihn zu kommen. Und Eifler kam. Doch der Wind drehte sich und der nunmehr an Bord gekommene »Sohn« spürte diesen Wind jetzt aus einer anderen Richtung pfeifen. Vielleicht waren die Kinder der Selfmademen doch nicht so unbegabt, konnten oder wollten neben dem großen, starken, eigensinnigen Baum aber kein fremdbestimmtes Schattendasein fristen? Eifler wollte das auch nicht. Das erste Mal traf ihn das Unglück schon in den ersten sechs Monaten der »Probezeit«, die vertraglich aber gar nicht vereinbart worden war: Der »Unternehmensvater« stellte ihm ohne Vorwarnung nach vier Monaten den Stuhl vor die Tür, weil er einem »Angebot, das man nicht ablehnen kann« zustimmte und sein Unternehmen nach 42 Jahren verkaufte. Die ihm so wichtigen Mitarbeiter wogen nun doch nicht mehr so schwer und sein neuer »Adoptivsohn« schon gleich gar nicht. Ihm verweigerte er sogar jeglichen finanziellen Ausgleich dafür, dass Eifler von einem Tag auf den anderen kein Gehalt mehr bezog, vom Erfüllen des an sich nicht vorzeitig kündbaren Vertrages ganz zu schweigen. Der Käufer, ein Private-Equity-Investor, installierte wie meist üblich sein eigenes Management. Eifler erkannte, dass er ein Spielball und am Ende Opfer eines natürlich längst angebahnten Deals war. Denn natürlich war der Unternehmer schon zu Zeiten der Einstellungsverhandlungen längst in Verkaufsverhandlungen gewesen, nur wollte sich dieser für alle denkbaren Szenarien wappnen und sicherte sich Eiflers erwiesenes Erfolgspotenzial und seine Managementqualitäten. Da die Unternehmenszahlen weit überdurchschnittlich waren, konnte Eifler auch nicht ahnen, dass der Unternehmer Kasse machen und das Unternehmen samt Mitarbeitern verkaufen wollte.

Eifler musste schnell die nächste Gesamtverantwortung finden, denn Zeit und Geld wurden knapp. Es gelang ihm – allerdings war die neue Verantwortung deutlich schlechter dotiert. Dieses Unternehmen, so beteuerte der damals 76-jährige Unternehmensgründer, könne sich mehr nicht leisten.

Dieses zweite Mal musste Eifler lange leiden: fünf Jahre! Fast alles schien anders zu sein als vorher besprochen. Das Unternehmen befand sich schon seit gut zehn Jahren im Sinkflug. Es konnte aber fantastisch von Rücklagen aus der Pionierzeit der Branche zehren, die in ihrer schwindelerregenden Höhe alle nachdrängenden Wettbewerber der Branche hätten blass werden lassen. Eine Kriegskasse zudem, die den Markt hätte wieder auf den Kopf stellen können, so wie damals in der Goldgräberzeit der 70er Jahre. Eine Aufgabe wie für Eifler geschaffen. Denn als Brancheninsider war er prädestiniert, mit dem früheren Wegbereiter der Branche diese Wettbewerber wieder ein- und sogar zu überholen.

Doch so kam es nicht, denn der alte Gründer wusste immer alles besser und regierte als 100-Prozent-Gesellschafter unumschränkt, obschon er nicht mehr Geschäftsführer war, mit fütternder und harter Hand zugleich – direkt vorbei an seinem Alleingeschäftsführer Eifler. Denn über die Jahrzehnte hatte er – Haudegen und Menschenverführer in einem – ein Vasallensystem von sehr ergebenen, weil abhängigen Managern und Mitarbeitern errichtet, dessen Zügel er noch immer zuverlässig in seiner Hand hielt.

Eifler, dem tatkräftigen Mann, schienen die Hände gebunden, ein Befreiungsschlag ruinös, denn es kam alles zusammen: Sein Geschäftsführervertrag verpflichtete ihn für fünf Jahre, Rücklagen hatte er keine aufbauen können, weil er spät eine Familie gegründet hatte und seit Jahren seinen schwerkranken Vater finanziell unterstützte. Eine andere Position war durch seine vieljährige Einengung auf eine Branche in der strukturschwachen Region am Rande Deutschlands nicht zu bekommen und das Einfamilienhaus war in dieser Region nur mit hohen Verlusten verkäuflich. Ein »Befreiungsschlag« war ja vielleicht auch gar nicht notwendig, denn es war ja keineswegs immer unerträglich. Wie bei vielen anderen Dauerschuldverhältnissen auch, raufte man sich zusammen, immer wieder: Der strenge Ersatzvater lockte mal mit Beteiligungen am Unternehmen, mal drohte er mit fristloser Kündigung. Immer wieder aber riss er die tatsächliche Geschäftsführung vorübergehend an sich. Sie konnten nicht miteinander und sie konnten nicht ohne einander.

Der Macher Eifler schien wie einst Prometheus auch von seinem Gottvater verurteilt worden zu sein, in einer Einöde festgeschmiedet auszuharren, nur eben ganz menschlich als »Allein«-Geschäftsführer auf einem großen und weiten Werksgelände in der ganz realen Provinz am Rande Deutschlands. Unentrinnbar kam ihm seine Situation vor, denn

1. in seiner engen Branche gab es überhaupt nur sechs Unternehmen, die dreistellige Millionenumsätze erzielten. Die Hälfte hatte er schon durch,
2. ein Wechsel schien aussichtslos, denn die Zahlen des Unternehmens rutschten weiter – langsam zwar, aber beständig – bergab.

Das Dilemma, aus dem er keinen Ausweg wusste, war, dass er zwar im Laufe der Jahre gleich dreimal Millionenbeträge durch modernste Lean-Management-Methoden einsparte, neue ertragsstarke Geschäftsfelder erschloss, profitable Kooperationen mit renommierten Weltmarken einging – er aber am Ende immer mit leeren Händen dastand, weil sein Eigentümerunternehmer alles durch sture und rückwärtsgewandte Anordnungen konterkarierte und so die erwirtschafteten Erträge mehr als aufzehrte. Und so erschienen in den jährlichen Bilanzen tatsächlich stetig schlechtere Zahlen, wenn auch in moderatem Abfallen.

Ein knappes Jahr vor Ablauf seines Vertrags warf der unumschränkte Eigentümerunternehmer seinen Geschäftsführer hinaus, um doch den Platz für seinen 53-jährigen Sohn frei zu machen, damit dieser in das Familienunternehmen eintreten könne. 25 Jahre zuvor hatte der Filius ein unrühmliches Intermezzo in leitender Position des väterlichen Unternehmens durchstehen müssen und lebte seither von regelmäßigen Zuwendungen des Familienunternehmers. Nun musste Eifler also handeln.

Nach monatelangem, fast verzweifeltem Bemühen, Erstgespräche mit Unternehmen führen zu können, die, fanden sie denn statt, ergebnislos blieben, kam er zu einem Kennenlerngespräch zu uns. Harald Eifler und wir entschieden uns für eine Zusammenarbeit. Fünf Monate später, nachdem er seine Bewerbungsstrategie völlig neu entwickelt und umgesetzt hatte, unterzeichnete er einen neuen Geschäftsführervertrag bei einem Tochterunternehmen eines Industriekonzerns. Immerhin konnte er dort wieder an seine alte Einkommenshöhe anknüpfen, die er schon vor seiner Odyssee erreicht hatte.

Es war ein schwerer Weg, zu dessen gutem Ende ihm die in diesem Buch beschriebene Vorgehensweise verhalf. Voraussetzung war, dass zwei Herausforderungen gemeistert werden konnten, die beide deutlich über dem lagen, was normalerweise bei sich neu orientierenden Geschäftsführern geleistet werden musste:

1. Das Herausarbeiten greifbarer Erfolge, die trotz anderslautender Unternehmenszahlen erzielt worden waren. Das war zwar möglich, aber anstrengend, und kam einer Slalomfahrt gleich. Denn der eherne Grundsatz, immer nur die Wahrheit zu sagen und zu schreiben, musste auch hier eingehalten werden.

2. Die zweite Herausforderung, nämlich die verzweifelte Gemütslage Eiflers zu drehen und positiv neu aufzubauen, war fast noch schwerer. Zu tief saßen die Verletzungen, dass er sich all das hat gefallen lassen und das Gefühl, am Ende mit leeren Händen dazustehen. Hinzu kam das Unbehagen, sich mit den Bilanzen der letzten Jahre konfrontiert zu sehen. Denn tatsächlich warf ihm einer der Aufsichtsräte, bei denen er ein Bewerbungsgespräch führte, gleich zu Beginn einen Jahresabschluss auf den Tisch, den er aus dem Unternehmensregister gezogen hatte. So drastisch war jedoch nur einer. Etliche andere waren genauso verfahren und hatten seine Bilanzen eingesehen, sie waren nur weniger auftrumpfend und einschüchternd aufgetreten.

Die vielen Erst- und Folgegespräche, die Eifler führte, enthielten noch ein Déjà-vu-Erlebnis mit einem älteren Herrn mit sehr einnehmender Art. Immerhin hätte er auch mit ihm seinen engen Branchenfokus überwinden können. Ein drittes Mal sollte es aber nicht geben. Stattdessen wechselte der 53-jährige Eifler nach drei Stationen hintereinander in derselben Branche gerade noch rechtzeitig in einen anderen, deutlich größeren Industriezweig. Zudem bot dieser dem Maschinenbau-Ingenieur, der er mit Leib und Seele war, auch in technischer Hinsicht noch größere Entfaltungsmöglichkeiten.

Eines war für Eifler während seiner beruflichen Neuorientierung mit all ihren Gesprächen besonders wichtig, wie er einige Zeit später erklärte: »Ich bin mir heute all meiner Stärken und vor allem Erfolge bewusster als in all den Jahren zuvor. Das erhöht mein Standvermögen spürbar!« Dies vor allem hält ihn auch heute noch sicher auf Kurs. Denn durch diesen Paradigmenwechsel der Bewerbungsstrategie konnte er sich aus seiner sehr bedrängten Situation herausarbeiten. Viele geschasste Manager, wenn sie nicht gar in eine Art Schockstarre verfallen und nichts mehr klar erkennen können, reduzieren ihre Wahrnehmung meist eindimensional auf einen Tunnelblick und wenden hin und her, warum ihnen das passiert ist, wie ungerecht es ist oder wie es zu vermeiden gewesen wäre. Nach einiger Zeit besinnen sich viele dann auf ihre Kompetenzen. Diese sind aber nur bedingt greifbar, führen daher kaum zu einem Vertragsangebot. Eifler konzentrierte sich dagegen konsequent auf seine zahllosen Erfolge – und natürlich nicht nur die schwer darzustellenden aus der letzten Verantwortung, sondern auch auf all die aus den Verantwortungen zuvor – und zog sich so am eigenen Schopf aus dem Sumpf der gefühlten und teilweise auch erlebten Niederlage.

Praxisfall 3: Kein Profil wie aus dem Lehrbuch

Der Deutschfranzose Reinhold Hohenhagen, 42, startete seine Bilderbuchkarriere bescheiden als Auszubildender bei einem deutschen Automobilkonzern, setzte dann aber gezielt zwei wirtschaftswissenschaftliche Studienabschlüsse bei deutschlandweit beziehungsweise weltweit renommierten Hochschulen respektive einer Grande École obenauf; den zweiten berufsbegleitend neben seiner herausragenden praktischen Managementtätigkeit. Eine DAX-Vorstandsreferententätigkeit zierte fortan seinen CV ebenso wie eine äußerst erfolgreiche Beratungstätigkeit in einer angesehenen Beteiligungsgesellschaft und eine Bereichsleiterverantwortung Finanzen beziehungsweise Vertrieb bei einem Mittelstandsunternehmen. Abgesehen von dem ungereimt erscheinenden Funktionsspagat Vertrieb *und* Finanzen hatten sich Hohenhagens Karrierechancen durch seine letzte Verantwortung reduziert: Er hatte sich als Head of Corporate Finance eines mittelstandsgeprägten Konzerns mit Milliardenumsätzen in eine Sackgasse manövriert, denn die schon bei Vertragsunterzeichnung zugesagte Geschäftsführerposition einer Konzerngesellschaft war ihm angeblich infolge der Finanzkrise nie angeboten worden.

Aus diesem und zahlreichen anderen Praxisfällen leitet sich der Grundsatz ab: Verlassen Sie sich nie auf vertraglich nicht festgeschriebene »nächste Entwicklungsschritte«, die nur gesprächsweise erwähnt wurden, selbst wenn Sie Ihnen mündlich zugesichert wurden. Solche Positionen sollten Sie nicht annehmen, sofern Ihnen genau dieser nächste Schritt wichtig ist. Verlass ist natürlich auch auf arbeitsvertraglich zugesicherte Klauseln nicht, aber immerhin binden sie meist moralisch und damit bisweilen tatsächlich. Wer also sichergehen will, verlässt sich nicht auf das Angebot einer mündlich oder vertraglich zugesicherten »nächsten Position«, sondern tritt nur an, wenn bereits die Startposition den gewünschten Verantwortungsumfang hat. Hohenhagen erfuhr trotz seiner Exzellenz eine spürbare Zurückhaltung bei den wenigen (internen und externen) Personalverantwortlichen, mit denen er zuvor schon Gespräche geführt hatte. Schon sein CV passte nicht auf die Stellenbeschreibungen und Stellenausschreibungen, denn sein Funktionsspagat aus Finanzen und Vertrieb erschien aus Personalersicht ungereimt. Anders oft die Reaktion der operativ Verantwortlichen, wie sich später herausstellen sollte. Denn die hier dargestellte Methode ist unter anderem deshalb so wirksam, weil sie sich nicht vorrangig an Headhunter und Personalchefs richtet, sondern an Vorstände und Aufsichtsräte. Diese verstanden auch besser, dass man Hohenhagen nach getaner erfolgreicher Umstrukturierung durch einen preiswerteren Manager ersetzt hatte, und sahen darin auch keinen Karriereknick, sondern zutreffend eine personelle Optimierung: Schließlich konnte das laufende Geschäft auch eine weniger erfahrene Führungskraft besorgen. Hohenhagen selbst hatte man, statt ihm die versprochene Geschäftsführerposition zu geben, auf seinen Wunsch hin in einer Projektleiteraufgabe geparkt, damit er sich außerhalb des Konzerns neu orientieren konnte.

Hohenhagen lief nun die Zeit davon. In seinem Alter hatten andere mit weit geringerer Qualifikation bereits erfolgreich die zweite Geschäftsführung gemeistert. Er wollte nicht länger von Wohl und Wehe der Konzernlenker, den Schwankungen der Weltwirtschaft oder auch nur individuell behindernden Branchenflauten abhängig sein. Auch er entschied sich für die systematische Auslotung seiner Chancen, wie sie durch das hier beschriebene Vorgehen möglich ist. Er wollte künftig möglichst wenig dem Zufall überlassen und so in seiner Karriere unabhängiger werden von der Gunst des Augenblicks, den natürlich begrenzten Beziehungsnetzwerken oder den positiven oder eben negativen Launen der Managervorauswahl von Personalvorständen oder Executive-Search-Beratern.

Hohenhagen, der als Finanz- und Vertriebschef gleichermaßen beschlagen war im systematischen Zahlen- wie im strategischen Zielgruppendenken, begriff die in diesem Strategiebuch beschriebene Systematik sofort und setzte sie vorbildlich für sich um. Was zuvor die CV-Leser verwirrte, also seine breite Funktionserfahrung, münzte er durch das gezielte Ansprechen der von ihm präferierten Zielgruppen zu seinem Vorteil um. Das Ergebnis gab ihm recht: Erstgespräche mit zig potenziellen Arbeitgebern, vom DAX-Konzern über eigentümergeführte Mittelstandsunternehmen und Beteiligungsgesellschaften bis hin zum Family Office mit Milliardenvermögen. Tatsächlich meldeten sich 63 Unternehmen direkt beziehungsweise über die zusätzlich angeschriebenen Executive-Search-Beratungsgesellschaften mit Gesprächsangeboten bei ihm. Mit seiner sehr breiten Erfahrung konnte er freilich auch deutlich überdurchschnittlich viele Unternehmenszielgruppen ansprechen. Die Ausbeute gab ihm recht.

Hohenhagen destillierte und priorisierte hieraus systematisch die vielversprechendsten für die Erstgespräche. *Jetzt war Hohenhagen am* Zug. Und entschied völlig frei und souverän, verpflichtet allein seinen persönlichen Vorlieben, Wünschen, Zielen und langfristigen strategischen Überlegungen. Er entschied sich für eine CFO-Position mit mehrjähriger festgeschriebener Geschäftsführerberufung und vor allem einem Verantwortungs- und Aufgabenumfang, der ihm voll und ganz entsprach. Diese Position konnte er unter mehreren Vertragsangeboten auswählen und nebenbei deutlich höhere feste und variable Bezüge erzielen.

Ausgangsbasis und methodische Grundlagen dieser Bewerbungserfolge

Nur etwa 20 Prozent aller Managementvakanzen werden offen ausgeschrieben. Dies ist selbstredend eine »Dunkelziffer«, die kaum empirisch überprüfbar ist, weshalb verlässliche Zahlen wohl nicht vorliegen. Mehrere der nach Quantität führenden Outplacement-Beratungen in Deutschland nennen dieses Verhältnis. Sie greifen zweifellos auf eine signifikante Datenbasis für Führungskräfte zu und ermitteln, auf welchem Weg die beratenen Führungskräfte eine neue Aufgabe gefunden haben. In der Literatur werden auch günstigere Verhältnisse genannt – jedoch beziehen sich diese nicht explizit auf das C-Level. Das Verhältnis ist nach unserer Einschätzung für C-Level-Positionen vermutlich noch ungünstiger: Deutlich weniger als 20 Prozent aller Vakanzen werden offen ausgeschrieben.

CEO-TIPP

Höchstens 20 Prozent aller C-Level-Positionen werden überhaupt offen ausgeschrieben. Über 80 Prozent sind damit für die meisten Manager de facto nicht erreichbar und quasi für ihre Karriereentwicklung nicht existent.

Karriereoptionen verfünffachen

Die meisten C-Level-Führungskräfte und diejenigen, die dies werden wollen, berücksichtigen zwangsläufig nur diese ausgeschriebenen 20 Prozent aller Stellen bei ihrer Karriereentwicklung, weil sie nicht wissen, wie sie die verdeckten Vakanzen identifizieren können. Allenfalls stochern sie noch in ihrem Kontaktnetz nach weiteren Karrierechancen herum; auch wenn sie dies ganz systematisch und mit Eifer tun, sind Kontaktnetze endlich und oft branchenfokussiert. Oder sie kontaktieren mehr oder weniger selbstbewusst bis verschämt den einen oder anderen Headhunter. Damit verhält sich der C-Level-Manager nicht anders als der Durchschnittsmanager: Er lässt rund 80 Prozent aller offenen Managementpositionen unberücksichtigt, denn der weitaus größere, »verdeckte Stellenmarkt« – und damit die meisten Karriereoptionen – bleibt für diese Führungskräfte *intransparent* und damit unerreichbar.

Bewährte, aber weithin ungenutzte beziehungsweise unbekannte Methoden bringen Licht in genau diese Intransparenz. Logisch, dass aufgrund der verbreiteten Unkenntnis entscheidender Erfolgsmethoden, wie die Transparenz über Vakanzen deutlich erhöht werden kann, häufig die Glücklicheren, manchmal die Clevereren und nur hin und wieder die Geeigneteren beim Erklimmen der nächsten Karrierestufe gewinnen.

Sorgen Sie also für Transparenz: eine hochindividuelle Transparenz bezüglich *Ihrer* Optionen zum Zeitpunkt X. Denn all die eingangs beschriebenen Erfolgsfälle verfügten durch Aufdecken des sogenannten verdeckten Stellenmarktes über circa fünfmal so viele Erstgespräche bei für sie relevanten Vakanzen. So sorgen Sie dafür, dass vermehrt Eignung und Leistung über die Berufung in wichtige Positionen entscheiden und nicht der Zufall oder das Kontaktnetz. Ein begrüßenswerter Nebeneffekt ist, dass auch volkswirtschaftlich Nutzen gestiftet wird, denn wichtige Positionen werden so eher mit den geeigneten Führungspersönlichkeiten besetzt – die Bewerber suchen sich so diejenigen Positionen aus, in denen sie ihr Potenzial noch besser entfalten können als bisher, in denen sie im Zentrum ihrer Fähigkeiten agieren können.

Rein rechnerisch – und auch tatsächlich, wie unsere praktische Erfahrung zeigt – verfünffachen Sie in etwa Ihre individuellen Auswahloptionen, wenn es Ihnen gelingt, den für Sie relevanten Teil offener Stellen transparent zu machen und systematisch für sich zu erschließen. Die Gretchenfrage lautet also: Wie erschließen Sie sich diese fünffache Menge an Jobangeboten, also an Karrierechancen? Wie decken Sie den auf 80 Prozent Marktanteil geschätzten »verdeckten Stellenmarkt« auf?

CEO-TIPP
Sie können Ihre Karriereoptionen verfünffachen: durch Aufdecken des »verdeckten Stellenmarktes«.

Mythos Kontaktnetz

Um den verdeckten Stellenmarkt offenzulegen, so wird gesagt, müsse man sein Kontaktnetz aktivieren. Denn nur die Verantwortlichen in den Unternehmen wissen, wo Vakanzen bestehen oder demnächst entstehen werden. Wohl dem, der in den letzten Jahren die Zeit gefunden hat, dieses Kontaktnetz zu pflegen, sind doch die tretmühlenartigen Belastungen in verantwortungsvollen Managementpositionen sprichwörtlich.

Aus zwei Gründen gerät die Jobsuche über das sogenannte Kontaktnetz jedoch immer seltener zum großen Befreiungsschlag. Da die allermeisten C-Level-Manager sich bis heute auf die 20 Prozent offen ausgeschriebenen Stellen konzentrieren, ansonsten nur die eher zufälligen Kontakte über Headhunter und Beziehungsnetzwerk nutzen, ist der Anteil an Offerten über das Beziehungsnetzwerk natürlich noch relativ gesehen beachtlich. Ermittelt man systematisch mit der hier dargestellten Methodik seinen individuellen Markt, steigt die Gesamtmenge an Erstgesprächen sehr stark an und verringern sich dementsprechend relativ diejenigen Erstgespräche und Optionen, die über das Kontaktnetzwerk zustande kommen. Vor allem führt das Beziehungsnetzwerk wegen der wenigen Erstgespräche kaum zu einem Vertragsangebot, das *wirklich rundum* zufriedenstellt, geschweige denn zu mehreren ernsthaften Optionen.

CEO-TIPP

Das Beziehungs- und Kontaktnetz als Weg zum C-Level-Job wird vielfach überschätzt – zumal in Zeiten zunehmend schärferer Compliance-Vorschriften.

Zum einen sind die Rekrutierungsprozesse – gerade bei Managementpositionen aufgrund zunehmend verschärfter internationaler Compliance-Regeln – derart sensibel geworden, dass das Beziehungsnetzwerk immer seltener greift. Ein allenthalben verschärfter Wettbewerbsdruck macht die Erlangung von Jobs über das Beziehungsmanagement zusätzlich unwahrscheinlicher, da sich Unternehmen die Besetzung von Vakanzen mit weniger als dem optimal passenden Kandidaten immer weniger leisten können. Der angesprochene »Kontakt« darf also höchstens noch Vakanzen *benennen*, manchmal nicht einmal das, weil nur unternehmensintern ausgeschrieben wird und zunächst gesucht werden darf. Mit darüber hinausgehender Unterstützung, gar »Beziehungsvorteilen« ist immer seltener zu rechnen.

Abgesehen von diesen Schwierigkeiten ist die Erlangung einer Verantwortung aufgrund »von Beziehungen« auch nicht das, was dem Prinzip Augenhöhe gerecht werden würde. Und ein Geschenk ist es zudem auch nicht, denn früher oder später wird man an anderer Stelle dafür bezahlen. Und zum zweiten: Selbst wenn Sie Ihre Zeit auch auf die »Kontaktnetzpflege« verwenden konnten – jedermanns Kontaktnetz ist höchst endlich, niemals erfasst es eine relevante, für Sie beachtliche Zielgruppe vollständig.

Direktansprache ist entscheidend

Die nachweislich einzige systematische Methode ist das Anschreiben der Entscheider *in* den Unternehmen, denn es ist schon richtig, dass nur die Unternehmensverantwortlichen wissen können, welche Führungspositionen in absehbarer Zeit zu besetzen sind. Um diese zu erreichen, sind eben exzellente und kurze Unterlagen unabdingbar. Unseren Klienten haben sehr viele Aufsichtsratsmitglieder und Vorstände persönlich geantwortet, darunter etliche DAX-Vorstände, ohne dass diese den Bewerber zuvor auch nur gekannt hätten. Und die allermeisten Initiativbewerber haben sich mit ihrem persönlichen Briefbogen direkt an die Topmanager gewandt, nur wenige haben den Weg über eine anonymisierte Treuhandbewerbung gewählt.

Markttransparenz können Sie also *nur durch* Direktansprache derjenigen Unternehmen schaffen, die aufgrund von Branche, Größe, Standort et cetera für Sie in Betracht kommen. Dabei ist es unerlässlich, *in den* Unternehmen die Entscheider anzusprechen. Nur bei diesen können Sie sicher sein, dass sie wissen, was ansteht, was möglich ist, was operativ erreicht werden soll. Die Personalverantwortlichen hingegen wissen das nur manchmal. Die Aufsichtsräte, Vorstände und Geschäftsführer wissen es immer, haben aber keine Zeit und kein Interesse, ellenlange CVs oder nichtssagende Kurzprofile nach Art »durchsetzungs- und motivationsstark, strategisch und analytisch« durchzulesen. Und ohnehin meist selbst verfasste Zeugnisse lesen sie schon gar nicht durch. Klassische Initiativbewerbungen funktionieren also nicht. Von »sozialen Netzwerken« wie Xing, LinkedIn und anderen ganz zu schweigen. Zwar wird vielfach propagiert, mit Social Media würden Karrieren beschleunigt, man baue quasi einen Sog auf, werde gefunden und angesprochen. Aber bestimmt nicht von Aufsichtsräten und Vorständen. Die surfen sicherlich nicht im Internet auf der Suche nach geeigneten C-Level-Managern. Selbst Headhunter spricht man besser direkt an und wartet nicht darauf, dass sie einen via Internet als »ansprechbaren« Manager herausfiltern. Keine Regel ohne Ausnahme: Einzeltreffer können natürlich auch mit diesem Vorgehen erzielt werden.

CEO-TIPP:
Entscheider denken in Erfolgen, Personalverantwortliche in Job-Description- und Zeugniskategorien. Seine Wirksamkeit erhöht deutlich, wer stets diese Paradigmenunterschiede sowohl bei der mündlichen als auch der schriftlichen Präsentation vor Augen hat.

Wie also können Sie es dann schaffen, dass die Entscheider über Karrierechancen und Positionen Sie überhaupt zur Kenntnis nehmen? Und dann auch noch so großes Interesse entwickeln, Sie persönlich kennenlernen zu wollen? Sicher nicht durch Anschreiben und Unterlagen mit anzeigentypischen Phrasen und Floskeln, Sie seien »führungsstark und analytisch-strategisch«. Um bei den Entscheidern Aufmerksamkeit zu erregen, müssen Sie mit Ihren Erfolgen glänzen und nicht mit Gemeinplätzen. Also mit Ihren bisher erzielten Leistungen und Beiträgen zum Unternehmenserfolg.

Dabei reicht es aber *nicht*, mit Job-Description-typischen Standardformulierungen – wie etwa, der Bewerber habe »Marketingstrategien entwickelt und umgesetzt« – aufzuwarten. *Das* ist kein Erfolg. Zu häufig waren die Bemühungen selbst hochbezahlter Manager bestenfalls kostspielig, schlimmstenfalls sogar schädlich, etwa weil die »alte« Marketingstrategie im Nachhinein erfolgreicher war. Erwarten Sie nicht, dass solche personaler-, zeugnis- und Job-Description-geprägten Formulierungen und Inhalte bei Entscheidern funktionieren. Sie müssen mit Ihrer Performancedarstellung, Ihren Erfolgen und Ergebnissen, nicht mit Ihrem bloßen Tätigsein zur Reaktion reizen. Denken Sie immer daran: Sie werden schließlich nicht für Ihr Bemühen bezahlt und befördert, sondern für Ihre Erfolge.

Teil 2

Die sieben Prinzipien der CEO-Bewerbung

Prinzip 1
Souveränität, Autonomie, Wahlfreiheit

»Nur wer die Wahl hat, hat keine Qual.«
Sprichwort-Abwandlung

Idealerweise lautet die Devise: selbst auswählen – nicht ausgewählt werden! Das gelingt Ihnen jedoch nur, wenn Sie Karrierefalle Nummer eins vermeiden, nämlich den Glaubenssatz: »Gute Manager lassen sich ansprechen!«

Frage: Wie sind Sie in Ihre jetzige Position gekommen? Und in die davor? Und davor? Wie haben Sie Ihre erste Anstellung nach Lehre und/oder Studium erlangt?

Die meisten CEOs, CFOs, COOs, CIOs, CHROs, CMOs, CROs, CSOs – und was es an C-Level-Positionsbezeichnungen noch so geben mag (allein für CSO gibt es mindestens sechs Bedeutungen: Chief Sales Officer, Chief Strategy/Strategic Officer, Chief Security Officer, Chief Service Officer, Chief Social Resonsibility Officer und Chief Sustainability Officer) – überhaupt viele der Führungskräfte, die heute zwischen 150 000 und 250 000 Euro im Jahr verdienen, haben sich wenig bis gar nicht um ihre jeweils nächste Position bemüht. Warum auch? Sie wurden einfach angesprochen – von Headhuntern, ehemaligen Chefs, früheren Kollegen … Gelegentlich haben sie sich auch einmal aus ungekündigter Position mit Sperrvermerk auf eine Ausschreibung in Print- oder Onlinemedien beworben. Diese haben sie eher zufällig entdeckt, weil sie doch einmal schauten, was so am Markt angeboten wird. Oder sie wurden empfohlen – einige schon von ihrem Professor –, sodass sie nicht einmal für die Erstanstellung Initiative ergreifen mussten. Das tut dem Ego gut! Man ist zudem in der besseren Position: *Andere* bemühen sich um einen, wollen Termine, machen Angebote.

Darauf sind die meisten stolz. Fatal ist es jedoch, wenn sie daraus schließen, dass »gute Manager« es nicht nötig haben, sich aktiv um Angebote zu bemühen. Sie glauben dann, das müssen nur solche, die weniger gut sind, denn die werden ja nicht oder nur selten gefragt.

Wie von selbst drängt sich der folgenschwere, weil *falsche Umkehrschluss* auf: Wer aktiv wird, auf den Markt zugeht, ist nicht gut. Dieser Trugschluss schnürt den Großteil potenzieller Karrierechancen ab! Denn die Minimierung auf passives »Sich-ansprechen-Lassen« – oft ergänzt um das verschämte »Im-Beziehungsnetzwerk-Schlendern« – ist eine gängige freiwillige Selbstbeschränkung, die ganz sicher nicht zum vollen Ausschöpfen der Möglichkeiten führt.

CEO-TIPP

Karrierefalle Nummer eins dürfte der Glaubenssatz sein: »Gute Manager werden angesprochen – sie sprechen nicht selbst an!« »In Schönheit sterben« muss nicht gleich die unerwünschte Folge solch vornehmer Zurückhaltung sein. Aber ganz sicher bezahlen Manager solche bisweilen dünkelhafte Reserviertheit mit deutlich weniger Karriereoptionen, als ihren kontaktfreudigeren Konkurrenten geboten werden.

Und dennoch meinen diese »guten Manager«, das Heft in der Hand zu halten. Doch sind sie wirklich Herr des Verfahrens? Natürlich nicht! Denn sie *werden* angesprochen und ausgewählt, sie wählen nicht selbst aus. Zwar meinen diese »gefragten Manager« sogar, den Überblick über ihre Marktattraktivität zu haben. Denn sie führen häufig Strichlisten, wie oft sie im Jahr von Headhuntern angerufen wurden, haben sogar noch eine Extrarubrik in ihrem »Karriereordner«, von welchen Vakanzen sie über ihr Kontaktnetz gehört haben, die sie mit gewisser Wahrscheinlichkeit auch bekommen könnten. Aber auch damit sind sie noch nicht Herr des Verfahrens, geschweige denn haben sie annähernde Transparenz oder auch nur einen ungefähren Eindruck von ihren Marktchancen, also konkreten Optionen zu einem konkreten Zeitpunkt X. Denn Headhunter-Anrufe sind ebenso zufällig wie die »Vakanzentransparenz« allein aufgrund verstreuter Kontakte. Mit Strategie und Systematik hat all dies nichts zu tun!

Erstaunlich genug: Dieselben Manager, die sonst zu Recht immer darauf erpicht sind, im Unternehmensalltag das Heft des Handelns in der Hand zu halten, die Dinge nach *ihren* Zielen und Vorstellungen durchzusetzen, sie lassen sich auf einmal – noch dazu in eigenen Angelegenheiten – fremdbestimmen, sie *lassen* sich ansprechen. Diese erfolgsverwöhnten Manager *verlassen* die Deckung nur, wenn sie plötzlich suchen müssen, beispielsweise weil ein Merger sie aus »ihrem« Unternehmen gefegt hat oder sie mit dem neuen Chef nicht klarkommen. Und dann begeben sie sich meist zum ersten Mal in ihrem Berufsleben auf »Bewerberniveau« hinab. Sie melden sich mit ihren Lebensläufen und Zeugnissen auf eine Stellenausschreibung für C-Level-Manager oder Führungskräfte, hoffend, dass sie schon auf das A-Häufchen gelangen und zum Gespräch »geladen« werden. Dann aber werden diese Manager, die zu *handeln gewohnt sind, behandelt und* Auswahlverfahren unterworfen, Auswahlprozedere, deren Spielregeln sie nicht kennen. Denn sie wissen nicht, wer nach welchen Kriterien auswählt, wann die erste und jeweils die nächste Gesprächsrunde ansteht, wer hieran teilnehmen wird und warum oder welche Hidden Agendas es überhaupt gibt.

CEO-TIPP
Passives Erdulden von fremdbestimmten Bewerbungsverfahren sollte erfolgsverwöhnten Managern eigentlich fremd und sogar zuwider sein – ist es aber meist nicht. Das Erdulden zu vermeiden und die Machtasymmetrie elegant wieder auszubalancieren, ist allein eine Frage der Strategie.

Dasselbe gilt natürlich auch, wenn sich die Manager unter Verweis auf frühere Kontakte, »auf Empfehlung«, bewerben oder schnörkellos direkt, also aktiv bei Headhuntern und Executive-Search-Beratern melden. Auch dort halten *andere* das Heft in der Hand und bestimmen die Spielregeln, nach denen gespielt wird. Manchmal sind es die Headhunter, selten die Personalverantwortlichen, die in Anzeigen genannt werden. Meist sind die wirklichen Entscheider zunächst im Hintergrund und damit dem Bewerber unbekannt. Festzuhalten ist: Die jobsuchenden Manager jedenfalls sind es nicht, die die Spielregeln bestimmen! Also werden Sie die Spielregeln auch dann nicht bestimmen können, wenn Sie die hier beschriebene Vorgehensweise systematisch umsetzen; aber wenn aus den fremden Spielregeln Spielchen werden sollten, können Sie sich viel entspannter als zuvor aus diesen verabschieden: Souveränität, Autonomie, Wahlfreiheit lautet nicht nur das erste Prinzip, es ist auch ein Versprechen. Spielchen können die »unsauberen« Unternehmen mit anderen Kandidaten veranstalten, Sie können sich dem ohne Schaden entziehen, denn Sie haben noch andere Optionen.

Und wie Sie die von Unternehmen zu Unternehmen sehr unterschiedlichen Spielregeln erkennen und schnell für sich nutzen können, um am besten durch das Labyrinth der verschiedenen C-Level-Bewerbungsverfahren ans Ziel zu gelangen, beschreiben wir in unserem Buch *Die CEO-Auswahl*. Auch dieses Buch gibt aus der Praxis heraus entwickelte, umsetzbare Tipps und Empfehlungen. Das Buch, das Sie in Händen halten, konzentriert sich auf den ersten Schritt: auf das Entwickeln der richtigen CEO-Unterlagen und die besten Wege zu den Entscheidern. Um es zusammenzufassen: Bessere, weil wirksamere Unterlagen sind die eine Voraussetzung für eine sehr erfolgreiche berufliche Neuorientierung. Vertriebswege, die den »verdeckten Stellenmarkt« weitgehend transparent machen und dort die Entscheider erreichen, sind die andere Voraussetzung. Wir sind natürlich nicht gegen die herkömmlichen Vertriebswege. Nutzen Sie gerne weiterhin Kontaktnetze und Personalberatungen, sie erfüllen eine wichtige Funktion, oder bewerben Sie sich auf Stellenanzeigen. Jedoch erreichen unsere Klienten über ihr eigenes Kontaktnetz oder durch Stellenanzeigen-Bewerbungrn – mit denselben aufmerksamkeitsstarken Unterlagen, die auch dort die Erfolgsaussichten deutlich erhöhen – nur etwa 5 Prozent ihrer dann absolvierten Erstgespräche. Manche verzichten daher von vornherein auf diese Vertriebskanäle.

Wenn Ihnen Souveränität, Autonomie und Wahlfreiheit wichtig sind, dürfen sich Ihre Aktivitäten nicht darin erschöpfen. Gehen Sie darüber hinaus, das ist die Botschaft dieses Buchs. Entwickeln Sie bessere, deutlich wirksamere Unterlagen und sprechen Sie damit gezielt Ihre Zielgruppenunternehmen an.

Mehr Souveränität durch bessere Auswahl

Fehlende Gleichzeitigkeit ist ein weiteres Dilemma: Wenn Manager ein einigermaßen ansprechendes Jobangebot erhalten, nehmen viele aus Angst diese erste sichere Option, weil gleichzeitig keine weitere besteht. Sie können nicht wissen, ob und wann gegebenenfalls eine zweite, gar eine dritte kommen wird. Menschlich verständlich – unter Karrieregesichtspunkten ungünstig! Denn mit souveräner Auswahl hat dies nichts zu tun.

> **CEO-TIPP**
> Souveräne Karrieregestaltung setzt voraus, dass der C-Level-Manager gleichzeitig mehrere Optionen vorliegen hat. Das gelingt mit herkömmlichen Karrieremethoden selten und wenn, geht es über zwei Alternativen, die sich zur selben Zeit eröffnen, fast nie hinaus.

Warum muten sich C-Level-Manager das zu? Warum lassen gestandene Führungskräfte zu, dass sie nicht mehr auf Augenhöhe agieren? Vom Agieren aus überlegener Position, von der aus sie bislang auf ihrer Hierarchieebene handelten, ganz zu schweigen. Die dickfelligeren, weniger strategisch vorgehenden Manager unter den Führungskräften mögen das fremdbestimmte Prozedere noch selbstsicher lächelnd wegstecken.

Für alle aber gilt: Sie haben zum Zeitpunkt X gar keine oder meist nur *eine* echte und belastbare Alternative. Die lediglich vorgeschützten weiteren »Optionen« sind hier nicht gemeint, also diejenigen, die zu Zwecken des besseren Taktierens nur den Anschein der Souveränität vermitteln sollen, damit man in der Verhandlung nicht den Eindruck der Alternativlosigkeit erweckt – mit all den sich unmittelbar hieraus ergebenden Nachteilen der schwächeren Verhandlungsposition. Beispielsweise akzeptieren manche C-Level-Manager Vertragsangebote, die lediglich in Aussicht stellen, auf der gewünschten Hierarchieebene zu arbeiten. Sie enthalten dann unbestimmte Klauseln wie »erst nach einer Zeit der Einarbeitung« oder »so bald unternehmensintern die entsprechenden Voraussetzungen geschaffen sind«. Zunächst wäre ihre Verantwortung also kleiner als angestrebt oder sogar geringer als bisher. So etwas akzeptiert man nur, wenn man keine andere Wahl hat. Erfahrungsgemäß kündigt der Arbeitgeber dies zwar an, schreibt es bisweilen sogar – rechtlich unverbindlich – in den Vertrag, doch viele werden den nächsten »versprochenen« Schritt nicht machen, weil der Vorgesetzte oder der Eigentümer wechselt, die Konjunktur sich verschlechtert oder was auch immer so an Risiken auf dem Weg lauert. Kurzum, nur wer die Wahl hat, ist in der Position, sich besser nicht auf derartige Versprechungen einzulassen. Wer souverän auftreten kann, wer die Wahlfreiheit hat, kann mit seiner Performance auf den Markt gehen und aus Optionen wählen, die ohne Versprechungen auskommen.

CEO-TIPP

Die nächste Hierarchieebene sollte am ersten Tag im neuen Unternehmen eingenommen werden – nicht erst aufgrund mündlicher Versprechungen oder vertraglicher Absichtserklärungen sechs oder zwölf Monate nach dem Start. Die Souveränität, sich nicht auf solche »Spielchen« einzulassen, kommt nur mit realen Jobalternativen.

Noch einmal: Warum also muten sich Manager dieses Prozedere und die damit verbundenen Risiken zu? Warum lassen sie sich auf alternativlose oder alternativarme Verhandlungspositionen, schlimmer noch entsprechende Lebenssituationen ein? Bislang erfolgsverwöhnte C-Level-Manager und andere Chefs der ersten Führungsebene lassen dies aus einem einfachen Grund zu: Sie wissen keinen Weg, sich in kurzer, überschaubarer Zeit mehrere verhandelbare Alternativen zu *verschaffen*. Wenn diese Führungskräfte, aus welchen Gründen auch immer, zügig eine neue Aufgabe übernehmen wollen, haben sie kein Jobangebot oder nur ein sehr beschränktes. Die erwähnten Strichlisten der Headhunter-Anrufe und die Vakanzen bei der Konkurrenz oder in anderen Branchen, von denen sie immer wieder mal gehört haben, verteilen sich auf einen größeren Zeitraum. Das wird ihnen schlagartig bewusst – und damit die Relativität bislang sicher geglaubter zahlreicher Alternativen. Denn will der Manager *jetzt* oder *demnächst* wechseln, reduziert sich die Strichlistenauswahl auf einmal deutlich. Fasst die suchende Führungskraft nach, entpuppen sich etliche Headhunter-Anrufe und Vakanzen aus dem Kontaktnetz doch als vage, nicht passend oder schon wiederbesetzt. Und in den Print- und Onlinemedien sind »plötzlich« nur Vakanzen, die gar nicht oder kaum passen.

CEO-TIPP

Wenn es darauf ankommt, schmelzen belastbare Jobangebote wie Schnee in der Sonne. Geben Sie sich nicht dem unbestimmten »Bauchgefühl« hin, dass Sie im entscheidenden Moment über mehrere Alternativen verfügen werden. Bearbeiten Sie stattdessen aktiv selbst den Markt.

Noch passiver und damit ausgelieferter, um nicht zu sagen demütigender erleben die jobsuchenden Manager die Situation, wenn sie ihr Profil, oft kostenpflichtig, in elektronischen Jobbörsen, auf Headhunter-Websites oder direkt bei Großunternehmen einstellen sollen. Da kleben sie dann an einer Litfaßsäule, können, zwar anonym, aber doch von jedermann bestaunt werden und harren der Dinge, die da hoffentlich kommen mögen. In Teilen der gegenwärtigen Ratgeberliteratur ist zu lesen, man brauche so nicht mehr auf Stellenangebote zu reagieren, denn man *lasse* sich elegant ansprechen, der Jobsuchende erzeuge so eine Sogwirkung – was besonders souverän klingt. Nur leider erfüllt sich dieses Versprechen meist nicht einmal bei einem einfachen Abteilungsleiter. Gänzlich absurd ist es, so einen Rat einem gestandenen C-Level-Manager zu erteilen. Die Mär des omnipräsenten Internets samt der dazugehörigen außenstehenden Macht, die Deus-ex-machina-gleich für die Lösung des Managerproblems sorgt, eine ansprechende neue Aufgabe zu finden, ist so rührend wie naiv. Sie ist einfach außerhalb jeglicher Wahrscheinlichkeit und soll daher hier nicht weiterverfolgt werden.

> **CEO-TIPP**
> Jobbörsen und Businessnetzwerke halten für Manager nicht, was sie versprechen! Verlassen Sie sich nicht darauf anzunehmen, Unternehmen würden in großem Umfang versuchen, die erfolgsentscheidenden C-Level-Positionen zu besetzen, indem sie die in Masken gepressten CV-Profile nach möglicherweise Passendem durchforsten.

Zusammenfassend lässt sich die Frage, warum es gestandene Manager zulassen, plötzlich unter Druck zu geraten angesichts der aufkeimenden Erkenntnis, dass viele der Angebote und Vakanzen weder hieb- noch stichfest sind, ganz einfach beantworten: weil sie keine Alternative kennen.

Zielgruppenorientierung

Dabei könnten sich alle Führungskräfte Alternativen schaffen; Alternativen, die etwa eine fünffach größere Wahlmöglichkeit eröffnen als das oben beschriebene Standardverhalten der meisten suchenden Manager. Es ist eine Alternative, die Managern aus ihrem Unternehmensalltag vertraut ist und die sie dort sehr wohl auch nutzen. Aber in eigenen Angelegenheiten kommen sie meist nicht auf die Idee, ein bewährtes Verhalten analog anzuwenden, weil ihnen das Know-how dazu fehlt: Es ist das Zielgruppendenken. Jeder Vertriebschef, jeder gesamtverantwortliche Geschäftsführer oder Vorstand, jeder Einkäufer beim strategischen, selbst beim operativen Einkauf denkt in Zielgruppen. Auch jeder Personalchef denkt in Zielgruppen, wenn er aufgrund einer definierten Job Description Mitarbeiter rekrutiert. Selbst der Finanzchef sucht sich seine WP-Gesellschaft, seine Rechtsanwaltssozietät oder seinen Steuerberater anhand von spezifischen Zielgruppenkriterien aus – jedenfalls wenn er sich neu orientiert – *und spricht sie an!* Je nach Funktion sind die verantwortlichen Manager sogar gezwungen, mindestens drei Bewerber vorzustellen, von drei Beratungs-, Logistik-, Cateringgesellschaften, Vermietern oder Softwarehäusern konkrete Angebote eingeholt zu haben (und gegebenenfalls noch viele mehr vorgeprüft zu haben). Compliance-Richtlinien und diesen zugeordnete Regelwerke fordern dies in vielen großen und mittelständischen Unternehmen, um Missbrauch oder Leichtfertigkeit zu begegnen.

CEO-TIPP

Märkte werden vom Denken in Zielgruppen beherrscht, auch der Arbeitsmarkt und damit der Markt der C-Level-Manager. Berücksichtigen Sie daher die Markteigenschaften des C-Level-Arbeitsmarktes und kaprizieren Sie sich nicht auf vereinzelte Vakanzen, die mehr oder weniger zufällig identifiziert werden.

Und noch immer erkennen die meisten Manager trotz dieser ihnen wohlbekannten Zielgruppenstrategie keine Analogie und Alternative für sich selbst. Soll ich wirklich meine Bewerbungsmappe mit CV, Zeugnissen und womöglich Referenzen ungefragt an die Zielgruppe der mich interessierenden Unternehmen schicken? Ja und nein!

Erstens: nein! Unverlangt vorgelegte Mappen liest sowieso niemand, nicht einmal Manager aus der Personalabteilung – jedenfalls in aller Regel. So erreichen Sie Ihre Zielgruppe natürlich nicht – abgesehen davon, dass dies alles andere als selbstbewusstes Ansprechen auf Augenhöhe ist. Kommt es doch vor, wird es als ein dem C-Level im Grunde unangemessenes, typisches »Bewerberverhalten« empfunden, besonders wenn es dann auch noch garniert ist mit dem üblichen, egozentrischen Bewerber-Kotau »Ich suche eine neue Herausforderung«, »Ich bin mir sicher, Ihre Erwartungen erfüllen zu können/Ihr Unternehmen erfolgreich managen zu können« und dergleichen selbstbezogenen bis unterwürfigen Floskeln mehr. Aber nicht nur selbstbezogen und selbstetikettierend bis unterwürfig, sondern auch überzogen sind viele dieser sattsam bekannten Formulierungen. Wie will der Bewerber ohne persönliche Gespräche, allein auf Basis von Geschäftsberichten, Unternehmens-Website und so weiter wissen, gar »sicher sein«, dass er ein bestimmtes Unternehmen erfolgreich führen oder eine mutmaßliche Position voll engagiert und erfolgreich ausfüllen würde?

CEO-TIPP

Systematisches Karrieremanagement transferiert Erfolgsmethoden aus anderen »Fahndungsdisziplinen«: Einer Rasterfahndung gleich durchkämmen Sie Ihre Zielgruppen nahezu vollständig auf der Suche nach den verdeckten Karriereoptionen, die genau auf Sie passen.

Zweitens: aber ja! Ja, schreiben Sie direkt die Unternehmen an. Nur eben anders, nicht mit einer Bewerbungsmappe, denn gut 80 Prozent aller offenen Managementpositionen werden nicht offen ausgeschrieben und dennoch besetzt! Diese können Sie unmöglich über Ihr Kontaktnetz identifizieren, weil das Kontaktnetz von *jedem Menschen* »lückenhaft« ist. Zudem kennt niemand seine Zielgruppe vollständig geschweige denn verfügt jemand zu allen über tragfähige Kontakte. Voraussetzung sind gute Firmendatenbanken wie Bisnode, Kompass und andere. In manchen Fällen genügen diese nicht, dann helfen aber meist Spezialdatenbanken weiter.

CEO-TIPP

Nicht Kompetenzen oder Qualifikationen entscheiden – entscheidend ist die Performance!

Ihre individuellen Zielgruppen (Branchen, Umsatzgrößen, Regionen) können Sie für sich bezüglich konkreter, jetzt freier Positionen nur transparent machen, wenn Sie – statt mit einer unverlangten Bewerbungsmappe womöglich an den Personalchef – sich persönlich und vertraulich mit einem Schreiben an die *Entscheider* der Sie interessierenden zielgruppenspezifischen Unternehmen wenden. Und zwar mit dem Einzigen, was Unternehmenslenker und Unternehmenseigentümer wirklich interessiert: mit Ihrer Performance! Es ist hier nicht anders als im Unternehmensalltag auch.

Halten wir also fest: Sie erreichen Souveränität, Autonomie und Wahlfreiheit, wenn Sie Ihre Zielgruppe genau definieren und aktiv richtig ansprechen. Das bedeutet auch, breit an die Zielgruppe heranzugehen: Je größer die Stückzahl Ihrer Initiativbewerbungen ist, desto größer sind Ihre Chancen, den Markt aufzudecken. Und lassen Sie Ihre Erfolge für sich sprechen.

»Dann sind Sie am Markt verbrannt!«

Oft geht es bei Warnungen, die die Wörter »Markt« und »verbrennen« enthalten, um Immobilien! Was ist gemeint, wie passiert so etwas? Eine gängige Definition lautet: »Verbrannte Immobilien sind Immobilien, die mit einem überzogenen

Kaufpreis an den Markt gebracht werden, für die sich über viele Monate kein Käufer finden lässt und dann mit einer fast nicht enden wollenden Preisspirale nach unten letztendlich verhökert werden.«

Und was hat das mit der C-Level-Karriere zu tun? Einiges. Bei Immobilien wie beim Einstellen von Führungskräften geht es meist um Investitionen beziehungsweise jährliche Kosten von mehreren Hunderttausend Euro. Beide Entscheidungen werden daher gut abgewogen und beide Prozesse dauern oft viele Monate. Wer sich hier – auf beiden Seiten des Verhandlungstischs – Fehltritte erlaubt, läuft Gefahr, diese am Ende teuer bezahlen zu müssen.

Fast gleichlautend zur Immobilienvermarktung wird denn auch bei der C-Level-Bewerbung oft gerufen: »Vorsicht, Sie verbrennen sich!« Gemeint ist hier, sich gleichzeitig bei vielen Unternehmen der in Betracht kommenden Branchen und Größen sowie Executive-Search-Beratungen mit passenden Practice Groups zu bewerben. Dies führe zum Verbranntsein am Markt.

Tatsächlich kennen wir kaum einen Manager, der diese vorgestanzte, immer gleich lautende Warnung mit dem obligaten Verb »verbrennen« nicht schon einmal gehört hätte. Darum hallt sie dann auch in vielen Köpfen nach, wenn es darum geht, Unternehmen gleichzeitig via Zielgruppenkurzbewerbung darüber zu informieren, dass man ansprechbar ist. Und allein schon durch seine häufige Wiederholung steht dieser Alarmismus einem größeren Bewerbungserfolg manchen Managern im Wege, die einfach unreflektiert glauben, was ihnen da ohne Begründung gesagt wird. Denn auf Begründungen kann ja verzichtet werden, so offensichtlich berechtigt scheint diese Warnung zu sein! Richtig ist: Sie war einmal berechtigt, ist es aber schon lange nicht mehr! Wie mancher Tradition ist auch dieser »rituellen Warnung« im Laufe der Zeit die Berechtigung verloren gegangen, weil die Umstände sich vollständig geändert haben. So auch hier: Etwa bis in die 80er Jahre war es normal, dass Führungskräfte ein Berufsleben lang bei einem Unternehmen blieben und dort aufstiegen, womöglich bis zur höchsten Hierarchieebene, bis zum C-Level-Manager (die damals natürlich noch nicht so hießen). Oder aber die Bereichsleiter und Unternehmensorgane wechselten ein-, zwei-, selten auch dreimal das Unternehmen und kamen so oft in die nächst höheren Positionen. Sonst hätte man ja auch nicht zu wechseln brauchen. Das gehört allerdings längst vergangenen Tagen an, denn die 80er Jahre und die Jahrzehnte zuvor sind schon sehr lange vorbei. Spätestens etwa seit den 90ern – einhergehend mit einem generellen, zunächst auf den Westen beschränkten politischen Richtungswechsel, Stichworte Reagan und Thatcher – schwappte der Neoliberalismus auch in die Wirtschaft. Neben umfassender Deregulierung führte er auch dazu, dass die oberen und obersten Hierarchieebenen in ihrem Berufsleben zunehmend häufiger das Unternehmen wechseln konnten, durften oder mussten. Jährlich korrigierte Statistiken über immer kürzere Verweildauern sprechen hier Bände.

CEO-TIPP

Etwa ab den 90er Jahren, zeitgleich mit dem auch wirtschaftlichen Vordringen des Neoliberalismus, änderten sich die Spielregeln in der Wirtschaft erheblich. Beim C-Level-Manager führten sie unter anderem dazu, dass bedingt durch immer kürzere Verweildauern die Notwendigkeit zur aktiven Vermarktung akzeptiert, ja erwartet wurde.

Dies liegt einerseits an der überall zu beobachtenden Beschleunigung. Andererseits liegt es an zunehmender Unternehmenskonzentration, an den Konzernen mit M & A-Abteilungen mit fortwährendem Kauf und Verkauf von Konzern- und Mittelstandsunternehmen, den Carve-outs, Integrationen, gar Fusionen und so weiter. Aber auch an institutionellen Anlegern, Private-Equity-Gesellschaften, fehlenden geeigneten oder arbeitsbereiten Nachfolgern in Familienunternehmen und spezialisierten M & A-Beratungen, die gemeinsam diese Veränderungsdynamik anheizen.

Eine dritte Ursache: Längst ist es gang und gäbe – auch im Mittelstand – Renditevorgaben Jahr für Jahr höher zu schrauben, zumindest die umsatzabhängigen absoluten, wenn nicht gar die prozentualen. Unter diesem fremd- und selbstgemachten Druck wird gerne den Verheißungen der jeweils gültigen Management-Mode geglaubt und daher die Unternehmenslenker sowie manche Bereichsleiter ausgetauscht, ganz nach dem Motto »Neue Besen kehren gut.«

CEO-TIPP

Technische Beschleunigung, zunehmende Übernahmen durch Marktkonzentration und steigender Renditedruck führen dazu, dass auch gute und selbst erstklassige CEOs samt Gefolge ausgetauscht werden.

Kurzum: Renditedruck und hieraus folgende Fusionen, Akquisitionen, Börsengänge beziehungsweise der Eifer, die Launen oder die Eitelkeiten der sich beweisenden Unternehmenserben – selbst wenn sie nur im Beirat sitzen – führen dazu, dass auch gute und selbst erstklassige CEOs samt Gefolge ausgetauscht werden.

In unserer Beratungspraxis gab es Klienten, die in ihrem letzten Jahr das beste Ergebnis der Unternehmensgeschichte erwirtschaftet haben und dann grund- und grußlos verabschiedet oder auch kraft- und stilvoll mit goldenem Handschlag wieder auf den Markt geschickt wurden.

Schon lange wissen auch Entscheider in Unternehmen, Headhunter und andere HR-Verantwortliche, dass sich bewerbende C-Level-Manager normalerweise ihren Job nicht aufgrund mittelmäßiger oder gar schlechter Leistungen verloren haben. Der despektierlich wertende und selbstgerechte Spruch über Topmanager, die vorübergehend ihres Status und ihres Einkommens entledigt wurden, lautet daher auch: »On the market, on the beach«. Was früher ein Stigma war, nämlich überhaupt auf der Suche zu sein, ist heute alle paar Jahre für die meisten die Regel. Die allermeisten Bewerber um C-Level-Positionen sind dann bereits freigestellt, der Aufhebungsvertrag geschlossen oder die Kündigung ausgesprochen. Was früher galt – die Guten holt man sich aus bestehenden Verträgen –, ist heute eher selten geworden.

Immer wieder haben wir Klienten, Personalverantwortliche und Entscheider gefragt: »Was verstehen Sie unter ›verbrennen‹? Was passiert genau, wenn sich ein Manager aktiv auf den Markt begibt und gleichzeitig etliche Unternehmen anspricht?« Schweigen. Erst dann fiel den Befragten auf, dass das eine leer gewordene Drohung früherer Tage ist, die einmal berechtigt war, weil gute Manager angesprochen wurden und nicht selbst aktiv wurden.

Und tatsächlich tauschen sich weder die Entscheider der Unternehmen einer angesprochenen Branche ausgerechnet mit ihrem Wettbewerber darüber aus, wer sich gerade bei ihnen initiativ beworben hat, noch tauschen sich Executive-Search-Berater mit konkurrierenden Headhuntern über einzelne Kandidaten im milliardenschweren, also wirklich großen Personalberatungsmarkt aus.

Ein wenig erstaunlich bleibt, dass das gedankenlose »Damit verbrennen Sie sich am Markt« eine nur langsam schwindende Stereotype ist. Vielleicht erklärt sich das mit den beiden Ausnahmen, die dieser inzwischen ungerechtfertigten »Verbrennungs-Warnung« auch heute noch Berechtigung geben kann. Erstens: Selbstredend werden Organe der größten Unternehmen, wie beispielsweise der im DAX gelisteten, nicht über gleichzeitige Direktansprache der Vorstandsvorsitzenden oder Aufsichtsräte besetzt. Für diese alleroberste Ebene ist weder dieses Buch geschrieben worden, noch wird sie über Initiativbewerbungen besetzt. Zweitens: In einer einzigen, seltenen Konstellation gilt auch für die Zielgruppe dieses Buches, dass eine Zielgruppenkurzbewerbung gefährlich ist: Der Suchende ist in einer kleinen Branche so exponiert, dass ihn fast jeder kennt. Dann würde das gleichzeitige schriftliche Ansprechen aller Marktteilnehmer berechtigterweise zu Irritationen führen. Solche Konstellationen sind idealtypisch für Netzwerkarbeit und verheerend für eine Zielgruppenkurzbewerbung. Wer in dieser seltenen Lage ist und zeitraubende Netzwerkarbeit zur Identifikation von Vakanzen scheut und dennoch zügig, effizient und systematisch lückenlos seine Zielgruppe erreichen will, kann einen Treuhänder einschalten.

CEO-TIPP

C-Level-Manger, die in einer kleinen Branche so exponiert sind, dass sie fast jeder kennt, laufen tatsächlich Gefahr, sich »am Markt zu verbrennen«, wenn sie gleichzeitig die Entscheider aller relevanten Marktteilnehmer ansprechen. Effizienz und Systematik sind hier durch das Einschalten eines Treuhänders erzielbar.

Fazit: Wer sich aufgrund einer überkommenen Marktsicht erlaubt, seine Vakanzen nicht aktiv herauszufinden und zu bearbeiten, sondern stattdessen darauf wartet, schon »entdeckt« und angesprochen zu werden, beraubt sich vieler Optionen. Ganz einfach weil er so nur den sehr viel kleineren offen ausgeschriebenen Markt erreicht, plus vielleicht einige Netzwerkkontakte, und damit seine Karrierechancen empfindlich reduziert. Wer sich also an den »Sie-verbrennen-sich«-Ratschlag hält, zahlt seinen Preis und wird den nächsten Vertrag mit einiger Wahrscheinlichkeit unter seinem wahren Wert abschließen – von nicht eruierten und damit nicht genutzten Entwicklungsmöglichkeiten, größerer Freude im Beruf und Anerkennung ganz zu schweigen.

Prinzip 2
Performance: Erfolgsdarstellung

»Erfolge bringen Erfolg hervor,
genau wie Geld das Geld vermehrt.«
Nicolas-Sébastien de Chamfort

Warum sollen Sie Ihre Performance darstellen? Ganz einfach: Weil nichts so erfolgreich ist wie der Erfolg oder, wie die Amerikaner sagen: »Nothing succeeds like success.« Was dagegen sind schon Kompetenzen? Ein Indiz, sicher! Zwar sind auch bisherige Erfolge lediglich ein Indiz – aber erfahrungsgemäß das stärkere. Vorausgesetzt, die Erfolgsdarstellung berücksichtigt Prinzipien, wie sie weiter unten beschrieben werden.

Zu Recht werden Manager gefragt: »Haben Sie die PS auch auf die Straße gebracht?« Und sie werden im Zeitalter der KPIs und Double-digit-EBIT-Zielvorgaben hiernach beurteilt und danach eingestellt. Freilich ist es nicht nur schön, sondern auch wichtig, dass Sie kompetent sind, vermutlich studiert haben, ja ein ausgewiesener Fachmann sind, der sich fortwährend weitergebildet hat. Auch schön, wenn Sie in Ihrer letzten Funktion einen beeindruckenden Funktionstitel im Organigrammkästchen und auf Ihrer Visitenkarte führten. Fredmund Malik warnt völlig zu Recht: »99 Prozent der Bewerber geben zwar Positionen in ihren Lebensläufen an, aber keine Resultate. Ergebnisse sind entscheidend, nicht Visitenkarten.« (Malik, 2008) Seither sind etliche Jahre vergangen. Inzwischen ist es üblicher, auch erzielte Erfolge zu skizzieren, aber Sie werden sehen, es kommt darauf an, wie Sie die Erfolge darstellen. Denn Manager werden bei der Einstellung nicht vorrangig nach ihren Funktionstiteln und bisherigen Visitenkarten beurteilt. Erst recht nicht während der Jobausübung – dort reichen natürlich nicht einmal ihre abgegebenen Forecasts, noch weniger ihre guten Absichten oder Ideen. Allein deshalb wird kaum jemand befördert, sondern vor allem für erzielte Beiträge zum Unternehmenserfolg, eben aufgrund von Performance als Voraussetzung und Grundlage der Budgeterfüllung! Johannes Rüegg-Stürm verdichtet denn auch (meist) zutreffend: »Unternehmen scheitern nicht an Ideen und Kreativität, sondern an der Umsetzung«. (Rüegg-Stürm 2003)

CEO-TIPP
Langfristig entscheiden weder Fachkompetenzen noch Social Skills über Ihren Erfolg, sondern nur der Erfolg selbst. Daher gilt: Beiträge zum Unternehmenserfolg sind breit darzustellen!

Die »Tore« im Unternehmen sind die Erfolge, die Sie als Manager erzielt haben. Erfolge sind es, die über die Höhe der Jahresbezüge entscheiden und die Stellung, die der Manager oder Spieler im Team einnimmt!

Viele Darstellungen in CVs sind weit von einer Erfolgsdarstellung entfernt. Sie indizieren noch nicht einmal einen Erfolg. Formulierungen wie »Marketingstrategie entwickelt und umgesetzt« hören sich – um die Metapher fortzuführen – allenfalls wie »Ballbesitz« an. Selbst in den uns regelmäßig zugesandten C-Level-CVs werden solche Formulierungen häufig unreflektiert aus den nüchternen Stellenbeschreibungen oder drögen Zeugnistexten unkreativ kopiert. Diese Formulierungen haben mit Erfolgsbeiträgen absolut nichts zu tun. Schon das Entwickeln von Marketingstrategien erfordert jedenfalls Zeit- und Geldaufwand, und die Umsetzung einer Marketingstrategie kostet richtig Zeit und Geld. Im ungünstigsten Fall ist die neue Strategie schlechter als die alte und die Umsätze sind es ebenfalls. Oder die Umsätze stagnieren. Das wäre dann Aufwand ohne Ertragszuwachs und damit auch ein negatives Bemühen, jedenfalls kein Erfolgsbeitrag. Vielleicht stiegen die Umsätze oder es wurden neue Zielgruppen erfolgreich angesprochen. Aber das steht nirgends, nicht in dieser geradezu klassischen Formulierung. Der Leser kann es also nicht wissen.

CEO-TIPP
In der Welt der Unternehmen ist es wie im Fußball: Am Ende zählen nur die geschossenen Tore! Das sollten Sie im Kopf behalten, wenn Sie das nächste Mal im Interview für eine neue Position sind oder Ihre Unterlagen aufbereiten: Für das bloße Tätigwerden wird der Manager nicht bezahlt.

Das bloße Tätigwerden des Managers darzustellen zeigt allenfalls den Grad »operativer Betriebsamkeit«, aber keine Performance. Das ist also kein Beitrag zum Unternehmenserfolg. Dennoch erschöpfen sich die meisten C-Level-CVs in diesen eher spröden Aussagen. Sie erinnern in ihrer distanzierten und zudem völlig unspezifischen, fast inhaltsleeren Allgemeinheit an die Wissenschaftssprache, die nüchternen Formulierungen vieler Wirtschaftsprofessoren. Denn was wird ein Chief of Marketing wohl machen? Natürlich Marketingstrategien entwickeln und umsetzen!

CEO-TIPP
Wenn Sie Ihre Zielgruppe erreichen wollen, traktieren sie Ihre Leser nicht mit dem drögem Wissenschaftsdeutsch der BWL. Empfänger Ihrer Darstellungen sind nicht Wissenschaftler an ihren Instituten, sondern Manager in der Praxis.

Die vier Stufen der Erfolgsdarstellung

Stufe 1: Erreichen eines Unternehmenszieles

Die Erfolgsdarstellung sollte zwingend sein. Wer sie liest, sollte nicht die Möglichkeit haben zu denken: Schön, aber ist das wirklich eine Leistung? Was sagt schon eine 20-prozentige Umsatzsteigerung ohne Vergleich aus? Vielleicht wurden in anderen Regionen Deutschlands oder in anderen Ländern deutlich höhere Umsatzzuwächse erzielt? Oder angenommen, Sie hatten die Gesamtverantwortung für das Unternehmen – wie leicht denkt dann der Leser: »20 Prozent Umsatzsteigerung! Aber woher weiß ich denn, ob der Branchendurchschnitt nicht bei 35 Prozent lag?« Ihre Unterlagen werden schließlich auch von Branchenfremden gelesen. Deren Vorsicht, gar Skepsis, räumen Sie so nicht aus. Würden Sie hier stehen bleiben, hätten Sie lediglich die erste Stufe einer überzeugenden Erfolgsdarstellung erklommen.

> **CEO-TIPP**
> Wirksame, weil glaubhafte Erfolgsdarstellung erfordert, mehr als »20 Prozent Umsatzsteigerung« für sich zu reklamieren. Denn für sich genommen ist das noch gar nichts – jedenfalls kein Beitrag zum Geschäftserfolg: Jeder Euro Umsatz mehr könnte die Verluste vergrößert haben, oder der Wettbewerb könnte im selben Zeitraum 40 Prozent erzielt haben.

Stufe 2: Erfolg in Beziehung setzen

Besser, weil in Beziehung setzend und daher vertrauensstiftend, sind daher konkrete, messbare Aussagen wie:

- »Umsatzsteigerungen i. H. v. 18 Prozent über dem Branchendurchschnitt«,
- »Höchste Umsatzsteigerung unter allen Landesgesellschaften« oder
- »Platz 1 unter allen Vertriebsgebieten in Asia Pacific«.

Zu bedenken ist ferner, dass manche Umsatzsteigerungen, statt zusätzlichen Ertrag zu erwirtschaften, nur die Verluste vergrößern. Daher sollte – natürlich nur sofern zutreffend – »profitable Umsatzsteigerung« dort stehen.

Dies führt uns direkt zu grundsätzlichen Überlegungen. Denn sind »erkaufte« Umsatzsteigerungen, die jedenfalls zunächst Verluste erbringen, keine Erfolge? Bekanntlich werden, beispielsweise wegen eines geplanten IPO, von manchem Private-Equity-Eigentümer Umsätze erkauft, um den Unternehmensverkauf attraktiver zu machen oder später Skaleneffekte zu erzielen. Gleiches gilt auch für manchen Vorstand klassischer Unternehmen, der im Einvernehmen mit dem Aufsichtsrat solche Ziele verfolgt. Ferner ergibt sich aus Umsatzzuwächsen bei stagnierendem oder schrumpfendem Markt eine Marktanteilssteigerung mit allen damit einhergehenden positiven Aspekten. Kehren Sie also das Besondere an Ihren Erfahrungen heraus: Wenn die Umsatzsteigerungen nicht profitabel waren, dann schreiben Sie, sofern zutreffend, dass sie zu Marktanteils- oder Unternehmenswertsteigerungen geführt haben.

CEO-TIPP

Jeder »Beitrag zum Unternehmenserfolg« stellt unter anderem die Erfüllung eines primären oder sekundären Unternehmenszieles dar: entweder Ertragskraft beziehungsweise Unternehmenswertsicherung oder -steigerung als primäres Ziel oder eines der vielen sekundären Ziele wie Qualitätssicherung, Kundenbindung, Erhöhung der Lieferfähigkeit oder der Rechtssicherheit.

Marktanteilssteigerung ist eines von vielen sekundären Unternehmenszielen. Das primäre ist nach herrschender betriebswirtschaftlicher Auffassung sicher die Gewinnerzielung beziehungsweise -maximierung, abgesehen natürlich von der Liquidität als vorgelagerter zwingender Voraussetzung für das Bestehen von Unternehmen. All die anderen Unternehmensziele wie Marktanteilssteigerung, Kostenreduzierungen, Qualitätssteigerung, Kundenbindung, Zahlentransparenz, Risikomanagement und erhöhte Rechtssicherheit sind sekundäre Unternehmensziele, die sich alle auf das primäre der Ertrags- oder Unternehmenswertsteigerung auswirken.

Fazit: Jede qualitative oder quantitative Performance oder Erfolgsdarstellung beschreibt die Unterstützung beziehungsweise Erreichung eines primären oder sekundären Unternehmenszieles. Dies ist unerlässlich, sonst beschreibt sie keinen »Beitrag zum Unternehmenserfolg«. Und nur solche kommen in unseren CV-Abschnitt »Beiträge zum Unternehmenserfolg«.

Ein anderes typischerweise in CVs vorkommendes Beispiel ist: »CRM-System erfolgreich eingeführt.« Durch floskelhafte Adjektive oder Attribute wie »erfolgreich« wird die Aussage noch nicht glaubhaft und jedenfalls nicht zu einem »Beitrag zum Unternehmenserfolg«. Denn die Praktiker – und Ihre Empfänger sind fast ausnahmslos Praktiker – wissen: Die Entwicklung oder auch nur Einführung eines standardisierten CRM-Systems verursacht erhebliche Kosten. Neben der monetären Investition in die reine Software(-Entwicklung) und dem durch die Einführung verursachten Zeitaufwand im Unternehmen beansprucht es zeitlich dauerhaft den Vertriebsaußen- und -innendienst mit der Pflege des Systems, den diversen Eingaben und natürlich mit möglicherweise Unmengen an Zahlenbergen und Datenfriedhöfen, die ihrer Nutzung harren, aber des Öfteren eben nie sinnvoll genutzt werden. Wie kann man von einem Erfolg sprechen, wenn außer Kosten, Datenfriedhöfen und genervten Mitarbeitern nichts erreicht worden ist? Der Empfänger spürt das, er kennt die Unternehmenswelt so gut wie Sie und wir und denkt: »Schön, da hat er auch schon Erfahrungen gesammelt.«

CEO-TIPP

Wenn Sie zwischen primären und sekundären Unternehmenszielen differenzieren, haben Sie sehr viel mehr Erfolgsdarstellungsmöglichkeiten, Sie sind prägnanter und differenzierter zugleich und damit überzeugender und glaubwürdiger. Und Sie können sowohl einen quantitativen als auch qualitativen Beweis erbringen.

Doch natürlich kann die Einführung eines ordentlichen CRM-Systems ein Beitrag zum Unternehmenserfolg sein. Es würde sonst kaum in so vielen Unternehmen eines existieren, wenn es außer Zeit- und Kostenaufwand nichts Positives ergeben würde. Schreiben Sie das auch in Ihr Dokument. Niemand ist an Kostenproduktion und Zeitaufwand interessiert, jeder aber an der Erreichung primärer und sekundärer Unternehmensziele. Es ist also auch hier wieder unerlässlich, ein primäres oder sekundäres Unternehmensziel anzuführen und zusätzlich zu schreiben, wie Sie das Ziel erreicht haben, nämlich unter anderem durch Einführung eines CRM-Systems. So einfach ist das! Glaubwürdigkeit für den Beitrag zum Unternehmenserfolg entsteht durch Nennung beider Fakten – also der Zielerreichung und Ihrer vorausgegangenen Maßnahmen.

Angenommen, Sie haben aufgrund des (eingeführten oder auch nur verbesserten) CRM-Systems das Beziehungsmanagement zu Ihren Kunden signifikant verbessert, weil der Vertriebsmitarbeiter bei seinem nächsten Kundenbesuch sich erinnert, dass die Tochter des Gesprächspartners zur Kommunion oder Konfirmation gegangen ist, und ihn aus ehrlichem Interesse darauf anspricht. Oder auf all die anderen persönlichen oder geschäftlichen Ereignisse und Entwicklungen. Das ist geeignet, das Kundenbeziehungsmanagement zu verbessern, und ganz klar ein sekundäres Ziel. Sie könnten also schreiben: »Signifikant verbessertes Kundenbeziehungsmanagement unter anderem aufgrund der Einführung eines wirksamen CRM-Systems«.

Es ist auch gut denkbar, dass dieses CRM-System zu Qualitätsverbesserungen beigetragen hat, da fortan die Rückmeldungen der Kunden systematisch(er) auch zu diesem Punkt erfasst und ausgewertet werden. Und sie werden in Zusammenarbeit mit Logistik, Produktion, Aftersales und/oder Forschung & Entwicklung besser als bislang gelöst. Oder auch aufgrund des verbesserten CRM-Systems konnten Umsätze, gar Marktanteile sowie der Ertrag oder der Unternehmenswert erhöht werden. Die Königsdisziplin wären aufgrund der systematischen Erfassung der Kunden- und Marktdaten nicht nur Qualitätsverbesserung und Umsatz-

oder Profitsteigerungen, sondern das Aufdecken von Kundenwünschen, die zu neuen, marktgängigen Produkten oder gar ertragsstarken neuen Geschäftsfeldern führen. Auch hier ist also ein Zusammenhang zu einem CRM-System herstellbar. Sofern zutreffend, könnten Sie diesen Beitrag zum Unternehmenserfolg noch bereichern durch einen Zusatz wie: »Deutlich verbesserte Produktqualität … durch Einführung/Entwicklung eines auch vom Außendienst akzeptierten CRM-Systems«.

Haben Sie nun diese zweite Stufe erklommen und Ihre Leistungen nicht nur dargestellt, sondern auch in Beziehung zu den Erfolgen in anderen Unternehmens- oder Konzernteilen oder dem Wettbewerb gesetzt, sind Sie Ihrem Ziel der überzeugenden Erfolgsdarstellung schon recht nahe. An der Tatsache, dass es sich tatsächlich um eine Erfolgserzielung handelt, kann so kaum mehr gerüttelt werden. Das In-Beziehung-Setzen kann natürlich auch rein zeitlich erfolgen: Beispielsweise haben Sie etwas zum Positiven verändert, was es vorher so noch nicht gegeben hat, etwa die Warenverfügbarkeit an allen Standorten erhöht oder Quartalsergebnisse sieben Tage früher ermittelt. Hier treten Sie quasi gegen sich selbst an oder einen früheren, weniger befriedigenden Unternehmenszustand.

Stufe 3: Erfolgsursache aufzeigen

Die dritte Stufe beantwortet dem Empfänger die Frage, wie Sie diesen Erfolg erzielt haben. Der Leser wird von Ihnen und Ihrer Leistung noch beeindruckter sein, wenn er erfährt, wie Sie dieses Ergebnis erzielt haben. Ohne Darstellung der angewandten Techniken und Methoden klängen Ihre Ausführungen zu sehr nach dem cäsarenhaften veni, vidi, vici – ich kam, ich sah, ich siegte. Dem König Midas gleich gerät offenbar alles unter Ihren Händen zu Gold. Das wirft Fragen auf! Und die blieben unbeantwortet und machten eher etwas misstrauisch. Wir kennen das von den angloamerikanischen Lebensläufen, zu denen Kenner bisweilen sagen, man müsse die Hälfte wegstreichen, dann träfe man vielleicht die Wirklichkeit. Da Hellsehen nicht zum Standardrepertoire von CV-Lesern gehört, er also nicht wissen kann, welche Hälfte nicht übertrieben ist, fasst Ihr Leser noch mehr Vertrauen in Ihre Aussagen und in Ihre Person als Manager, wenn er erfährt, wie Sie die Erfolge erzielt haben. Das liest sich dann etwa wie in Beispiel 1 (S. 56 f.), eine von vielen möglichen Varianten, die den »vorgefundenen Status« darstellt und wie und mit welchen Mitteln dieser mit welchem Ergebnis verbessert worden ist. Die Darstellung des »vorgefundenen Status« ist in manchen Fällen sinnvoll und eindrucksvoll, in anderen macht es die Erfolgsdarstellung unnötig komplex, weshalb dieser zusätzliche Aspekt dort besser entfällt (vgl. Beispiel S. 58 f.).

CEO-TIPP
Zeigen Sie, mit welchem Aufwand, welcher Methode Sie Ihre Erfolge erzielen konnten – das schmückt Ihre Performancedarstellung, denn nach Thomas Edison ist Erfolg nur 1 Prozent Inspiration, aber zu 99 Prozent Transpiration!

Diese Beispiele klingen schon nicht mehr danach, dass unter Ihren Händen alles König Midas gleich zu Gold gerät. Es klingt schon eher schlicht nach Kärrnerarbeit – und Kompetenz!

Nun zur Frage, wie Sie für sich die Beiträge zum Unternehmenserfolg entwickeln können. Die folgende Tabelle mag dies verdeutlichen. Nur die ersten drei Spalten sind für jeden einzelnen Performancebeitrag auszuarbeiten, um zu beweisen, dass es sich wirklich um einen nützlichen Unternehmenserfolgsbeitrag handelt. Die letzte Spalte mit der vierten Komponente ist sparsam einzusetzen: Wenn eine persönliche Eigenschaft in besonderer Weise zum Erfolg beigetragen hat, womöglich zwingend erforderlich war, ist auch sie darzustellen.

Was?	Wie viel? Welche Qualität?	Wodurch?	Welche persönlichen Eigenschaften?
Primäres oder sekundäres Unternehmensziel	Quantifiziert oder qualifiziert, Bezug, Rahmenbedingungen	Methode, angewandte Technik, Aufwand	Managementkompetenz, fachliche, soziale Kompetenz

Diese Ausführungen hören sich auch nach Kompetenz und Know-how an, bisweilen auch nach Durchsetzungsstärke und anderen charakterlichen Eigenschaften, ohne dass diese explizit behauptet werden – aber sie schwingen mit in dieser Aussage. Diese sozialen Kompetenzen liegen Ihren Erfolgen vermutlich auch zugrunde. Hier ist es zweckmäßig, explizit von Ihren Kompetenzen und Fertigkeiten zu berichten, aber immer *im Zusammenhang* mit Ihren erzielten Erfolgen. Also nicht schwerelos als Eigenschaften Ihrer Person, von denen niemand wissen kann, ob Sie sie je »auf die Straße gebracht haben«, je damit Erfolge erzielt haben.

Daher sind die selbstetikettierenden Manager- und C-Level-Eigenschaften wie strategisch, analytisch, hands-on, durchsetzungsstark, belastbar, motivierend und was dergleichen sonst noch in CVs von ihren Verfassern verbreitet wird, eher peinlich, weil einfach so dahingesagt. Zwar sind sie nicht ohne Weiteres widerlegbar, aber da sie zu Floskeln geraten, sind sie nicht glaubwürdig. Der Leser denkt zumindest unbewusst: »Das schreiben alle!«

Erfolgsbeiträge von Siegfried Mohn: Technik in Geschäftserfolg umsetzen

Transformation der Asien-Pazifik-Organisation in die Selbstständigkeit = Führen in die strategische und operative Geschäftsverantwortung als Vice President Business Units Industrie Asien Pazifik (2018 – heute)

Kriterium	Vorgefundener Status	Maßnahmen und Erfolge
Ertrag	• Sinkende Erträge • Seit Jahren stagnierende Umsätze im Kerngeschäft	• **Ertragssteigerung** um 9 %-Punkte innerhalb von 18 Monaten • Kontinuierliche, jährliche 7 %ige **Umsatzsteigerung**: Ø 3 % p. a. über Wettbewerb → stetig **steigende Marktanteile** durch konsequente Loss-Maker-Eliminierung, Channel Mix, Priorisieren profitabler Branchen und Lösungsgeschäft
Organi-sation & Prozesse	• Fehlendes Verständnis globaler Prozesse • Ansammlung von Einzelkämpfern • Vollständiges Fehlen von Veränderungsbereitschaft	• **Kontinuierliche Prozessoptimierung**, dadurch deutlich höhere Effizienz und Durchlaufzeiten mit spürbar gestiegener Mitarbeiter- und Kundenzufriedenheit • Asien übergreifende **Erfolgsteams** in BU und R&D • **Gelungener Kulturwandel** hin zur Eigenverantwortung
Vertrieb	• Überwiegend ertrags-schwaches Commodity-Geschäft • Abhängigkeit von nationalen Händlern und Distributoren	• Aufbau **neuer Geschäftsfelder** wie Avionik und Energy Storage mit profitablem Projektgeschäft mit **7-stelligen Start-Umsätzen** • Einführen von Key Account Management in Asia Pacific; persönliche Übernahme des chinesischen Key Accounts: **Verdoppeln** des Umsatzes auf 16 Mio. € **in 36 Monaten** • Ausrichten der Vertriebskanäle auf OEM • **Ausbau** profitables **Kunden-Projektgeschäft** durch unter-nehmensweite Lead-Funktion für bestimmte IoT-Lösungen • **Entwickeln** von „Engineering based Sales" sowie **IoT-Lösungen** mit budgetiertem Umsatzpotenzial i. H. v. 65 Mio. € in 5 Jahren – anteilig **übererfüllt im ersten Jahr**
Innovation	• Fehlende Anpassung an nationale Markt-erfordernisse u. a. durch • Vollständige Abhängigkeit von Produktion und Produktentwicklung vom ehemaligen HQ Frankreich	• Durchsetzen und Aufbau eigener regionaler Fertigungslinien für **ertrags- und margenstarke Serienprodukte** • Entwickeln einer Condition-Monitoring-Plattform: in Asien realisiertes Pilotprojekt wird vom HQ-Produktmanagement **weltweit ausgerollt** • Erste **Lead-Funktion** für R&D im **globalen Verbund** zum Thema „Robotik" • Kostensenkung einer Plattformlösung um > 35 % durch **Wertanalyse** einer Kernkomponente des Getriebes, Einsparung bis zu 8 Mio. € p. a.
Führen	• Sehr beschränkte Innovations- und Freiheitsgrade: „Arbeiten auf Anweisung" • Auf Fehlervermeidung fixierte Organisation	• Kulturwandel mit systematischem Aufbau einer **Verantwortungs- und Kompetenz-Kultur** mit Transparenz, Offenheit und Wertschätzung • Aufbau einer Führungskultur mit persönlichen Zielen und Förderung des Verantwortungs- und **Selbstbewusstseins** durch **erhöhte Eigenverantwortung** • Aufbau positiver **Fehlerkultur** mit Gewinnen von echter **„Freude an der Arbeit"**

Expansion: Sichern und Ausbau der Marktführerschaft durch Internationalisierung und Ausbau der IoT Kompetenz als Leiter Branchenmanagement Industrial Automation (2012 – 2018)

Kriterium	Vorgefundener Status	Maßnahmen und Erfolge
Ertrag	• Solide Ergebnisstruktur bei stagnierenden Umsätzen	• Profitable, internationale Expansion mit **schnellem ROI** • Zielerreichung Heimatmarkt: deutlich **höhere Margen** • Sichern der Marktführerschaft durch innovative, profitable Serviceleistungen
Internationalisierung	• Vernachlässigte Weltregionen Asia Pacific und Americas durch alleinigen Fokus auf europäischen Heimatmarkt • Gefühl der Sattheit und Selbstzufriedenheit • Sämtliche R&D-Leistungen aus dem französischen HQ	• **Entwickeln** vom nationalen Marktführer zum **weltweiten Marktführer** im Premiumbereich durch systematischen Aufbau der Emerging Markets und gezieltes Erschließen von High-Tech-Maschinebau-Anwendungen in z.B. China, Korea • u. a. durch **Aufbau** und Leitung eines eigenständigen **Engineering-Hubs** in Shanghai zur technischen Betreuung des asiatischen Marktes: sukzessive technische Verantwortung für einen Umsatz > 150 Mio. € aus diesem Hub
Markt	• Nichtausschöpfen immenser Potenziale in Übersee, sowohl Asien als auch Amerika	• Expansion in weltweite Wachstumsmärkte: z.B. **Verfünffachung** des **Umsatzes** auf 60 Mio. € p. a. mit branchenüberdurchschnittlicher Marge in der Industrial Trucks-Industry • Branchenspezifische Produktentwicklung, landesspezifisches Marketing und teils **persönliche Akquisition** von **Schlüsselkunden** in USA, China und Korea
Prozesse	• Hohe Komplexität der internen Prozesse für mäßig komplexe Kunden-Anfragen • Zu lange Prozess-Durchlaufzeiten: Frustration von Kunden und MA	• Neudefinition und **Implementieren des Anfrage-Angebots-Prozesses** der Santina Gruppe, **Einsparung** > 35.000 Arbeitsstunden p.a. seit 2014, Reduzierung der Durchlaufzeit um 60 % • Dadurch messbar gestiegene Kunden- und MA-Zufriedenheit
Innovation	• Viele Produkte in der Sättigungsphase • Drohen der Degenerationsphase • Schwerfällige Innovationen nur im Rahmen von Machbarkeitsstudien	• **Setzen des Branchenstandards** durch Entwicklung und Markteinführung eines neuen mechatronischen Systems • Entwicklung und Umsetzung »Industrial Trucks 4.0« in Kooperation mit einem weltweit führenden Industrie-Konzern, prämiert mit dem **„Global Engineering-Partner Award"** • Aufstieg zum **führenden Entwicklungspartner für IoT-Lösungen** in der Kundenwahrnehmung
Führen	• Sehr reife Führungs- und Unternehmenskultur • Hang zu Übersteuerung und prozess- und bürokratieerzeugter Überkomplexität	Weiterentwickeln der Führungskultur durch • Vorbereiten ausgedehnter und beschleunigter Internationalität durch Schaffen von Bewusstsein für Effizienz und Effektivität: gezieltes **Reduzieren** kosten- und zeitintensiver **Überkomplexität** • Entwickeln und Leben einer Company Purpose **„Performance with Purpose"**

Beiträge zum Unternehmenserfolg von Ludwig Kranenbohm

2013 – 2020: Gesamtverantwortlicher Geschäftsführer der Tonberger Optik GmbH *sowie* Mitglied der Geschäftsleitung im Stammunternehmen und Sales Director der Global Optics Group:

Krisenbewältigung / Turnaround / Stabilisierung

Maßnahmen	Erzielte Erfolge
• **Tiefgreifende Weiterentwicklung** eines überholten Business Model der defizitären Landesgesellschaft • **Umbau** und **Restrukturierung** der deutschen Landesgesellschaft zum weltweiten Technologie-Standort für die gesamte Gruppe • Identifizieren und Aufbauen zweier **profitabler neuer Vertriebskanäle** (Katalogprodukte, Projektgeschäft): Auswahl, Qualifizieren und Coachen leistungsstarker MA • Analysieren und Straffen des **Produktportfolios**, klar abgegrenzte Produktmarken, Optimieren Vertriebs- und **Pricing-Strategie:** tiefgreifender **Wandel** zum **absatzorientierten** Unternehmen • **Aufbau** von **Vertrauen** und persönliches Erzeugen einer Aufbruchsstimmung nach Streik, u.a. durch Sozialplan • Neuaufbau gezieltes **Forderungsmanagement** über Vertrieb und Finanzen • **Persönliches Akquirieren** von Referenz-Projekten (alternative Energieträger, Berichte in der führenden Wirtschaftspresse)	➔ **Turnaround** in Gesamtverantwortung: profitable Umsatzsteigerung über Budgetvorgaben ➔ Erstmaliges **Erreichen** der **Margen-Zielmarke**, 18 Monate nach Verantwortungsübernahme ➔ Wesentlich **gesteigerte Produktivität** ➔ Profitables **Erschließen** neuer **Zielgruppen** und internationaler **Märkte** ➔ **Turnaround** der Vertriebsorganisation ➔ **Halten** der **leistungsstarken MA** ➔ Geringerer **Wertberichtigungsbedarf** (ca. 400.000 € p. a.) ➔ Unmittelbar ergebniswirksame **Reduktion** von **Forderungsausfällen** in 6-stelliger Euro-Höhe, zugleich erhöhte **Liquidität** ➔ **Senken** der **Lager-Altbestände** ohne Wertberichtigung und Abschreibung

2020 – heute: Director Global Sales, Marketing, Produktmanagement der Stretchline Plus GmbH
Potenzial heben: technischen Vorsprung in Markterfolge umwandeln
Vorsorge treffen: krisenfestes Unternehmen

Innovationen / Potenzial heben / Vorsorge treffen

Maßnahmen	Erzielte Erfolge
• Erstmals systematische Betreuung von Top-Kunden durch KAM-Strategie: gezielter **Aufbau** von **Informations- und Kontakt-Netzwerken** in den Kundenunternehmen • Systematisches Identifizieren des **Potenzials von Bestandskunden** für Erweiterungsprojekte zur Generierung attraktiver, zusätzlicher Umsätze • **Austausch** des nationalen **Distributors** (China, Brasilien) sowie neuer Repräsentant (Großbritannien) • **Verbessern** der **Kommunikation** und des **Informationsflusses**, Nutzen von Synergien, Einführen Verkaufstrainings, gemeinsame Kundenbesuche und Videokonferenzen • **Identifizieren** bzw. Aufstellen und Verbessern von **Benchmarks**	➔ **Aufbau** einer inter-/nationalen **Vertriebsorganisation** mit systematischen **Vertriebsprozessen** ➔ **Potenzialausschöpfung** von Bestandskunden ➔ **Analyse** und **Eintritt** in ein zusätzliches margenstarkes **Marktsegment** gegen etablierten Wettbewerb ➔ **Zusatzumsätze** durch Aufbau benachbarter Marktsegmente

- ➔ **Existenzsicherung durch Vorbereitung auf mögliche Krisen: vollständiger Neuaufbau eines schlagkräftigen Vertriebs**
- ➔ **Ausbau eines effizienten Distributoren-Netzwerks zur Erzielung attraktiver Margen**
- ➔ **Aufbau eines ertragsstarken neuen Geschäftsfeldes gegen etablierten Wettbewerb**
- ➔ **Deutlich verbesserte Marktpositionen in Großbritannien, China, Brasilien**

2004 – 2012: Leiter Business Unit Industriekunststoffe, United Poliymers Europe

Aufbau einer neuen ertragsstarken Business Unit zum Technologie- und Marktführer – Organischer Aufbau aus eigener Kraft ohne EK-Bindung und ohne Zukäufe

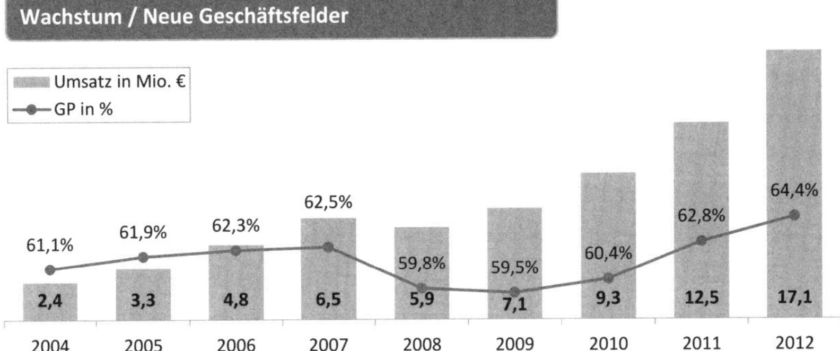

- 2003: Vorstudien, Tests, Business Model
- 2004 – 2008: **Expansion I**, Break Even im Startjahr
- 2008 – 2009: trotz Finanzkrise nur **kleine Delle**
- 2010 – 2012: **Expansion II**, stärkster Anstieg des Gross Profit in 8 Jahren

➔ **Versiebenfachung des Umsatzes in 8 Jahren – konstant hoher Gross Profit**

	Expansion I	Delle statt Krise	Expansion II
Strategie / Business Development	**Branchenstandard gesetzt** durch eigene Produktentwicklung	**Nur 10 % Umsatzrückgang** (gegenüber > 20 % branchenweit), u. a. durch Intensivieren des Vertriebscontrollings	Festigen der technischen **Reputation** und **Kundenzufriedenheit,** durch Wandel vom Komponenten- zum **Systemanbieter**
Marktposition / Wettbewerbsfähigkeit	Erringen der **Technologie-** und **Marktführerschaft**	**Steigern der Marktanteile** in stark **umkämpften Markt, höchste VK-Preise** durch Aufbau generischer Markennamen	2. Expansionsphase in **neue, ertragsstarke Geschäftsfelder,** trotz Investitionsstopp und Hiring Freeze
Führung, MA, Kompetenzaufbau	Aufbau **Dedicated Team**	Entwickeln **intrinsischer Motivation** mit Lohnverzicht, trotz Kurzarbeit und MA-Abbau	Aufbau **Hochleistungsteams** Weiterbildung der MA in **Value-added Sales:** erhöhte VK-Preise
International	Start in D	DACH	Europa (11 Länder)
Prozesse / IT	Persönliches **Aufbauen** und Weiterentwickeln von **IT-Prozessen**	**Kostenreduktion** (u. a. MA-Einsparung) durch lückenlose **Digitalisierung aller Prozesse**	Einführung und Anpassung eines neuen **CRM-Systems** mit direkter Anbindung an das bestehende **SAP-System**

Stufe 4: Charaktereigenschaften sparsam darstellen

Wenn Sie jedoch sparsam mit solchen Bekenntnissen umgehen, entwickeln diese Statements durchaus Kraft und Glaubwürdigkeit: allein durch die Verbindung mit Erfolgen. Sie dürfen also nicht isoliert vorgebracht werden, sondern in Zusammenhang mit Ihren Performancebeiträgen. Wenn Sie etwa eine Betriebsvereinbarung gegen den hartnäckigen Widerstand des Betriebsrats durchgesetzt haben oder, wie erwähnt, den Außendienst dazu motivierten, ein neues CRM-System aktiv und gerne zu nutzen, dann sagt dies natürlich etwas über Ihre Charakterstärken oder Ihre sozialen Kompetenzen aus. Dies ist die vierte Stufe oder der vierte Bestandteil einer überzeugenden Erfolgsdarstellung, gewissermaßen das Sahnehäubchen. In aller Regel werden die drei erstgenannten reichen. Im Grunde ist es zweitrangig, auf Basis welcher Kompetenz Sie einen Erfolg erzielt haben. Wichtig ist zunächst, dass Sie ihn erzielt haben. Und – wie Juristen gerne sagen – »alles Überflüssige ist falsch« oder auch »Überflüssiges ist ermüdend«, wie Werbe- und Marketingfachleute ergänzen würden. Denn es zeigt, dass der Verfasser es nicht vermochte, Wesentliches von Unwesentlichem zu trennen, und Ihnen damit Zeit raubt oder Sie langweilt. Wer solche CVs lesen muss, wird sie schneller zur Seite legen, als wenn CV-Aufbau und ansprechende Inhalte ihn bei der Stange halten, er umblättern will, wie bei einer guten Erzählung. Für Langeweile oder Trivialitäten ist kein Platz.

Eine wichtige Unterscheidung ist folglich zu treffen: In den schriftlichen Informationen ist über Ihren Charakter möglichst gar nichts auszusagen, weil ohnehin nicht überprüfbar und *zunächst* auch nicht wirklich wichtig. Entscheidend sind Erfolge! Anders ist es natürlich beim persönlichen Kennenlernen, beim mündlichen Austausch. Selbstverständlich spielt der Charakter dann eine wesentliche Rolle, und es sind nicht allein die Erfolge entscheidend. Dort kann und soll man miteinander die Dinge erörtern, die schriftlich aus Platzgründen nur ansatzweise dargestellt werden können und in Ermangelung des tatsächlich atmosphärisch zu Spürenden sowieso nur höchst unzureichend und letztlich oft unglaubwürdig beim Empfänger ankommen. Sparen Sie sich also all die charakterlichen Dinge für das persönliche Kennenlernen auf. Gleiches gilt selbstredend für Ihre Erwartungen an das Unternehmen!

Es bleibt der Grundsatz: Die schriftlichen Bewerbungsunterlagen sind die Eintrittskarte zum Gespräch. Die Unterlagen müssen neugierig machen und überzeugen – und zwar einen Entscheider, der in der Regel gewohnt ist, anhand von komprimierten, messbaren, verlässlichen Fakten zu entscheiden. Liefern Sie also genau solche Fakten: Ihre wichtigsten, messbaren und damit verlässlichen Erfolge! Denn damit vermitteln Sie dem Entscheider realisierbaren *Nutzen* für sein Unternehmen – Ihre Erfolge sind immer potenzielle Nutzen für das angeschriebene Unternehmen.

CEO-TIPP

Sparen Sie sich die Darstellung Ihrer charakterlichen Eigenschaften oder Kompetenzen – wenn überhaupt – für das persönliche Gespräch auf und erhöhen Sie die Seriosität Ihrer schriftlichen Unterlagen durch weitgehenden Verzicht auf die vorgestanzten, selbstetikettierenden Lobhudeleien, etwa Sie seien durchsetzungsstark, analytisch und strategisch.

Der Köder muss dem Fisch schmecken

Die einfachsten Wahrheiten sind oft die besten – und werden besonders gerne missachtet. Bislang waren Sie gezwungen, die einfache Weisheit, die in dieser Überschrift enthalten ist, auf den Personaler umzusetzen. Denn ihm, dem vermeintlichen Engpass des Bewerbungsverfahrens, dem Fisch also, sollte der Köder schmecken! Gleichviel, ob Sie sich bisher initiativ bewarben oder auf veröffentlichte Stellenanzeigen, und ganz gleich, ob es der unternehmensinterne Personalverantwortliche war, der nach geeigneten Managern Ausschau hielt, oder ein beauftragter externer Personalberater: Das gesamte Rekrutierungsverfahren – auch das von C-Level-Managern – wird von Personalchefs beziehungsweise von externen Personalberatern beherrscht und damit geprägt. Bewerbungsratgeber haben daher immer *diese* Zielgruppen vor Augen, wenn sie ihre Ratschläge formulieren. Nur wenige Ratgeber – in Buchform oder Menschengestalt – empfehlen überhaupt, zielgruppenspezifische und nutzenorientierte Unterlagen für bestimmte Adressaten zu entwickeln. Die allermeisten Ratgeber haben ohnehin zuallererst die Person des Bewerbers im Blick und breiten daher detailliert aus, welche Ziele der Bewerber hat und warum er »schon immer« für das ausschreibende oder angesprochene Unternehmen arbeiten wollte. Bisweilen gipfelt es gar in einer »Karriereziel« überschriebenen Rubrik auf der ersten Seite. Als ob das Unternehmen vorrangig an der Karriere eines Bewerbers interessiert wäre. Im Gespräch mag man das erörtern, das ist fair, aber will man das als Überschrift auf der ersten Seite lesen?

Logisch, dass Sie dem nur Rechnung tragen dürfen, wenn Sie sich auch bei Personalern bewerben, am besten gleich bei Personalentwicklern oder Recruitern, die schon durch die Formulierung von Anzeigen und Stellenbeschreibungen deren Diktion und Inhalte prägen – die wiederum Bewerber nachzuahmen versuchen. Ihre Strategie bei der Direktansprache von Unternehmenschefs oder Gesellschaftern muss natürlich die grundsätzlich andere Interessenlage der Unternehmenslenker oder -eigentümer berücksichtigen. Es ist daher nicht überraschend, dass die Gruppe der internen und externen Personaler sich meist deutlich ähnlicher ist im Denken, Auftreten und Interviewen von Bewerbern als etwa Personalchefs und operativ Verantwortliche im selben Unternehmen.

Bislang versuchten Sie also – zumindest unbewusst, weil sie das Auswahlverfahren prägen – Inhalte und Diktion Ihrer Bewerbungsunterlagen den Interessen und dem Geschmack interner und externer Personaler anzupassen: Inhaltlich und sprachlich möchten Personaler bei den Reaktionen auf ihre Suchanstrengungen bestimmte Voraussetzungen erfüllt sehen. So fest hat sich das Denken in Kompetenzen und anderen personalentwicklungsspezifischen Mustern bei Personalverantwortlichen eingegraben, dass sie meist auch bei initiativen Ansprachen ihren Rhythmus eingehalten sehen wollen – zumindest glauben das viele Bewerber: Aus- und Weiterbildung, bisherige Funktionen, warum bewerben Sie sich, was soll Ihr »nächster Karriereschritt« sein, sind Sie als Back-up für vorhandene Positionen geeignet und dergleichen typische Aufzählungen mehr. Aber bitte keine Erfolge! Und seien sie auch zutreffender »Beiträge zum Unternehmenserfolg« genannt, auf Erfolge kommt es ihnen offenbar nicht an – oder nicht so sehr, den meisten jedenfalls. Dafür sind weder Personalchefs noch Executive-Search-Berater zu schelten! Es ist nun einmal ihre Aufgabe, in personalfunktionsspezifischen Kategorien zu denken – dafür werden sie intern beziehungsweise extern bezahlt.

Die operativ Verantwortlichen, die Vorstände, Geschäftsführer und C-Level-Manager, sehen das naturgemäß völlig anders. Sie sehen es genauso wie die kontrollierenden und strategisch mitverantwortlichen Aufsichtsräte oder Beiräte. Diese Zielgruppen interessieren sich eher am Rande für Studium und Kompetenzen, sie wollen wissen, ob jemand erfolgreich war und daher vermutlich in ihrem Unternehmen weiter erfolgreich sein könnte. Zudem wissen diese Zielgruppen in der Regel *immer* Bescheid, ob Vakanzen bestehen oder bald entstehen werden und vor allem, wie genau die strategische Richtung aussieht. Interne Personaler wissen dies nur manchmal – sehr unterschiedlich von Unternehmen zu Unternehmen, denn nicht immer sind sie eingeweiht in diese Überlegungen. Selbst als gut informierter »Businesspartner«, wie dies seit Langem genannt, aber nicht in allen Unternehmen gelebt wird. Denn einige sehen und behandeln die Personalabteilung noch immer als administrative Querschnittsfunktion, die mit dem operativen Geschäft nicht zu betrauen ist.

CEO-TIPP
Rekrutierungsverfahren werden fast immer von den internen Personalchefs oder externen Executive-Search-Beratern gesteuert und damit geprägt, bisweilen sogar dominiert. Da die wirklichen Entscheider aber die operativ verantwortlichen Geschäftsführer oder Vorstände beziehungsweise die kontrollierenden Aufsichtsräte sind, ist deren Maßstäben, Interessen sowie Denk- und Sprachmustern gerecht zu werden.

Die Unternehmenslenker, Aufsichtsräte und Mitglieder anderer Unternehmenskontrollgremien wiederum sind nicht dafür zu loben, dass sie beinahe einseitig auf den Erfolg fixiert sind und Personalentwicklungskriterien bei der Positionsbesetzung kaum mehr im Blick haben.

Unterschiedliche Interviewstile und was daraus für den CV folgt

Diese Zweiteilung in das Bewerbungsverfahren prägende und teilweise bestimmende Personaler – solange nicht direkt die Entscheider außerhalb eines Auswahlverfahrens angesprochen werden – und eben operativ Verantwortliche kennzeichnet auch Art und Ablauf der Interviews. Auch hier gilt: Der Köder muss dem Fisch schmecken. Personalchefs und Personalberater legen in ihren Interviews besonderen Wert auf den Menschen, woher er kommt, wohin er will, was ihn also geprägt hat und was seine Motivation für die Zukunft ist. Sie fragen daher schon gerne einmal, warum Sie studiert haben oder nicht, eine Lehre gemacht haben oder nicht. Ja, auch gerne einmal wird nach Vater und Mutter, Ehemann oder Ehefrau gefragt. Und was die denn so über Sie gedacht haben oder denken. Kurzum, sie psychologisieren gerne ein wenig und raten auch gerne zu diesem oder jenem. Kein Wunder, die meisten Menschen bewegen sich dort, wo sie sich sicher fühlen, beziehungsweise sprechen über die Dinge, die sie interessieren. Entscheider dagegen fragen nach den Erfolgen und wie Sie diese erzielt haben, denn künftig könnten es ihre werden. Sie kümmern sich nicht so sehr um Ihre Aus- und Weiterbildung, und auch Ihre Familienverhältnisse sind ihnen meist nicht so wichtig. Oder warum Sie von Unternehmen X zu Y wechselten oder »nur zwei Jahre eine bestimmte Verantwortung« trugen. Im Gegenteil, sie solidarisieren sich schon manchmal mit Bewerbern und – solche Statements sind verbürgt – entgegnen schon einmal: »Da wurden Sie also Knall auf Fall von Ihrer Verantwortung entbunden!« Und fügen augenzwinkernd hinzu: »Da bin ich also nicht der Einzige, dem so etwas schon passiert ist!« Ehrlichkeit macht sympathisch – auf beiden Seiten! Psychologisierende Personaler dagegen fragten einen unserer Spitzenklienten, der zwei Studiengänge, darunter ein Auslandsstudium an einer Eliteuniversität, mit exzellenten Examina absolvierte, der schon als Vorstandsassistent startete und unternehmensweit gefeierter Topmanager war: »Da hat Ihr Vater also nicht studiert?«

Was bitte schön bezweckt diese Frage? Was erfährt er durch ihre Beantwortung? Das bleibt wohl sein Geheimnis. Nachweislich erfolgreich jedenfalls war der Kandidat auch ohne Akademikervater. Der Verdacht drängt sich auf, dass das, was Peter Paul fragt, mehr über Peter aussagt als die Antwort Pauls über Paul. Auf so eine Frage, die eher die gefühlte Unterlegenheit des Interviewers angesichts der Leistungen seines Gesprächspartners verrät, wäre ein Entscheider wohl kaum gekommen.

CEO-TIPP

Die Trennlinie zwischen operativ verantwortlichen Unternehmenslenkern und beratenden internen und externen Personalverantwortlichen scheidet auch die unterschiedlichen Interviewstile: Beide Seiten werden maßgeblich von ihren Interessen und ihrem Erfahrungshintergrund geprägt.

Das heißt nicht, dass Personalverantwortliche nicht wunderbare, reflektierte Fragen stellen können, die auch den Bewerber persönlich weiterbringen. Wir erinnern uns an Executive-Search-Berater, wahre Lichtgestalten, die mit ihren klugen Fragen neue, wertvolle Einblicke in die Person des Gesprächspartners und damit auch dessen Karriereoptionen gewährt haben, die bislang so nicht gesehen worden sind.

Wer schon viele Interviews geführt hat, wird meist zur selben Erkenntnis kommen: In – teilweise gemeinsam geführten – Gesprächen wird der operative Entscheider versuchen, die Erfolge aufzuspüren und herauszufinden, ob im neuen Unternehmensumfeld diese wieder nennenswert zu erzielen sein dürften, damit Aufgaben und Verantwortung besser erfüllt werden können. Der Personaler am Tisch wird die persönlichen und eher psychologischen Aspekte abklopfen wollen – Fachliches, von dem er naturgemäß weiter entfernt ist, aber nicht ansprechen, jedenfalls nicht im Beisein des Entscheiders.

Das sollten Sie vor Augen haben, wenn Sie sich vor dem Gespräch überlegen, was wohl die verschiedenen Funktionsträger von Ihnen wissen wollen, und umgekehrt, wen Sie fragen müssen, wenn Sie etwas Bestimmtes über das Unternehmen in Erfahrung bringen wollen. Denken Sie bereits beim Aufbau Ihres CVs daran, welche Interessen die verschiedenen Zielgruppen haben und welche die für Sie wichtigeren sind.

KISS vs. »Mehr kann auch besser sein!«

KISS, »In der Kürze liegt die Würze!«, »Alles Überflüssige ist falsch!« – und was gibt es nicht noch alles an Weisheiten mit ähnlicher Aussage. Eine gebräuchliche KISS-Übersetzung lautet: »Keep it simple, Sir!« Recht haben sie, diese Bonmots!

Manchmal aber auch nicht. Jedenfalls dann nicht, wenn die begreiflich zu machenden Inhalte eines Textes eine Komplexität erreichen, die einfach Raum erfordern, um sie angemessen darstellen zu können. Schließlich ist das mit Abstand Komplexeste, was uns Menschen bekannt ist, der Mensch selbst! Eine allzu einschneidende Reduktion des Textes führt bei der Darstellung eines Menschen zu großen Einbußen, die zwangsläufig das Ziel einer Bewerbungsschrift gefährden, überhaupt noch verständlich und angemessen beim Adressaten anzukommen.

Lassen Sie sich daher nicht irritieren von verbreiteten Behauptungen, Ihre Bewerbungsunterlagen dürften alles Mögliche sein, Hauptsache kurz! Orientieren Sie sich mit Verstand an zweierlei: An der Logik der vielen KISS-Formeln *und* an Popper. Denn der Begründer des Kritischen Rationalismus, Karl Raimund Popper, erkannte klar und treffend formulierte in seiner unnachahmlichen Weise: »Wer's nicht einfach und klar sagen kann, der soll schweigen und weiterarbeiten, bis er's klar sagen kann.«

Weiblich, ledig, jung sucht …

Einfach und klar, nicht kompliziert und verschnörkelt. Einfach und klar heißt aber nicht unbedingt kurz und klar. Bisweilen ist es sowohl informativer als auch emotional überzeugender, Dinge, die kurz gesagt werden könnten, aufzusplitten in ihre Bestandteile. Ein Beispiel mag dies verdeutlichen: Es gibt manch erhellende Analogie zwischen der Suche nach einer neuen beruflichen Aufgabe und der nach einem Lebenspartner. Schriftlich wie mündlich. In Heirats- oder Bekanntschaftsanzeigen, abgewandelt heute in den Profilen sozialer Netzwerke, findet sich häufig ein arg reduzierter Einstieg, etwa: »Sie, 23, sucht ihn.« Das ist Minimalismus und reizt in keiner Weise zu antworten. Als noch viele Annoncen geschaltet wurden, hatte das nur kostenmäßig einen Vorteil, weil nach Zeilen oder Worten abgerechnet wurde. »Sie, 23, sucht ihn« lässt sich aber mit wenigen Worten ganz erheblich in der Anziehungskraft und damit in der Wirkung steigern. Man muss »die Sache« nur genauer beschreiben, noch nicht einmal blumig, nüchterne Sachlichkeit reicht völlig, und dennoch werden gewünschte Emotionen und Reaktionen ausgelöst. Dies gilt wohlgemerkt nicht nur für den Heiratsmarkt, sondern gleichermaßen für den Arbeitsmarkt.

Formulieren Sie »Sie, 23 …« nur um in »weiblich, ledig, jung …«, und schon setzen Sie im Kopf des Lesers ganze Assoziationsketten in Gang. Dort laufen dann förmlich Filme ab und reizen zum Antworten. Denn »weiblich« ist immer attraktiv für Männer, »ledig« ist gut, denn sie ist ja offenbar allein und ansprechbar. Und »jung« ist sowieso gut; das steckt zwar auch in der Altersangabe »23«, aber hierbei handelt es sich lediglich um eine nüchterne Zahl wie 13 oder 33, zum Reiz wird erst die Übersetzung »jung«. Mit schlichtesten Mitteln und geringem Mehraufwand wird aus dem drögen »Sie, 23 …« die anziehende Kette »weiblich, ledig, jung …«, drei – für suchende Männer – aufgeladene Begriffe, die zur Reaktion animieren. Dahingestellt bleiben kann, ob die ansprechbare Schöne wirklich schön ist oder sonst irgendwie attraktiv – davon schreibt sie ja auch nichts. Sie ist womöglich deutlich unterdurchschnittlich hübsch und womöglich etwas einfältig, »weiblich, ledig, jung …« ist sie dennoch – und das zieht zumindest textlich bei der Zielgruppe suchender Männer. Solch sachliches Beschreiben erzeugt also gleichwohl die erwünschte Wirkung.

Wie gesagt, im Kopf des Lesers werden ganze Assoziationsketten ausgelöst, es laufen dort förmlich Filme ab. Apropos Film: *Weiblich, ledig, jung sucht …* ist tatsächlich wortgenau ein Filmtitel – und die haben die Eigenheit, dass sie von Marketing- und PR-Profis formuliert werden. In diesem Psychothriller mit dem ernüchternden Originaltitel *Single, White, Female* sucht eine Frau per Zeitungsinserat eine Mitbewohnerin, macht sich aber offenbar dieselben Erkenntnisse zunutze, die hier aufgezeigt werden, um ihre Attraktivität und die Wirkung ihrer Anzeige zu erhöhen.

CEO-TIPP

Oft entfalten zutreffende, aber abstrakte Begriffe erst ihre volle Wirkung, wenn sie aufgefächert werden in ihre inhaltlichen Bestandteile: so, wie aus »Sie, 23, sucht …« dann »Weiblich, ledig, jung sucht …« wird und damit eine ganz andere emotionale Kraft und Anschaulichkeit ausgedrückt wird, wird aus dem sehr pauschalen »international« durch die Auffächerung in »Skandinavien, Südosteuroa sowie Middle East« etwas Konkretes, Anschauliches und Überzeugendes.

Emotionen und Assoziationen wecken

Dieses Prinzip des Auffächerns eines abstrakten Begriffs in konkretere Unterpunkte lässt sich wirkungsvoll auf Ihre Formulierungen übertragen – und bietet zusätzliche Informationen. Angenommen, Sie waren für ein Unternehmen global verantwortlich in einer bestimmten Funktion oder haben weltweit Erfahrung mit dem Aufbau von SAP. Das können Sie natürlich so hinschreiben. Aber die Begriffe

»weltweit« oder »international« sind sehr unkonkret und daher nicht anschaulich, nicht Emotionen und Vorstellungen auslösend und damit auch nicht so wirksam und informativ. Zwar ist ein einziges Wort – international – natürlich platzsparend, aber, wie die Überschrift schon ankündigt: »Mehr kann auch besser sein!« Denn wirkungsvoller und informativer ist allemal: »auf fünf Kontinenten« oder »für EMEA, Asia Pacific und Amerika«. Denn das zeigt, dass zumindest bezogen auf Kontinente oder Märkte Ihre Verantwortung allumfassend war. Gleiches gilt für eine ausgeübte europäische Verantwortung: Die kann man so einfach hinschreiben, Sie können sie aber auch aufsplitten in Skandinavien, Benelux, DACH, Osteuropa, GUS-Staaten, Südeuropa oder was eben jeweils zutrifft. Und bei jedem einzelnen dieser Begriffe gehen ganze Welten im Kopf auf, weil nun einmal die Skandinavier deutlich anders sind als die Schweizer oder die Osteuropäer, die Griechen, Italiener oder Spanier. Und da gibt es nicht nur erhebliche Mentalitätsunterschiede, sondern natürlich auch wirtschaftliche, rechtliche, marktbezogene und andere Eigenheiten, die Sie vermutlich irgendwie beherrschen mussten. Demgegenüber ist »europäisch« kurz und knapp, aber dem Leser wird die Vielfalt Ihrer Erfahrungen nicht so deutlich, als wenn Sie den Sprung von Skandinavien über DACH und Südeuropa bis zum Balkan machen. Und informativer ist es auch.

CEO-TIPP

Der Weg zu anderen Menschen, egal ob im Gespräch, bei der Präsentation oder über eine schriftliche Darstellung, führt meist über das Ansprechen von Emotionen und damit über die Verwendung emotional besetzter Begriffe.

Prinzip 3
Transparenz

> »Wer's nicht einfach und klar sagen kann,
> der soll schweigen und weiterarbeiten,
> bis er's klar sagen kann.«
>
> *Karl Popper*

Das Prinzip »Transparenz« ist das einzige Prinzip, das zwei Blickrichtungen aufweist: eine Innen- und eine Außensicht.

Transparenz nach innen	**Transparenz nach außen**
Reflektieren Sie über Ihre eigene Managerkarriere, Ihre Erfolge und was als nächste Position in Betracht kommen könnte.	Erlangen Sie einen wenigstens ungefähren Überblick über Ihren ganz individuellen und aktuellen Stellenmarkt – auch den verdeckten – und finden Sie heraus, was als nächste Position *tatsächlich* in Betracht kommt.
Voraussetzung: klar strukturierte, wahre, eben transparente Bewerbungsdokumente.	*Voraussetzung:* klar strukturierte, wahre, eben transparente Bewerbungsdokumente, denn nur diese erreichen die Adressaten wirksam.

Übersicht: Notwendigkeit und Vorteile von »Transparenz« für jede systematische Karriereentwicklung

Transparenz nach innen

Um eine gute Transparenz nach innen zu erlangen – zugleich um transparente, gut strukturiere Unterlagen für die Zielgruppen zu entwickeln, die zwingend erforderlich sind, um die Transparenz nach außen zu erlangen –, bedarf es präzise formulierter Beschreibungen dessen, was ist.

Liebe zum Detail

Ein geeigneter Ausgangspunkt ist die forensische Vernehmungspsychologie. Dieser Zweig der Wissenschaft weist nach, dass Detailgenauigkeit ein deutlicher Hinweis auf die Wahrheit einer Aussage ist. Der Klassiker unter den Marketingmanageraussagen »Marketingstrategie entwickelt und umgesetzt« ist weder detailgenau noch präzise. Das schafft keinerlei Vertrauen, sondern erweckt Argwohn. Denn es ist vorgestanzt wie vieles, das von beiden Seiten des Bewerbertisches hin- und hergereicht wird. Wenn Sie sich nicht die Mühe machen wollen, wirklich detailgetreu zu beschreiben, was ist, müssen Sie sich nicht wundern, dass Sie eine der besten Möglichkeiten verpassen, Vertrauen zu erzeugen: mit aussagefähigen Unterlagen.

Der Schlüssel »Detailgenauigkeit« der forensischen Vernehmungspsychologie passt übrigens auch auf die Werbung. Lesen Sie nur eines von unzähligen Beispielen, die Ihnen, wenn Sie künftig aufmerksam beobachten, täglich begegnen: Artikel des alltäglichen Bedarfs wie Akkusauger werden mit solcher Liebe zum Detail beschrieben, die nur Vertrauen in die Qualität des Produkts stiften kann. Erfahrene Marketingleute beschreiben ihre Produkte einfach präzise: Solche detaillierten Beschreibungen erzeugen Vertrauen, an alles scheint der Verfasser gedacht zu haben. Für den Verkauf etwa bei Amazon, wo oft viele gleichartige, aber nicht identische Produkte angeboten werden, dürfte das aufgebaute Vertrauen darauf, die richtige Wahl zu treffen, gleichrangig neben dem Preis stehen. Und Vertrauen gewinnen Sie durch Transparenz. All die Produkte dagegen, die zu bestimmten Merkmalen keine Aussage machen, sind insoweit intransparent. Kann sein, dass sie es haben, kann aber auch sein, dass sie es nicht aufweisen. Gleichzeitig angebotene andere Produkte, die Merkmale konkret benennen, geben Sicherheit.

»Akkusauger: besonders flexibel einsetzbar als Hand- oder Bodenstaubsauger. Für alle Böden geeignet. Funktioniert ohne Staubbeutel. ausziehbares, in 19 Positionen arretierbares Teleskoprohr. Mit Fugendüse, Möbelbürste und abnehmbarer Teppich-Turbobürste mit Kippgelenk. Staubbehälter und Luftfilter abnehmbar und auswaschbar. Mit bodenschonenden Gummirollen. Inkl. Akkuladegerät und Rohrhalterung zur Wandbefestigung.«

Fazit: Je genauer der adressierten Person der Nutzen beschrieben wird, desto überzeugender wirkt der Text.

Welchen CV-Aufbau sollten sie wählen?

Transparenz nach innen wird durch eine klare Struktur deutlich erhöht. Das Ordnungsprinzip von Lebensläufen ist die Zeit. Seit vielen Jahren absolut dominierend ist der aus dem Angloamerikanischen kommende retrograd aufgebaute CV – im Gegensatz zum früher dominierenden zeitlich aufsteigenden CV. Auch wenn der retrograde CV absolut vorherrscht, hat er doch den Nachteil, dass er mit der letzten Station beginnt und sich Stück um Stück zurückentwickelt bis hin zum Beginn des Berufslebens und der Ausbildung. Da sich vieles sinnvoll erst erschließt, wenn der Leser die Grundlagen, also das zeitlich Vorausgehende, kennt, müsste er eigentlich von hinten nach vorne lesen oder ein zweites Mal in Kenntnis der ganzen Lebensgeschichte. Nicht wenige lassen sich nicht vom zeitlich retrograden Aufbau eines Lebenslaufs bestimmen und lesen von hinten. Der beim retrograden CV beabsichtigte Effekt, der Leser werde so wenigstens das Wichtigste – nämlich die letzte(n) Station(en) – mitbekommen, falls er den CV nicht komplett liest, ist einleuchtend. Das bringt aber mit sich, dass diese Leser, die sich auf das Neueste konzentrieren wollen, Gefahr laufen, Wesentliches außer Acht lassen. Vor allem mit der schon auf der ersten CV-Seite platzierten, detaillierten Übersicht »Berufliche Stationen« lässt sich das gut vermeiden, denn auf einen einzigen Blick lässt sich der gesamte berufliche Verlauf erfassen.

Oft wird zur Begründung des retrograden Aufbaus die Ansicht vertreten, es seien ohnehin nur die letzten fünf Jahre relevant – alles andere durch den schnellen Lauf der Zeit überholt. Das ist zum Teil richtig. In vielen Funktionen ist das Wissen permanent zu erneuern, sind laufend technische, betriebswirtschaftliche oder rechtliche Veränderungen zu berücksichtigen, und älteres Wissen erscheint obsolet. Es gibt aber auch sehr viele Erfahrungen und Erfolge, die durch Zeitablauf nichts an Glanz einbüßen: Führungserfahrung etwa geht nicht dadurch verloren, dass die Zeit und mit ihr die Erkenntnisse voranschreiten. Angenommen, Sie waren in den letzten zwei oder drei Jahren in konzernübergreifender Stabsfunktion verantwortlich, mit naturgemäß kaum eigenen Mitarbeitern. Dann ist doch die vorausgegangene jahrelange Führungsverantwortung innerhalb eines Werkes oder eines Bereichs mit acht Direct Reports, mehreren Hierarchieebenen und Hunderten von Mitarbeitern nicht irrelevant, weil sie überwiegend mehr als fünf Jahre zurückliegt. Relevanz bezieht sich nach unserer Überzeugung also auch auf die länger als fünf Jahre zurückliegende Zeit, weshalb retrograde CVs zu sehr unerwünschten Effekten führen können, wenn sie nicht sorgfältig bis zum Ende gelesen werden, sondern nur mehr überflogen oder nicht einmal das.

Beispielsweise haben etliche Manager schon als 18-Jährige einen Abschluss an einer US-amerikanischen Highschool erworben. Manchmal liegt das Jahrzehnte zurück. Also irrelevant? Es ist unseres Erachtens sehr wohl ein Unterschied, ob Sie Ihre verhandlungssicheren Englischkenntnisse lediglich in einem »English speaking Environment« in Deutschland erworben haben oder eben mitten in Kalifornien oder New York. Aber so weit nach hinten im CV zu schauen ist für gehetzte Personaler und Manager oft zu zeitaufwändig. Nicht zufällig wird seit vielen Jahren der CV ja retrograd aufgebaut: um keine Zeit mit scheinbaren Belanglosigkeiten aus früheren Jahren verschwenden zu müssen – zum Nachteil der Bewerber und der auswählenden Unternehmen.

Transparenz durch »Alles auf einer Seite – alles auf einen Blick«

Was ist zu tun? Wie können Sie dem zum eigenen Nutzen begegnen? Ganz einfach: Indem Sie die herkömmliche Struktur des CV aufbrechen. Indem Sie den Leser lenken und zusammenfassende Schwerpunkte bilden, statt langatmig alle Details Ihres langen Berufslebens rückwärts chronologisch auszubreiten. Denn das Leben eines 40-, erst recht eines 50-jährigen C-Level-Managers ist nun einmal reichhaltig, ist bunt wie ein Wimmelbild. Wimmelbilder gibt es bereits seit Jahrhunderten: als ihre Väter gelten unter anderem die weltberühmten Niederländer Hieronymus Bosch und der Renaissance-Maler Pieter Bruegel der Ältere. Bis heute sind sie als Kinderbücher beliebt. Für den Fall, dass Sie keine Wimmelbilderbücher kennen, vorsorglich eine kurze Erklärung: Auf diesen meist doppelseitigen Bildern wimmelt es von detailliert dargestellten Menschen, Tieren und Dingen, woraus sich der Name der Bilderbuchart ergibt. Innerhalb eines Bildes werden Dutzende kleiner Alltagsszenen dargestellt, die miteinander durch die gemeinsame Umgebung verbunden sind, wie zum Beispiel einen Zoo, eine Stadt oder einen Bauernhof.

CEO-TIPP

Sagen Sie »wimmelbildartigen CVs« den Kampf an – setzen Sie stattdessen auf eine »unzeitgemäße« Struktur und bieten Sie so dem Leser sinnvolle Orientierung!

Gleichermaßen verbindet der detaillierte und präzise CV mehrere Unternehmensstationen und eine meist noch größere Anzahl von Funktionsstationen innerhalb ein und desselben Unternehmens miteinander. Verbunden lediglich durch die Vita eines einzigen Menschen, eben die Person des Managers, geordnet allein nach dem Ablauf der Zeit. Und ein solches nur zeitlich geordnetes schriftliches Wimmelbild soll nun der Empfänger aufmerksam lesen. Das tut er nur ungern und daher oft nur sehr flüchtig, zumindest bei der Vorentscheidung. Vielleicht liest er Satz für Satz, kurz bevor das Bewerbungsgespräch geführt wird.

Wie der landläufige CV also eine Aneinanderreihung von Stationen eines einzigen Managers ist, genauso ist das Wimmelbild eine Aneinanderreihung von Szenen. Alleiniges Ordnungskriterium des individuellen Lebens ist der Zeitrahmen, alleiniger Ordnungsrahmen des ebenfalls ein einziges Thema darstellenden Wimmelbildes ist der Bilderrahmen. Beiden gemeinsam ist eine große Unübersichtlichkeit. Denn beide Rahmen taugen nicht gut für eine klare Struktur: der zeitliche Ablauf so wenig wie der das Ende des Bildes markierende Bilderrahmen. Bei Kindern sind Wimmelbilder natürlich sehr beliebt, da es immer etwas zu entdecken gibt. Bei Managern und Entscheidern aber sind wimmelbildartige Lebensläufe allein aus Zeitgründen nicht beliebt. Darum lesen sie meist leicht gequält nur die ersten Stationen – sie würden klare Strukturen und Übersichten nach Art von Executive Summaries bevorzugen. Denn anders als Kinder wollen sie nichts »entdecken«, sondern sie wollen gut strukturiert informiert werden.

CEO-TIPP

Die Zeit ist als Ordnungskriterium für die Gestaltung eines wirkungsvollen CV überwiegend ungeeignet. Unverzichtbar ist eine zeitliche Ordnung lediglich für die der einzelnen beruflichen Stationen.

Was also ist zu tun, um der Sache Struktur und damit Transparenz zu verleihen? Zum Vorteil des Verfassers, der damit selbst Klarheit über sich und seinen Werdegang erhält und bessere Entscheidungen trifft, ebenso wie zum Vorteil des adressierten CV-Empfängers, der Transparenz über den Kandidaten erhält?

Fertigen Sie einen CV mit wohldosierten Übersichten nach Art einer Executive Summary an – also eine entscheidungsvorbereitende Zusammenfassung Ihres Werdegangs!

Und diese ordnen Sie nach sachlichen Kriterien (nur die Übersicht »Berufliche Stationen« ordnen Sie wie gewohnt zeitlich). Nehmen Sie also die einzelnen Punkte des langen, herkömmlichen CV aus dem zeitlichen Zusammenhang und geben Sie sie in einen sachlichen Zusammenhang. Allein dies erlaubt, einiges zu streichen und gleichsam zu kürzen. Wann Sie wie viele Mitarbeiter geführt haben und wie lange genau, ist oft nicht so wichtig. Interessant ist, auf einen Blick zu sehen – und es sich nicht über mehrere Seiten hinweg heraussuchen zu müssen –, ob es zehn, 100 oder 1000 waren, wie viele Direct Reports Sie hatten, in wie viele Führungsebenen sie unterteilt waren, ob sie zentral an einem oder an vielen, gar internationalen Standorten arbeiteten. Kurzum, wie komplex Ihre Führungserfahrung ist – und umgekehrt die Art und Komplexität Ihrer Berichtslinien. Für diese Executive-Summary-Abschnitte reichen die maximalen Ausprägungen völlig. All die anderen individuellen Ausgestaltungen – von Station zu Station, wie sie der Lang-CV zeigt – rauben dem Leser nur Zeit und Geduld.

CEO-TIPP

Lösen Sie die wichtigen Dinge aus dem zeitlichen Zusammenhang der früheren mehrseitigen Langversion Ihres CV und geben sie in einen sachlichen Zusammenhang einer kürzeren, zweiseitigen Executive-Summary-Version des CV. Genauso gestalten Sie einen ebenfalls zweiseitigen, nach sachlichen Kriterien geordneten Überblick über Ihre Beiträge zum Unternehmenserfolg.

Gleiches gilt etwa für Ihre Internationalität. Es ist eben doch wertvoll, Ihr Highschool-Jahr aus der Versenkung des Ausbildungsabschnitts am Ende eines Lang-CV zu holen. Gleiches gilt für andere Auslandsaufenthalte: Wann genau Sie 18 Monate in einem italienischen Werk Verantwortung trugen oder den Absatzmarkt in China mittels eines Joint Ventures aufbauten oder EMEA-Chef waren, ist nicht wirklich so bedeutend. Die Hauptsache ist: Sie waren es oder haben es getan, und die Leser erfassen es auf einen Blick! Durch eine Executive-Summary-artige Übersicht und müssen sie für dieses wichtige Kriterium wie Ihre Internationalität nicht einen mehrseitigen CV von oben nach unten durchgehen, sondern bekommen es »serviert«, statt es sich selbst zu erarbeiten und sich Ihre gesamte Auslandserfahrung farbig anzustreichen oder untereinander zu schreiben, was natürlich niemand tut. Neben Führungsspanne, Berichtslinien und Internationalität lassen sich auch weitere CV-Inhalte überblicksmäßig hervorheben, wie gewichtete Funktionsverantwortungen oder Erfahrungskompetenzen (erlebte Eigentümerstrukturen, mitgestaltete Unternehmensphasen etc.). Diese Executive Summary fasst für den Leser sonst verstreut Liegendes zusammen, kürzen aber auch, wo es in einer Langfassung ermüdende und letztlich überflüssige Wiederholungen gäbe: Manch Erlebtes und viel angewandtes Wissen in einer Station ähnelt dem in zwei oder drei anderen Stationen und muss nicht jedes Mal leicht differenziert erneut dargestellt werden.

Diese knappe und gleichwohl alles Wesentliche berücksichtigende zweiseitige Executive-Summary-Version eines herkömmlichen Lang-CV ist der ideale erste Teil zur nachfolgenden zweiseitigen Übersicht Ihrer Beiträge zum Unternehmenserfolg. Auch hier sollten Sie themenrelevant clustern. Denn so mancher Erfolgsbeitrag ähnelt einem oder gar mehreren, die Sie zuvor oder danach erzielt haben. Der Leser muss in der Regel nicht so genau wissen, wie oft Sie in exakt welcher Ausgestaltung einen ähnlichen Erfolg, beispielsweise eine Expansion oder Sanierung, verbuchen konnten. Was zählt, ist der Erfolg an sich. Sie wählen Ihre eindrucksvollsten Erfolge aus und clustern nach Kategorien, die Ihnen sinnvoll erscheinen. Dabei wählen Sie Kategorieüberschriften, die dem Unternehmen Ihr Erreichen primärer oder sekundärer Unternehmensziele zeigen.

Das nachfolgende anonymisierte CV-Beispiel Bernhard Baumgartners – welches im größeren original DIN-A4-Format leichter lesbar und mit größeren

Abständen noch übersichtlicher ist als hier im Buchformat – zeigt gleichfalls auf vier Seiten eine Variante, in der die letzten drei Verantwortungen unter Erfolgsgesichtspunkten auf den Seiten 3 und 4 dargestellt sind. Baumgartners Schwerpunkt war sicherlich die technische Verantwortung, wenngleich er sich durchaus mit seinen 55 Lebensjahren auch die Übernahme einer Gesamtverantwortung vorstellen konnte. 55 Jahre eröffnen noch immer einen beruflichen Planungshorizont von zwölf Jahren! Dieses Alter ist schon seit vielen Jahren in Deutschland (in Österreich mag dies anders sein) kein Nachteil für eine berufliche Neuorientierung – auch nicht für den Wechsel in eine Gesamtverantwortung, die Baumgartner übrigens am Ende der vielen Gesprächsrunden auswählte.

Zusatznutzen

Diese gewissenhafte Zusammenstellung Ihres CV geht weit über das hinaus, was die allermeisten Manager schriftlich erfassen und vorlegen. Ein sehr willkommener Nebeneffekt, den Sie auch nur durch diese akribische und schriftliche Arbeit erzielen können, ist, dass Sie Ihren beruflichen Werdegang wahrhaft verinnerlicht haben. Und nur, was man verinnerlicht hat, kann man auch veräußern. Diese Vorarbeit dient also verschiedenen Zwecken, die allesamt das Prinzip der Transparenz mit Leben erfüllen: Durch die Vorarbeit entwickeln Sie nicht nur Ihren transparenten »Verkaufsprospekt«, eher »Informationsprospekt«, den Sie den verschiedenen Zielgruppen zuschicken, sondern Sie entwickeln gleichsam automatisch Ihre Strategie und bereiten sich optimal auf die Gespräche vor. Denn wer sich derart intensiv mit seinem Schaffen und den Ergebnissen seines Wirkens beschäftigt, für den ist es ein Leichtes, auch mündlich gut zu formulieren, was er wie gemacht hat – und das in ansprechendem Deutsch.

CEO-TIPP
Die akribische CV-Entwicklung ist die beste Vorbereitung auf das Bewerberinterview: Denn nur, was man verinnerlicht hat, kann man auch veräußern.

Profil von Bernhard Baumgartner

Dipl.-Ing. (FH), 55 Jahre, verheiratet, 2 erwachsene Kinder

Manager-Charakteristik:

- **Gesamtverantwortliches** Denken und Handeln:
  Aufbau globales Produktions- und Liefernetzwerk
  Erreichen der Markführerschaft – Setzen neuer Branchenstandards
- **Brückenbauer** mit dem Talent, Menschen zu begeistern und anzuspornen
- **Ingenieur aus Leidenschaft** – Initiator und Verantwortlicher für Kooperationen zwischen Unternehmen und Forschungsinstituten

Angestrebte Unternehmensfunktionen:

Technischer GF, CTO, COO, Multi Site-Manager mit P&L-Verantwortung;
Gesamtverantwortung als CEO, GF, BU-Leiter

Berufliche Stationen

Unternehmen	Position	Zeitraum
Pfister & Ohland GmbH		**2004 – heute**
Maschinen- und Anlagenbau, 320 MA, 85 Mio. € Umsatz Tochterunternehmen der eigentümergeführten mittelständischen Pfister & Ohland-Group AG, 5.500 MA, 880 Mio. € Umsatz, 13 Werke, ab 2009 mehrheitlich in **Private-Equity**-Besitz, seit 2015 Industrie-Gruppe des **börsennotierten** spanischen Rodríguez-**Konzerns**	**Technischer Geschäftsführer** *in Personalunion:* **Leiter Global Business Unit**, Vice President Standard Single Machines 220 MA, 75 Mio. € Umsatz; P&L-Verantwortung für internationales Produktions- und Liefernetzwerk mit 5 Produktionsstandorten, darunter deutsches Stammwerk und Werk in Indien sowie Produktionsstandorte in China, Polen und Tschechien in Matrixorganisation	2009 – heute
	Technischer Leiter, Prokura	2004 – 2009
Clemens Klattner GmbH		**2000 – 2004**
Eigentümergeführter mittelständischer Hersteller von Industrie-Handlingssystemen und Landmaschinen, 210 MA, 60 Mio. € Umsatz	**Betriebsleiter – *Multisite*** Stammwerk und akquirierte Produktionsstandorte in Ulm und Jena: Integration, teilweise Abbau, Betriebsvereinbarungen; 90 MA, 4 Produktionsbereiche, F&E	2003 – 2004
	Betriebsleiter – *Stammwerk*	2000 – 2002
Kern Mikroelektronik GmbH Eigentümergeführtes Start-up-Technologieunternehmen, 25 MA	**Leiter Maschinenbau** Kalkulation, Sonderbau, Service, Produktmanagement, Produktentwicklung, Vertrieb, 3 MA	**1998 – 2000**
Kulzer GmbH & Co. KG		**1995 – 1998**
Mittelständischer Hersteller von Antriebstechnik wie Umrichtern und Getriebemotoren in Familienbesitz, 3.200 MA, 680 Mio. € Umsatz	**Gruppenleiter Arbeitsvorbereitung Elektronik** Verantwortlich für die qualitäts- und termingerechte Fertigstellung von Einzel- und Serienfertigung, 3 MA	1997 – 1998
	Fertigungsplaner, Industrial Engineer Werksplanung, Lean-Projekte, Investitionsrechnung	1995 – 1997

Kalterer Ring 7 | 41542 Dormagen | Mobil: +49 172 688 7021 | E-Mail: b.baumgartner@gmx.de

Führungsverantwortung und Berichtslinien

- Führen von Industrie-Unternehmen mit bis zu 220 MA über 3 Hierarchieebenen in 3 Werken
- Führen ausländischer GF in Matrixorganisation mit den Bereichen F&E, Produktion, SCM, Einkauf, QS
- Berichtend an geschäftsführende Gesellschafter bzw. Vorstände für F&E, Beteiligungen oder Operations
- Regelmäßige Abstimmungen mit Betriebsräten und Gewerkschaften sowie Verhandlung und Abschluss von Tarifergänzungs- und Betriebsvereinbarungen

Internationalität und interkulturelle Erfahrung

- Aufbau und Verantworten eines internationalen Produktions- und Liefernetzwerkes mit 5 Produktionsstandorten, darunter deutsches Stammwerk und Werk in Indien sowie Produktionsstandorte in China, Polen und Tschechien in Matrixorganisation
- Mitwirken bei der Entwicklung einer Produktionsgesellschaft in Brasilien
- Global Sourcing China, Südost-Asien etc.; internes und externes internationales Lieferanten-Management

Erfahrungsmatrix

Erlebte Eigentümerstrukturen Unternehmen	Mitgestaltete Unternehmensphasen
• Eigentümergeführt, mittelständische Industrie • Mittelständische Industriegruppe in Familienbesitz • Börsennotierter Konzern • Private Equity	• Aufbauphase, Expansion • Akquisitionen und Post-Merger-Integrationen • Neuausrichtung Strategie und Reorganisation • Krisenphase, Kurzarbeit, Konsolidierung, Wachstum • Grenzüberschreitende Produktionsverlagerungen

Gewichtete Funktionserfahrung

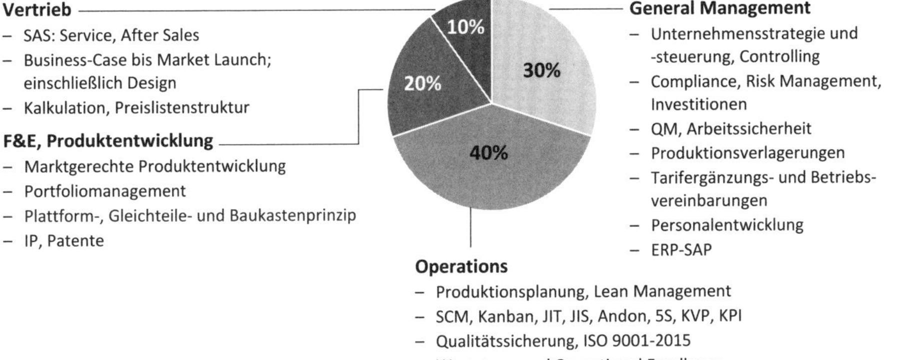

Engagements: beruflich – ehrenamtlich

- Initiator und Verantwortlicher für Kooperationen
  - mit **Fraunhofer-Institut**: Entwicklung Industrie 4.0, Smart Factory, digitalisierter Montagearbeitsplatz
  - mit Institut der **Universität Duisburg**: Entwicklung user- statt maschinenorientierter Bedienoberfläche
  - **Entwicklungsprojekte** mit Hochschulinstituten, Forschungsprojekte Montexas 4.0, EU Rent a Robot
- Vorsitzender **IHK-Industrie-Ausschuss**, Engagement in der Flüchtlingsintegration
- Hochschul-**Lehrbeauftragter,** Vortragstätigkeit, Fach-**Veröffentlichungen**
- **THW**, Sprengberechtigter, Technische Einsatzleitung, Großschadensereignisse; mehrere **Auszeichnungen**

Wesentliche Erfolgsbeiträge von Bernhard Baumgartner

I. Maschinenbauunternehmen Pfister & Ohland

1. Als Geschäftsführer / Technischer Leiter des Stammwerkes:

Erreichen der Markführerschaft – Setzen neuer Branchenstandards

Phase I: **Strategie-Neuausrichtung**, Analyse, Konzeption und erste Umsetzung: **Plattformpolitik, Baukastenlösung, exzessive Gleichteilestrategie** (2004 – 2007)

Phase II: **Ernte einfahren:** Steigerung Maschinenausbringung > 60 %, gravierende Kostensenkung (2007 – 2009)

Phase III: **Erfolgsbilanz in 7 Jahren P&L-Verantwortung;** Turnaround nach Finanzkrise (2009 – 2016)

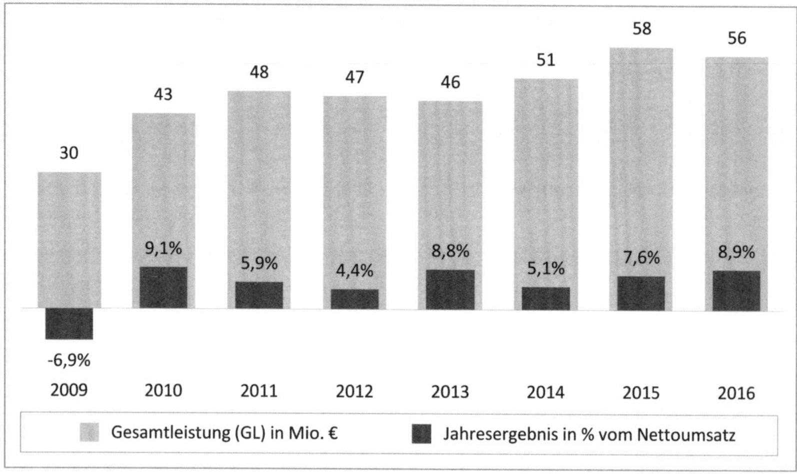

* 2012 und 2013: kritische SAP-Einführung unter Kostendruck mit gelungener Integration in Konzernstruktur

2. Als VP Leiter Global Business Unit Standard Single Machines:

Führen und Organisations-Aufbau der strategischen, ertragsstarken Business Unit durch Aufbau eines internationalen Produktions- und Liefernetzwerkes und Anpassen an die national bzw. kontinental individuell unterschiedlichen Markterfordernisse:

Kriterium	Erfolgsbeiträge und Erfolgsursachen
Strategie	• Systematischer Aufbau eines kontinentübergreifenden **Produktions-, Liefer- und Vertriebs-Netzwerkes** nach umsichtiger Auswahl der **potenzialreichsten Länder** • Erfüllen des Primats: Qualitätsführerschaft und nahezu 100 %-Liefertreue • Produktion mit schwachen Margen zur Sicherung der Wettbewerbsfähigkeit nach Osteuropa und Übersee verlagert auf Basis neu definierten und entwickelten Produktportfolios
Profitabilität und Wachstum	• Hochprofitable Business Unit bei einstelligen Wachstumsraten durch konsequentes Nutzen eigener und globaler Produktivitätspotenziale

Seite 4

Kriterium	Erfolgsbeiträge und Erfolgsursachen
Marktpositionen *exemplarisch für*	**China:** • Sichern des chinesischen Absatzmarktes im Einsteiger-Segment durch gezielte Entwicklung robuster, wartungsarmer Produkte speziell für **Emerging Markets** – kostenneutral durch Nutzen früherer Entwicklungen • Verlagern eines Produktionsstandortes ins Werk der Unternehmensgruppe • Modernisieren veralteter Produktion und Produkte: Entwicklung von **Low-Budget**-Produkten passend für chinesischen Markt • Steigern **Local Content** von 30 % auf 90 % **Indien:** Aufbau des indischen Marktes durch • **Errichten des Produktionsstandortes** mit ehrgeizigem Zeit- und Kostenbudget • Steigern des **Local Content** von 10 % auf 75 %
Kosten	• Gesamt-Kostensenkung um weitere 18 % gegenüber BU-eigener Produktion in **Tschechien und Polen**
Beschaffung	• Aufbau einer neuen **globalen Einkaufsorganisation** mit klarer Rollenteilung in Projekteinkauf, Strategischer Einkauf, operativer Einkauf
Mitarbeiter	• **Rekrutieren** qualifizierter MA und Führungskräfte in sehr engem Markt

II. Landmaschinen-Hersteller Clemens Klattner als Multisite-Betriebsleiter

Kriterium	Erfolgsbeiträge und Erfolgsursachen
Aufbau neues Geschäftsfeld	• **Eigenentwicklung**, Konstruktion, Kalkulation einer Hebebühne mit einzigartigem Anwendernutzen • Erst-Vermarktung über BMW AG, München: **persönliche Akquisition** später Ausdehnung Vertrieb auf weitere **Automotive-OEM** ➔ sehr hoher Deckungsbeitrag mit attraktiven Umsätzen
Operations und IT	• Entwickeln und Einführen eines firmenspezifischen **PPS auf Oracle-Basis** • Verkürzung der End-**Montagezeiten** um gut 25 % • Konzeption und Implementierung eines **flexiblen Arbeitszeitsystems** • **Sozialverträglicher MA-Abbau**: Konzept und Umsetzung Abfindungsregelung
Beschaffung, SCM	• Zügiges Erschließen von Osteuropa (Ungarn, Polen, u.a.) als Beschaffungsmarkt • Aufbau eines Lagers mit 4.400 Palettenplätzen
Mitarbeiter und Führung	• Initiieren und konsequentes Fördern eines **Kulturwandels** mit Aufbau einer **Verantwortungs- und Kompetenz-Kultur**: spürbar gestiegene Qualität und MA-Zufriedenheit

Transparenz nach außen

Viele Manager unterschiedlicher Hierarchieebenen erstellen vor einem Unternehmenswechsel Zielfirmenlisten. Das scheint vernünftig. Aufgrund eigener Kenntnisse und Recherche in der Wirtschafts- und Fachpresse, oft auch durch Beobachtung des offenen Stellenmarkts entsteht eine Liste sicher oder möglicherweise interessanter neuer Arbeitgeber von vielleicht einem Dutzend Unternehmen.

Wenn diese Manager nun telefonisch unter Aufsagen ihres persönlichen 90-Sekunden-Spots bei diesen Unternehmen vorsprechen, also salopp gesagt ihr eingeübtes »Sprüchlein aufsagen«, haben sie dann Transparenz über die sich ihnen eröffnenden Vakanzen und Karrierechancen? Oder ist es besser, weil telefonische Kaltakquise den wenigsten liegt, diesen Unternehmen ein kleines Booklet über ihren Werdegang, geheftet in einer Klemmmappe, zu schicken und – wiederum salopp gesagt – die jeweiligen Unternehmensverantwortlichen mit unverlangt vorgelegten Ausführungen zu ihrer Person zu behelligen? Immerhin können die angeschriebenen Führungskräfte der Zielunternehmen dies lesen, wann es ihnen zeitlich gut passt und werden nicht im Arbeitsalltag mit einem nicht vereinbarten Telefongespräch überrascht.

Wen möchten Sie ansprechen?

Wir wissen nicht, was ungeeigneter ist. Für viele suchende Manager dürfte beides gleichermaßen untauglich bis unangenehm sein. Für manche mit »dickem Fell« ist das mündliche Ansprechen besser und eröffnet die Chance eines Dialogs. Es muss aber nicht schneller sein. Denn die Verantwortlichen an das Telefon zu bekommen, setzt oft ein beharrlich wiederholtes und damit zeitaufwändiges Versuchen voraus. Zudem ist die Stimmung bei vielen unangemeldet angerufenen Entscheidern erfahrungsgemäß nicht unbedingt entspannt – wie gesagt, etwas für Menschen mit dickerem Fell. Das Versenden ausführlicher Mappen ist nicht vielversprechender, zwar nicht so sehr mit riskantem persönlichem Einsatz verbunden, dafür aber häufig ohne jegliche Resonanz. Denn fein ziselierte Kompendien persönlicher Art sind nur mit erheblichem Zeitaufwand der Leser einzuschätzen – der meist nicht erbracht wird.

> **CEO-TIPP**
>
> »Wenn du zwei Möglichkeiten hast, dann wähle immer die dritte!« Die Weisheit dieses jüdischen Witzes heißt für Sie im Falle der Initiativbewerbung: »Zielgruppenkurzbewerbung« statt der scheinbar einzigen zwei Alternativen »unverlangtes Versenden einer ganzen Bewerbungsmappe« oder »Telefonanruf bei Vorstand oder Geschäftsführer«.

Kurzum, diese andernorts »Initiativbewerbung« genannte Kaltakquisition hat drei Nachteile. Zum Ersten ist sie anstrengend. Zum Zweiten ist die Resonanz vergleichsweise gering beziehungsweise die Reaktion Zu- oder Absage auf ungenügender Grundlage. Denn aufgrund eines 90-sekündigen Spots – und länger können die Anrufer meist nicht sprechen – lassen sich kaum stabile Einschätzungen abgeben. Die ausführlichen Bewerbungsdossiers werden erfahrungsgemäß allenfalls überflogen. Der dritte Nachteil ist freilich der allergrößte: Diese meist mit Fleiß erstellten »Zielfirmenlisten« stellen immer nur einen Bruchteil des Marktes dar, der für einen C-Level-Manager tatsächlich in Betracht kommt. Niemand kennt praktisch alle relevanten Marktteilnehmer – es sei denn, er arbeitet systematisch mit gut gepflegten Datenbanken. Diejenigen, die mit diesen Datenbanken arbeiten, erzielen »Zielunternehmenslisten« mit mehreren Hundert Adressen, reduzieren diese dann aber notgedrungen, da sie nicht Hunderte Unternehmen anrufen oder unverlangt hundertfach dicke Dossiers in die Unternehmenswelt verschicken wollen.

Dieser dritte Nachteil der beachtlichen Marktunvollständigkeit wird nicht gemildert, indem wenigstens alle »relevanten« Zielfirmen angesprochen werden. Denn welche sind relevant? Welche Kriterien werden bei der scheinbar erforderlichen Reduzierung auf eine kleine Stückzahl zugrunde gelegt? Die Affinität zu einem Unternehmen! Das ist fragwürdig. Wie entsteht diese? Woher kennen Sie das Unternehmen, das in der Liste möglicher Zielfirmen auftaucht, weil Sie in der Datenbank verschiedene Branchen selektiert haben? Meist nicht aufgrund seiner Website. Das machen bei ein paar Hundert Treffern die wenigsten Führungskräfte. Und wenn, sind die Websites nur Indizien, weil manche Unternehmen viel Wert darauf legen, andere weniger, und Rückschlüsse auf das Unternehmen nur bedingt möglich sind. Die wirklich entscheidungsrelevanten Kriterien für ein Unternehmen lassen sich naturgemäß erst bei persönlichen Gesprächen mit Entscheidern der Unternehmen ermitteln und nicht durch Lektüre werbemäßig verfasster Selbsteinschätzungen auf Unternehmenswebsites oder Geschäftsberichte, sofern jemand auch noch diese für die Adressselektion heranziehen möchte. Hinzu kommt, dass diese notwendigerweise etwas willkürlich reduzierte Unternehmensauswahl die Chancen rein quantitativ einschränkt. Da nur wenige Unternehmen, in der Regel im unteren einstelligen Prozentbereich, überhaupt im selben, vergleichsweise kurzen Zeitraum eine entsprechende Aufgabe zu besetzen haben, sollte das Aussortieren von Zielfirmen zurückhaltend erfolgen. Eine Reduktion auf ein oder zwei Dutzend Unternehmen, wo die Gesamtzielgruppe meist dreistellig ist, führt dazu, dass die allermeisten Unternehmen gar nicht auf Vakanzen geprüft werden, diese also leider niemals erfahren, dass Sie für eine gewisse Zeit »ansprechbar« waren!

Zielgruppenkurzbewerbung

Sie können die »Transparenz nach außen«, also den möglichst vollständigen Marktüberblick, welche nächsten Positionen für Sie aktuell und real greifbar sind, ziemlich umfassend herstellen. Allerdings nur mit der in diesem Buch beschriebenen oder einer vergleichbaren Zielgruppenkurzbewerbung. Nur mit ihr durchkämmen Sie den für Sie maßgeblichen Markt vollständig – einer Rasterfahndung gleich. Der für Sie relevante Markt wird so transparent: die verfügbaren, meist verdeckten Vakanzen zu einem bestimmten Zeitpunkt X bezogen auf eine bestimmte Region oder Land Y und in allen infrage kommenden Branchen oder Marktsegmenten Z. Das Ergebnis eines solchen Vorgehens beschrieb einer unserer Klienten in seiner Referenz: »Nach dem gezielten Selektieren und Anschreiben der Unternehmen konnte ich viele Erstgespräche führen. Aus diesen Gesprächen wurde für mich Schritt für Schritt klarer, welche Zielposition und welche Zielunternehmen am besten zu mir passen. So konnte ich mich dann auf einige wenige konzentrieren und eine Anstellung finden, die voll und ganz zu meinen Vorstellungen und Wünschen passt: Neben vielen anderen wichtigen Merkmalen ist es meine erste Geschäftsführerposition.«

CEO-TIPP

Gut gemachte individuelle Zielgruppenkurzbewerbungen kommen einer Rasterfahndung gleich: Ihr gehen die allermeisten aktuell identifizierbaren Vakanzen »ins Netz«, die auf ein ganz bestimmtes, individuelles Managerprofil passen.

Fazit: Die Zielgruppenkurzbewerbung schicken Sie an alle für Sie infrage kommenden Unternehmen, deren Adressen und Ansprechpartner Sie meist Firmendatenbanken oder anderen verlässlichen Datenquellen entnehmen können. Durch das individuelle Setzen und teilweise auch Hervorheben von Reizworten – die auf Ihre Erfolgsbeiträge Bezug nehmen – erzeugen Sie bei den Empfängern, deren Probleme und Herausforderungen Sie aufgrund dieser Erfolge besonders gut lösen können, auch besondere Resonanz. Sprich, es melden sich mehr derjenigen Unternehmen, die zu Ihrem Profil passen. Erfahrungsgemäß werden bis zu 70 Prozent der angeschriebenen Unternehmen direkt per Brief oder E-Mail antworten. In weiteren 20 Prozent der Unternehmen haben die Entscheider Ihre Informationen zwar auch mehr oder weniger genau gelesen, also geprüft, Ihre Unterlagen sind aber auf dem Weg durch das Unternehmen hängen oder schon auf dem Schreibtisch des angeschriebenen Entscheiders liegen geblieben. In Summe haben Sie daher bis zu 90 Prozent aller für Sie aktuell relevanten Entscheider erreicht – eine wahrhaft engmaschige Rasterfahndung. Auch wenn wenige Unternehmen antworten, ist davon auszugehen, dass andere, wenn die Unterlagen gut gemacht und schnell verstanden werden, diese jedenfalls gesichtet und überflogen und nur nicht geantwortet haben, weil es aktuell keine passende Vakanz gibt. Aus den Rückmeldungen resultieren dann entsprechend viele Erstgespräche, je nach Marktgängigkeit durchschnittlich zehn bis 20 – und am Ende können Sie zwischen mehreren Vertragsangeboten auswählen! Etwas Glück vorausgesetzt, denn zwar bietet nur das gleichzeitige Ansprechen von vielen Zielunternehmen die Chance, in etwa auch gleichzeitige Reaktionen und nachfolgende Gesprächsrunden zu generieren. Ob aus diesen aber in zeitlicher Nähe auch Vertragsangebote unterbreitet werden, können Sie nur minimal steuern. Dann heißt es, sich zu entscheiden: Entweder zusagen und nicht wissen, ob und was genau noch gekommen wäre, oder absagen und vertrauen, dass bereits geführte Gespräche, wie vielleicht erkennbar, wohl noch zu einem Angebot führen werden.

CEO-TIPP

Transparente Zielgruppenkurzbewerbungen haben eine Trefferquote von bis zu 90 Prozent – das heißt, aufgrund der Rückläufe lässt sich berechnen, dass bis zu 90 Prozent der Entscheider die kurzen Bewerbungsdokumente gesehen haben.

Direktmarketing: das Anschreiben

Die Bedeutung des sogenannten Bewerbungsanschreibens ist angesichts der sehr transparenten und erfolgsbezogenen beigefügten Kurzdokumente nicht allzu groß. Alles Wichtige steht ja gut geordnet dort! Es kommt im Grunde nur darauf an, deutlich zu machen, an wen der Brief geht, wer ihn abschickt und kurz zu umreißen, was der Absender möchte. Einer unserer Klienten meinte, als er unsere ganz speziellen Anschreiben las: »Aber das ist doch gar kein richtiges Bewerbungsschreiben. Da steht doch nur am Ende was von einem möglichen Gespräch.« In seinen Worten, seinem Blick und seinem Tonfall lag Skepsis, ob das funktionieren würde.

Der Praxistest der letzten Jahre hat bewiesen, dass es sehr gut funktioniert. Warum? Weil wir eben gerade nicht die »typischen Bausteine« der Standardbewerbungsanschreiben dem Empfänger zumuten. Vor allem nicht, was selbst auf C-Level-Ebene öfter beobachtbar ist, im Anschreiben platz- und zeitaufwändig das Wesentliche aus dem CV – nun im Fließtext wiederholen. Schon als Executive-Search-Berater, Bereichsleiter oder Geschäftsführer verstimmten uns Anschreiben zu den beigefügten CVs, die im »Anschreiben« ihre Schul- und Ausbildung sowie die einzelnen beruflichen Stationen aus dem CV in Prosa wiederholten. Manager, die tagein, tagaus häufig Anschreiben dieser Art gelesen haben, lesen Anschreiben eben nicht mehr oder überfliegen sie nur noch, weil sie nur Zeit stehlen. Bewerbungsanschreiben auf Stellenanzeigen fangen oft auch mit der Wiederholung von CV-Inhalten an und geraten meist noch länger, weil der Bewerber »blumig« darlegt, warum er glaubt, für die Vakanz passend zu sein, warum er die in der Stellenanzeige aufgeführten Job-Description-Merkmale erfüllt. Das ist gut gemeint, reizt aber dazu, das Anschreiben gleich beiseitezulegen. Das Erfüllen wesentlicher Anforderungen sollte sich klar und übersichtlich aus dem CV ergeben. Wenn sie fehlen, ist eine Bewerbung überflüssig.

Gefährlich ist, wenn der Bewerber meint, in diesen gefällig im Erzählstil vorgetragenen »Lebenslauf-Anschreiben« Wichtiges untermischen zu müssen, all das, »was inhaltlich nicht in den angehängten CV passt«. Genau dieses Wichtige läuft dann große Gefahr, von den Personalern, Headhuntern und Geschäftsführern nicht wahrgenommen zu werden, weil das ganze Anschreiben wegen der umfassenden Wiederholungen erst gar nicht gelesen wird.

Flankiert werden diese Wiederholungen meist von ein paar »netten« Sätzen zum Unternehmen, warum dieses so toll ist und der Bewerber dort gerne arbeiten möchte. Wie toll und attraktiv es ist, weiß das Unternehmen selbst. Überflüssig, dass der Bewerber hierfür die passenden Argumente liefert. Manch einer schreibt dem Zielunternehmen sogar Eigenschaften zu – woher soll er sie auch zuverlässig wissen –, die dieses gar nicht haben möchte. Dass der Bewerber dort grundsätzlich gerne tätig werden möchte, versteht sich von selbst – grundsätzlich bedeutet: vorbehaltlich einer genauen Prüfung in den persönlichen Gesprächen.

Der dritte verbreitete, aber nicht überzeugende Baustein, den es in Anschreiben zu vermeiden gilt, sind Ausführungen wie »ich bin analytisch, strategisch, teamfähig, führungsstark« und so weiter. Deren mangelhafte Sinnhaftigkeit hatten wir bereits begründet. Unter dem Strich sind Standardbewerbungsschreiben dieser Art fast ohne Aussage und Attraktivität. Wir empfehlen, all dies zu vermeiden. Keineswegs wollen wir uns mokieren oder gar belustigen über die vielen Anschreiben, die noch immer in dieser Art verfasst werden. Denn es ist nicht einfach, es zu unterlassen und dennoch gute Inhalte zu versenden, schließlich ist nicht jeder Werbetexter oder gleich Schriftsteller, sondern vielleicht ordentlicher Ingenieur, Kaufmann oder Handwerksmeister. Daher hat beispielsweise die Deutsche Bahn schon vor Zeiten auch in Pressetexten und Stellenanzeigen propagiert, ihr müsse man kein Anschreiben schicken, der CV genüge völlig, wenn er online zugesandt wird. Die Bahn hat erkannt, dass die Notwendigkeit, ein Anschreiben zu verfassen, brauchbare potenzielle gewerbliche, kaufmännische und andere Mitarbeiter davon abhält, sich überhaupt zu bewerben.

Für C-Level-Bewerbungen gilt freilich etwas anderes. Von diesen erwartet ein Unternehmen zu Recht mehr als zeitraubende Standardanschreiben und Worthülsen. Schon mit dem Anschreiben können Sie als souveräner, authentischer Manager mit Erfolgen, also auf Augenhöhe, auftreten. Das Anschreiben ist ein wichtiger Teil Ihrer Eintrittskarte beim Adressaten! Der andere, noch wichtigere Teil ist Ihr CV.

Wirkungsvolle Anschreiben folgen daher den empirischen Erkenntnissen des Direktmarketings. Sie richten sich an drei wichtigen Fragestellungen aus:

- An wen sende ich das Schreiben?
- Welche Botschaft will ich dem Empfänger vermitteln?
- Welches Verhalten will ich auslösen?

Die erste Frage ist die nach der adressierten Zielgruppe. Da das Anschreiben in identischer Formulierung an eine große Zahl von Unternehmen geht, muss diese Zielgruppe über gewisse gemeinsame Merkmale verfügen. Konkret bedeutet das für die Initiativbewerbung, dass die ausgewählten Unternehmen einen ähnlichen Bedarf aufgrund ihrer Branche, Strategien, Geschäftsmodelle, Produkte und/oder Unternehmensprozesse haben, auf den der Bewerber mit seinen erzielten Erfolgen passt und diesen beim Unternehmen deckt. Es kann durchaus sinnvoll sein, die Gesamtzielgruppe in Subzielgruppen zu untergliedern, um noch treffsicherer formulieren zu können. Manche unserer Klienten führen diese Differenzierung in den Anschreiben durch, um die Zielgruppen noch besser anzusprechen. Das ist etwa erforderlich, wenn – durchaus mit einem identischen CV – Industrieunternehmen, Private-Equity-Gesellschaften und Unternehmensberatungen angeschrieben werden. Denn nur wenn die Zielgruppe in sich homogen hinsichtlich wichtiger Kriterien ist, kann der Bewerber im Anschreiben die richtigen Argumente und sprachlichen Bilder wählen, um den Empfängern seiner Briefe das Gefühl zu vermitteln: »Der Manager ist für uns interessant.«

Damit sind wir bei der zweiten Frage, der nach der Botschaft. Was sollten Sie einem Unternehmenslenker oder Gesellschafter mitteilen? Denn es immer wichtig, die Entscheider anzuschreiben, also Unternehmenseigentümer, Vorstände, Geschäftsführer, aber natürlich auch – je nach Unternehmensgröße und angestrebter Position – Bereichsleiter oder Chefs von Tochtergesellschaften oder Leitern von Business Units. Hier greifen wir auf eine wichtige Regel zu Kaufentscheidungen zurück: die AIDA-Formel. Letztlich entsprechen auch die Auswahl eines Bewerbers sowie die Auswahl eines Jobangebots einem Kaufprozess. Nach der AIDA-Formel durchläuft jeder Kunde vier Phasen, bevor er sich entscheidet.

- Attention (Aufmerksamkeit): Das Angebot ist verfügbar und kann wahrgenommen werden.
- Interest (Interesse): Das Angebot könnte mir einen Nutzen bieten.
- Desire (Kaufwunsch): Das Angebot bietet mir einen Nutzen.
- Action (Kaufaktion): Der Nutzen ist größer als die Investition.

Erst wenn der Adressat – also der Unternehmenseigentümer, Vorstand, Geschäftsführer – überzeugt ist, dass er einen tatsächlichen Nutzen bekommen kann, wird er sich mit dem Bewerber näher befassen. Ihr Anschreiben muss also idealerweise die drei Stufen Attention, Interest und Desire erfüllen, damit es zur vierten Stufe kommt.

Wie muss ein solch wirksames Anschreiben aussehen, aufgebaut und formuliert sein? Die erste Hürde ist: Der Empfänger muss den Brief öffnen. Klingt banal, ist aber unerlässlich und nicht automatisch der Fall. Hier hilft die Adressierung als »Persönlich/Vertraulich«. Solche Briefe dürfen nur vom Empfänger selbst oder seiner dazu legitimierten Assistenz geöffnet werden.

Liegt der Brief dem Adressaten dann vor, kommt die Sekunde der Wahrheit. Denn in Sekunden entscheidet sich, ob der Empfänger Ihren Brief liest, im Unternehmen weiterleitet oder wegwirft. Dabei überfliegen seine Augen das Schreiben wie ein Scanner, auf der Suche nach Hinweisen für »ist interessant oder nicht«. So läuft es bekanntlich in der Praxis vielbeschäftigter Manager, und empirische Erkenntnisse des Direktmarketings bestätigen es.

Wie dieser Scan beziehungsweise Entscheidungsprozess abläuft, lässt sich mit Augenkameras ermitteln. Diese zeigen, wohin der Leser in welcher Reihenfolge sieht und wie lange sein Blick an bestimmten Punkten verweilt. Meist fällt der erste Blick des Betrachters auf den Absender: Wer schreibt mir? Da Sie ihm unbekannt sind, er Sie weder als Bewerber noch als Geschäftspartner kennt, wird er weiter scannen. Als Nächstes wandern seine Augen zum Betreff, sodass dieser von besonderer Relevanz für das weitere Interesse des Lesers ist. Diese Betreffzeile enthält bei unseren Anschreiben genau das, was beide Seiten, Leser und Absender suchen beziehungsweise besetzen wollen: bestimmte Funktionen im Unternehmen.

Meist sind es mehrere vorstellbare Funktionen, die dort genannt werden, etwa eine Teil- oder Gesamtverantwortung oder beispielsweise eine umfassende technische Verantwortung als CTO oder eine Teilverantwortung als Leiter R&D, Leiter Produktmanagement oder Ähnliches. Selbst die Reihenfolge, in der Sie mehrere Funktionen auflisten, wird zumindest unbewusst vom Leser registriert und bewertet. Dieser Betreff ist identisch mit dem kleinen Abschnitt oben zu Beginn des CV »Angestrebte Unternehmensfunktionen«. Einzelheiten dazu in Teil 3 (S. 182 f.).

Nach dem Lesen dieser Betreffzeile entscheidet der Empfänger erneut: Interessant für mich oder nicht? Für ihn hat das Schreiben mit CV einen Nutzen, wenn er kurz davorsteht, eine der genannten Positionen neu zu besetzen oder bereits in einem Suchprozess steht, gleichviel wie weit gediehen dieser ist. Im Betreff steht nicht, dass es sich um eine Bewerbung handelt, das ergibt sich sofort aus dem Text des Anschreibens und, noch deutlicher, aus dem angehängten CV.

Anschließend überprüft der Leser die Anrede: »Meint der Absender tatsächlich mich?« Daher sollte die Briefanrede – neben der persönlich-vertraulichen Adressierung – immer persönlich sein und niemals »Sehr geehrte Damen und Herren« lauten. Nach Absender, Betreff und Anrede scannt der Empfänger in Sekunden den eigentlichen Text. Sein Blick bleibt dabei an optischen Haltepunkten, zum Beispiel fett oder kursiv geschriebenen Worten oder Aufzählungspunkten, hängen. Das zeigt Struktur und lädt zum Überfliegen ein, und wenn das interessant ist, auch zum vollständigen Lesen, was oft entbehrlich ist, denn das Entscheidende steht im CV. Dabei darf das Schriftbild des Anschreibens durch Hervorhebungen oder Bulletpoints nicht unruhig wirken, denn das erschwert das Lesen und wirkt zudem nicht seriös. Auf Spielereien wie den Einsatz verschiedener Schriftarten und Buchstabengrößen – außer in dem Betreff – sollten Sie auf jeden Fall verzichten.

Der Inhalt des Textes muss eindeutig einen Nutzen für den Adressaten darstellen. Daher beginnen unsere Anschreiben mit einem zur Zielgruppe *und* dem Bewerber passenden Statement hinsichtlich Unternehmensführung, Strategieumsetzung, Sanierung, Vertriebsoptimierung oder ähnlichen Themen. Wir holen den Adressaten in seiner tatsächlichen Unternehmenssituation und seinem potenziellen Bedarf ab. Dann zeigen wir in drei bis vier knappen Schlagwortsätzen, wie der Bewerber in solchen Unternehmenssituationen zum Erfolg seiner bisherigen Arbeitgeber beigetragen hat. Wir beweisen also, dass er schon andernorts Nutzen gestiftet hat und daher auch dem angeschriebenen Unternehmen Nutzen bringen kann (Interest und Desire). Abschließend weisen wir darauf hin, dass sich der Bewerber in der nächsten Zeit beruflich neu orientieren wird und gerne für ein Gespräch und weitere Informationen zur Verfügung steht (Attention). Damit bringen Sie eine klare Botschaft zum Empfänger: Ich bringe erwiesenermaßen Nutzen und bin am Markt verfügbar! Dies verdeutlichen die drei nachfolgenden Beispiele von Stefan Aarbergen, Christian Waldner und Daniel Nowak (S. 96 ff.). Dabei bleibt es Ihrem Geschmack überlassen, ob Sie wie im Beispiel Waldner einleitend auf die aktuelle Wirtschaftslage Bezug nehmen wollen – gewissermaßen zum »Aufwärmen« und um zu zeigen, dass Sie über aktuell erforderliche Kompetenzen verfügen – oder gleich zur Sache kommen wollen. Zwei Grundsätze sollten keine Geschmackssache sein, sondern immer beherzigt werden: Zum einen sollte im Anschreiben der Nutzen, den Sie bieten im Mittelpunkt stehen und zum zweiten sollten keinesfalls wichtige Informationen nur im Anschreiben angeführt werden, denn niemand weiß, ob überhaupt und wie genau dieses gelesen wird, alles Wichtige muss daher im CV aufscheinen.

Bei allen persönlichen Symbolen und Merkmalen: Der Brief soll dennoch als Serienbrief, also an mehrere Adressaten gehend, erkennbar sein. Damit setzen Sie ein wichtiges Signal: Ich bin am Markt und mit meinem Qualifikationsprofil und meinen Erfolgen für viele Unternehmen interessant. Sie setzen den Adressaten also ein wenig in Zugzwang, sich zumindest die Chance auf Ihre Mitarbeit zu sichern, denn gute Leute werden auch von anderen Unternehmen gesucht und eingestellt. Das fördert Souveränität auf Augenhöhe.

Abschließend geht übrigens der Blick des Lesers zur Unterschrift. Die sollte Vorname und Zuname enthalten – das wirkt einfach persönlicher – und von Hand geschrieben sein – am besten in blau, um sich vom gedruckten schwarzen Text abzuheben, und mit nicht zu dünn schreibendem Filzstift oder Füllfederhalter. Selbst die beste eingescannte Unterschrift ist als solche erkennbar und signalisiert damit etwas Unpersönliches. Der ganze Scan beziehungsweise Entscheidungsprozess, ob Sie für den Empfänger von Interesse sind, erfolgt in wenigen Sekunden.

Damit kommen wir zur dritten Ausgangsfrage: Welches Verhalten wollen wir beim Empfänger auslösen? Ganz klar: eine Einladung zum Gespräch, sofern der C-Level-Manager grundsätzlich zum Unternehmen und einer »verdeckten« oder auch offenen Vakanz passt. Daher beenden wir das Schreiben mit einer Einladung zum Gespräch – im doppelten Sinne. Wortwörtlich genommen »freue ich mich über einen Gesprächstermin mit Ihnen oder einem anderen verantwortlichen Entscheider«, also über eine Einladung. Zugleich ist diese Formulierung auch eine Einladung an den Adressaten, einen interessanten Manager kennenzulernen und einen Gedankenaustausch mit ihm zu führen. Also ganz auf Augenhöhe! Bei unseren systematischen Zielgruppenkurzbewerbungen sind meistens ein oder zwei Gesprächseinladungen dabei, denen keine konkrete aktuelle oder baldige Vakanz zugrunde liegt, sondern pures Interesse an einer Person mit einem solchen CV. Und – sonst würde der Zeitaufwand nicht betrieben – der Wunsch nach Auslotung einer möglichen Zusammenarbeit, einer Einstellung als Führungskraft, weil im CV so viele Dinge Anklang gefunden, neugierig gemacht haben und gerade auch die skizzierten Erfolgsbeiträge zum Kennenlernen reizen.

Der Versand

Noch eine letzte Bemerkung zum Versand. Die Initiativbewerbungen gehen in einem Fenster-DIN-lang-Umschlag als 20-Gramm-Brief an die Adressaten. Im Umschlag enthalten sind das Anschreiben, nur dieses auf Wasserzeichenpapier, der CV sowie die »Beiträge- zum Unternehmenserfolg«. In Summe sind das drei Blätter mit fünf bedruckten Seiten. Das Anschreiben ist nur einseitig, die beiden anderen Dokumente sind doppelseitig bedruckt. Ein Längskuvert sieht optisch nicht nach einer Bewerbung aus, das ist gewollt, damit es den Empfänger auch erreicht, denn »persönlich/vertraulich« im Adressfeld garantiert es nicht sicher.

Der zweite Vorteil, eine Anlage mit lediglich zwei gefalteten Blättern als CV beizufügen, ist das quantitative Moment: Kurze, knappe, Executive-Summary-mäßig aufbereitete Unterlagen bearbeitet man gerne sofort und legt sie nicht auf den Stapel noch zu bearbeitender Briefe oder leitet sie gleich im Haus weiter.

Die Praxis zeigt, dass Sie in der Regel aufgrund genau dieser Unterlagen direkt zum Gespräch eingeladen werden. Die richtigen Inhalte auf wenigen Seiten zusammengefasst führen genau zum gewünschten Ziel: Der Empfänger hat in kürzester Zeit Ihren potenziellen Nutzen erkannt und lädt Sie zum Gespräch ein!

Mit umfassender Transparenz sich für das richtige Unternehmen entscheiden

Das »berühmte Psychologen-Duo« Kitz und Tusch – so apostrophierte sie der SWR in einem Interview – hat den verdienten *Spiegel*-Bestseller *Das Frustjobkillerbuch* verfasst. Dort behaupten die Psychologen, es sei »egal, für wen Sie arbeiten«. Das ist bisweilen zutreffend. Etwas Lebens- und Berufserfahrung genügen, um zu erkennen, dass tatsächlich manche Menschen, manche Arbeitnehmer und selbst manche C-Level-Manager den Grund ihrer Unzufriedenheit »zwischen ihren Ohren« lokalisieren können. Sie selbst sind es, die nicht von kaum erfüllbaren Wunschträumen lassen können oder maßgeblich selbst zur Unzufriedenheit durch ihre Person beitragen, weil sie sich durch ihr Verhalten stets aufs Neue die Probleme selbst schaffen. Denn wo auch immer sie hingehen, werden sie sich selbst mitnehmen. Sie kämpfen daher stets erneut gegen sich oder werden mit immer wieder ähnlichen Herausforderungen oder »Unannehmlichkeiten« konfrontiert werden. Vielen Dingen kann man nur schwer in der Wirtschaft entgehen, beispielsweise Key Performance Indicators, die selbst in Anstalten des öffentlichen Rechts immer weiter verbreitet sind und keineswegs immer dazu beitragen, den unternehmensinternen Alltag aufzuheitern.

Oft ist diese Kitz-Tusch'sche, sicher absichtlich so provokativ formulierte, Erkenntnis indessen nicht zutreffend. Auch hier genügen schon etwas Lebens- und Berufserfahrung. Zwei wichtige, beispielhaft herausgegriffene Differenzierungsmerkmale von Unternehmen, nämlich Eigentümerstruktur und Marktstellung, belegen, dass es sehr wohl bedeutend ist – und keineswegs »egal« –, für wen Sie arbeiten!

Wenn Sie also durch Anwenden der hier beschriebenen Vorgehensweise in der komfortablen Situation sind, in einem überschaubar kurzen Zeitraum wirklich auswählen zu können, dann sollten Sie es wohlüberlegt tun – zum eigenen Nutzen und dem Ihres künftigen Arbeitnehmers. Es ist sehr wohl ein Unterschied, ob Sie für ein eigentümergeführtes oder ein von mehreren Familienmitgliedern geführtes Unternehmen arbeiten, für eine anonyme Aktiengesellschaft mit angestellten Managern und bestellten Organen oder für ein Unternehmen, das gerade im Eigentum einer Private-Equity-Gesellschaft steht. Die Unterschiede sind offensichtlich und auf C-Level-Ebene auch bekannt, denn dort wirken sie sich meist am stärksten aus.

Gleiches gilt sicher auch für die Marktstellung: Für einen Marktführer zu arbeiten ist anders, als für einen neuen Marktteilnehmer oder ein Unternehmen tätig zu sein, welches von jeher eine unbedeutende Marktstellung einnimmt. Unterschiedlich ist das Lebensgefühl in einem Unternehmen, das satte Gewinne einfährt, gegenüber einem, welches um das Überleben kämpft. Es ist fast zu banal, um beschrieben zu werden – diese Beispiele sollen nur verdeutlichen, dass der Luxus, auswählen zu können, sehr erstrebenswert ist. Denn die meisten der vorstehenden, beispielhaften Unternehmensdifferenzierungsmerkmale sind in der Regel weder gut noch schlecht.

CEO-TIPP

Unternehmen sind fast so unterschiedlich wie Menschen. So wenig, wie sie die meisten von ihnen heiraten würden, so wenig sinnvoll ist es, für die meisten Unternehmen arbeiten zu wollen. Es führt also kein Weg daran vorbei, mit einer respektablen Anzahl von Unternehmen Erstgespräche zu führen, um herauszubekommen, wer zu Ihnen passt: Nicht »Wer die Wahl hat, hat die Qual«, sondern »Nur wer die Wahl hat, hat keine Qual«.

Auch in ungünstigen Situationen lassen sich sehr befriedigende Erfolge erzielen, oft mehr als in komfortablen. Es ist allein Ihren Wünschen, Zielen und Ihrem Managertypus zuzuschreiben, wofür Sie sich entscheiden. Nur hoffentlich können Sie sich entscheiden! Denn für einen bodenständigen Eigentümerunternehmer mit Gutsherrenmentalität zu arbeiten ist genauso unbefriedigend wie für einen weltumspannenden Konzern, wenn man genau der Typ für die andere Struktur ist. Erfolgreich kann man nur sein, wenn man sich dauerhaft wohlfühlt.

Einer unserer Klienten war sein Berufsleben lang bei einem der deutschen Premium-Automobilhersteller mit sehr großer Markenstrahlkraft, wie er selbst meinte, beschäftigt. Mit Ende 40 wechselte er das erste Mal das Unternehmen und ging zu einem koreanischen Automobilhersteller. Der Kulturschock hätte kaum größer sein können. Das hatte durchaus auch seinen Reiz, einiges, so berichtete er später, war dort entschieden besser – aber es brachte auch besondere Härten mit sich. Das muss man wollen.

Wichtig ist, dass Sie es vorher bedenken und in Ihre Auswahlentscheidung mit einbeziehen. Es ist offensichtlich, dass die gesamte Unternehmenskultur eines Premium-Anbieters oder auch des typischen mittelständischen Hidden Champions eine besondere ist: Jährlich innovative Höchstleistungen können nur in einem entsprechend freien Klima der Wertschätzung und Stimulans entstehen, zu der freilich auch Bereichsbudgets gehören, mit denen sich experimentieren lässt. Wer dagegen statt Innovator Kopierer ist, wer auf Preis- und damit Kostenführerschaft setzt, der kann sich üppige Budgets schlicht nicht leisten und wird auch eher eine auf Befehl und Gehorsam basierende Unternehmenskultur entwickeln und keine freie, die Kreativität fördernde. Der Einwand »Gespart wird doch überall!« ist zweifellos richtig. Auch der Premium-Hersteller wird laufend kostensenkende Restrukturierungen durchführen, aber ganz sicher in einer anderen Weise als der kopierende Kostensenker, für den »kontinuierliche Kostensenkungsprozesse« im Zentrum stehen und meist sogar Voraussetzung für die Existenzsicherung des Unternehmens sind.

All dies wirkt sich auf die Unternehmenskultur aus, und all dies sollte der C-Level-Manager bei der Entscheidung für ein Unternehmen vor Augen haben. Unabhängig von unterschiedlichen Geschäftsmodellen, Marktposition, Eigentümerstrukturen und was sonst noch die Unternehmenskultur beeinflusst, gibt es eine Reihe schwerer identifizierbarer, meist psychologisch begründeter Unternehmenskulturunterschiede. Beispielhaft sei hier ein nicht selten anzutreffendes Phänomen skizziert: das Unternehmen, das den Elefanten im Zimmer nicht sieht! Der »elephant in the room« ist eine offensichtliche Tatsache, die jeder im Unternehmen kennt, aber alle verschweigen, dessen Ansprechen zumindest sozial sanktioniert wird. In Unternehmen mit vierteljährlicher Berichtspflicht für die Börse etwa werden gerade unter finanzoptimierenden Gesichtspunkten bisweilen in großem Stil Entscheidungen getroffen und umgesetzt, die geradezu schildbürgerähnlichen, jedenfalls hanebüchenen Charakter haben; Maßnahmen, die einem eigentümergeführten Unternehmen fremd wären. Solche Entscheidungen werden dann ohne Murren exekutiert, und ein Manager sollte sich in diesen Unternehmenskulturen hüten, den Elefanten anzusprechen, der da im Unternehmen spazieren geht. So etwas muss man mögen oder zumindest aushalten können. Die »Elefanten im Zimmer« sind aber nicht auf börsennotierte Unternehmen beschränkt, sie können auch in eigentümergeführten Unternehmen in Gestalt des Eigentümers selbst auftreten, dessen menschliche oder unmenschliche Marotten Manager eines besonderen Zuschnitts voraussetzen, die eben genau diese Marotten nie ansprechen würden. Solche Besonderheiten können auch ein Indiz für die Fehlerkultur und andere wichtige Unternehmensdifferenzierungsmerkmale sein.

Umfassende Informationen zur Auswahl des für Sie vermutlich am besten passenden Unternehmens und zugehöriger Verantwortung – unter anderem mit einer bewährten Checkliste – finden Sie in unserem Buch *Die CEO-Auswahl*. Dort wird auch die Vielzahl sehr unterschiedlicher C-Level-Auswahlverfahren unter die Lupe genommen, womit Sie meist rechnen können, womit gelegentlich oder eher selten und vor allem, welcher Umgang sich mit all den Hürden und Taktiken seitens der Unternehmen bewährt.

Abschließend finden Sie hier die fünf wesentlichen Vorteile, die diese größtmögliche Transparenz mit sich bringt, eine Transparenz, die nur mit systematischer und aktiver Vorgehensweise erzielbar ist: nach außen über den an sich atomistischen und damit fast völlig unüberschaubaren Arbeitsmarkt und nach innen durch Schaffen der umfassendsten, sehr individuellen Entscheidungsgrundlage für C-Level-Manager:

- **Vakanzentransparenz über den individuellen »Arbeitsmarkt« (offener Stellenmarkt :** verdeckter Stellenmarkt = 20 Prozent : 80 Prozent) bezüglich aller zum Zeitpunkt X für ein bestimmtes Managerprofil Y im geografisch definierten Raum Z (regional, bundesweit, international) möglichen Managementvakanzen.
- **Gehaltstransparenz:** Ermitteln und vor allem Ausgleich einer möglichen Differenz zwischen internem und externem Wert eines Managers.
- **Alternativentransparenz:** Durchbrechen der Personalchef- und Headhunter-Grenzen, dadurch maximierte Wahlfreiheit – schon Branchenwechsel sind manchmal schwer möglich, die Wechselhürden zwischen den Marktsegmenten Industrie und Handel oder Dienstleistung fast unüberwindbar – nicht so bei diesem systematisch strategischen Vorgehen.
- **Erhöhte Treffsicherheit durch Souveränität:** Durch souveräneres Nachfragen in den Gesprächen und, mit etwas Glück, mehrere zeitgleiche, konkrete Vertragsangebote wissen Sie vorher genauer, was Sie nachher erwartet, sodass Sie die bessere Wahl treffen können.
- **Größere geografische Treffsicherheit sowie Zeit- und Gehaltsgewinn** durch wesentlich mehr Gesprächsrunden und meist mehr Angebote zum Zeitpunkt X; zugleich sich potenzierende Grundlage für alle nachfolgenden Karriereschritte, die auf Ihrer nächsten Entscheidung für ein Unternehmen aufbauen werden.

Prinzip 4
Ehrlichkeit, Wahrhaftigkeit, Authentizität

»Ehrlichkeit ist die beste Methode.«
Benjamin Franklin

Ein Kernanliegen dieses Buches ist es, Ihnen zu helfen, dass Sie mehrere passende Stellen finden. Und sich dann für die zu Ihnen am besten passende Aufgabe entscheiden. Denn meist haben Sie durch dieses strategisch-systematische Vorgehen die Möglichkeit zu wählen!

Schon durch das bereits beschriebene Transparenzprinzip erhöhen Sie die Wahrscheinlichkeit, vorher zu herauszubekommen, was Sie nachher erwarten wird. Wenn Sie das vierte Prinzip »Ehrlichkeit, Wahrhaftigkeit, Authentizität« beherzigen, können Sie die so wichtige Klarheit noch ein Stück erhöhen, wirklich das Wesentliche über Ihren potenziellen neuen Arbeitgeber in Erfahrung bringen. Das hat für Sie (und gegebenenfalls Ihre Familie) weitreichende Bedeutung.

CEO-TIPP
Wenn Sie vorher wissen wollen, was Sie nachher erwartet, sollten Sie gut überlegen, ob Sie der verbreiteten Bewerberempfehlung und verdeckten Übertreibungsaufforderung »Verkaufen Sie sich gut!« wirklich folgen wollen.

Doch zunächst zum Prinzip Ehrlichkeit und Wahrhaftigkeit. Es gibt »tausend« Gründe, die Wahrheit zu sagen. Sie sind so offensichtlich, dass sie hier nicht erörtert werden sollen. Zugleich gehört die Frage nach der Wahrheit zweifellos zu den grundlegendsten und komplexesten Fragen des Menschen.

Im besonderen Zusammenhang mit Bewerbungsverfahren kommen wir nicht umhin, einen kleinen Ausschnitt der Frage nach der Wahrheit zu beleuchten. Denn bei Bewerbungsverfahren ist sehr wohl zu fragen, wie es mit der Wahrhaftigkeit bestellt sein darf. Bringt sich ein Kandidat nicht um allzu viele Chancen, wenn er grundehrlich ist? Ist nicht vieles in Bewerbungsverfahren durchzogen von Übertreibungen, fahrlässigen Unwahrheiten, gar vorsätzlichen Lügen? Es fängt schon bei den wechselseitig vorgelegten Dokumenten an: dem CV, den auf

C-Level-Niveau meist selbst geschriebenen Zeugnissen, ebenso den Confidential Reports der Headhunter und den Anpreisungen der Unternehmen in der Stellenbeschreibung. Sie alle überschreiten oft die Grenzlinie zwischen Formulierungskunst und blanker Übertreibung oder gar Unwahrheit. Schließlich endet der Austausch von Unwahrheiten beim persönlichen Gespräch – auf beiden Seiten des Besprechungstischs! Eines scheint klar, fast nirgendwo wird so viel gelogen wie im Verlauf des Bewerbungsverfahrens.

CEO-TIPP

Für die schriftlichen Unterlagen gilt dasselbe wie für das Interview: Oft ist der Grat schmal zwischen Formulierungskunst und blanker Übertreibung oder gar Unwahrheit.

Ein im angelsächsischen Sprachraum kursierender Cartoon illustriert humorvoll, dass die ungeschminkte Wahrheit bisweilen niemand hören will, durchaus auch im Vorstellungsgespräch. Die Fotografie zeigt eine Bewerberin am Tisch mit drei Unternehmensvertretern. Der erste eröffnet das Gespräch mit der Frage »What's your greatest weakness?«, die die Bewerberin lakonisch mit »Honesty« beantwortet. Das lässt der zweite Interviewer nicht gelten und kontert: »I don't think honesty is a weakness!« Darauf die Bewerberin kurz und bündig: »I don't give a shit, what you think.« Womit schlagartig bewiesen wird, wie recht sie mit ihrer ersten Antwort hat, dass Ehrlichkeit eine große Schwäche sein kann, dann jedenfalls, wenn Gedachtes ungefiltert und sozial unerwünscht ausgesprochen wird. Zwar gibt es, wie einleitend postuliert, »tausend« Gründe, stets die Wahrheit zu sagen. Dennoch sagen die allermeisten Menschen nicht immer die Wahrheit. Es ist sogar eine sehr weit verbreitete menschliche Gewohnheit, zu lügen – die nicht erst des wissenschaftlichen Beweises bedurft hätte. Dennoch ist ein Forschungsergebnis von Robert Feldman ernüchternd: Er fand heraus, dass Menschen, die sich kennenlernen, in den ersten zehn Minuten durchschnittlich dreimal lügen! Grund: Es scheint, als spräche sogar die sogenannte soziale Erwünschtheit dafür, in bestimmten Situationen zu lügen. Aber man möge vorsichtig sein und nicht vorschnell Lügen achselzuckend als allzu menschlich und damit »unvermeidbar« einstufen, denn vieles, was beispielsweise Feldman bezüglich des Lügens erforschte, bezieht sich wegen der sozialen Erwünschtheit auf »Nettigkeiten« und »Floskeln«. Beim Sondieren, ob ein C-Level-Manager eine neue Verantwortung übernehmen kann und will, geht es *nicht* lediglich um das Kennenlernen, um Small Talk, nicht einmal um Konversation. Ein weites Feld, nicht nur für Psychologen und Moralphilosophen. Wohl für *jeden* Menschen ist es notwendig, sich hierüber Gedanken zu machen – und Position zu beziehen. Wir beziehen hier im Zusammenhang des Bewerbungsverfahrens eindeutig Position.

Zunächst gibt es praktisch nachvollziehbare Argumente dafür, die Wahrheit zu *verschweigen* – was zugegebenermaßen etwas anderes ist, als die Unwahrheit zu sagen. Elegant hat dies Voltaire auf den Punkt gebracht: »Alles, was du sagst, sollte wahr sein. Aber nicht alles, was wahr ist, solltest du auch sagen.«

Es mag wahr sein, dass Ihr letzter Chef einen ausgesprochen miesen Charakter hatte, die Mitarbeiter mobbte und lauthals über Compliance lachte. Nicht genug damit, nein, er verhinderte sogar die Einhaltung betrieblicher Arbeitsschutzbestimmungen, um Kosten zu sparen, und verstieß vorsätzlich gegen gesetzliche Bilanzierungsvorschriften. Das gibt es alles. Wir verstehen es menschlich sehr, sehr gut, dass das einmal ausgesprochen werden muss – aber bei uns in der Beratung, nicht im Bewerbungsgespräch und schon gar nicht, meist dann nur angedeutet, im Bewerbungsanschreiben. Aus der Praxis wissen wir, dass auch C-Level-Manager menschlich reagieren, darüber sprechen wollen und es sich dann sogar für Ihre »Trennungsstory« zurechtlegen, »den miesen Charakter« ihres Chefs als Wechselgrund nennen wollen. Wovon wir ihnen dann dringend abraten. Denn auch wenn es wahr ist, diese Wahrheit sollten Sie, solange Sie nicht explizit gefragt werden, besser verschweigen. Abgesehen davon, dass es Fragen aufwirft, warum Sie sich dann nicht früher mit Wechselabsichten trugen, warum Sie so lange dabeigeblieben sind. Zu guter Letzt: »Schmutzige Wäsche waschen« ist nicht Bestandteil von Ehrlichkeit und Wahrhaftigkeit. Machen Sie es dennoch, bekräftigen Sie nur – wie oben geschildert – dass »Ehrlichkeit« Ihre größte Schwäche ist.

Wider das Prinzip »Sie müssen sich gut verkaufen!«

Ein weiteres Beispiel direkt aus der Welt der Bewerbungsgespräche: Einer unserer Klienten, ein honoriger Geschäftsführer Personal, gestandener Mittfünfziger und, wie die meisten Personaler, von besonderer Ehrlichkeit, Glaubwürdigkeit und Zuverlässigkeit, entgegnete uns auf einen unserer Ehrlichkeitsappelle im Bewerbungsgespräch: »Aber Herr Nebel, wenn ich dem Bewerber vorher sage, was ihn nachher erwartet, kommt er doch nicht!« Das traf. Der Mann, der seit 20 Jahren Manager und Führungskräfte der ersten und zweiten Ebene auswählte, sprach gelassen aus, was eigentlich alle wissen: Das sogenannte Bewerbungsgespräch oder Interview ist allzu oft nichts weiter als ein Balztanz; mehr oder weniger heftiges Flügelschlagen, ein Sich-drehen-und-wenden. Jedenfalls sind Bewerber und Unternehmensvertreter stets bemüht, sich nur von ihrer schönsten Seite zu zeigen. Daher »darf« man vorher nicht sagen, was die Gesprächspartner nachher – nach der Einstellung – erwartet: auf beiden Seiten!

DR. STEFAN AARBERGEN

Diplom-Chemiker

Dr. Stefan Aarbergen | Unter dem Zwieselweg 9 | 58099 Hagen

Persönlich / Vertraulich

Herrn Heinrich Waller

Waller Mechanical Engineering Holding AG

August-Waller-Straße 1

73312 Geislingen an der Steige

Hagen, 1. Mai 2022

Leiter F&E und/oder Produktentwicklung, Innovation, Produktmanagement; Bereichsleiter oder GF Technik; technische Stabsfunktion

Sehr geehrter Herr Waller,

als **Brückenbauer zwischen Wirtschaft und Wissenschaft** gelang mir mehrfach die industrielle Verwertung von wissenschaftlichen Ideen und Entwicklungsergebnissen. So wechselte ich nach meiner Verantwortung als Abteilungsleiter an einem **weltweit führenden, öffentlich finanzierten Forschungsinstitut** für erneuerbare Energien im Einvernehmen in international tätige **Industrie-Unternehmen**. Zunächst als Leiter Industrie- und Förderprojekte, später in höheren, auch globalen Funktionen verantwortete ich die **industrielle Verwertung** der bisherigen sowie neuer **Forschungsergebnisse**, teilweise wiederum mit innovativen Fertigungstechnologien.

In den vier Unternehmen, in denen ich die letzten 19 Jahre tätig war, gelangen mir wesentliche Beiträge zu Unternehmenserfolgen mithilfe meiner spezifischen menschlichen Eigenschaften und Qualitäten:

- Mit meinem wertschätzenden und kooperativen Führungsstil habe ich **leistungsstarke Mitarbeiter** und Führungskräfte gefunden und **im Unternehmen gehalten**.
- Mit meinem Talent, die Sprache unterschiedlicher Zielgruppen zu verstehen und mit diesen zu kommunizieren, habe ich Mitarbeiter, **Kunden und externe Partner gewonnen**.
- Mit meinem ausgeprägten Sinn für zukunftsorientiertes Handeln mit Fokus auf Ökologie und Nachhaltigkeit habe ich **quantitatives und qualitatives Unternehmenswachstum gesichert**.

Ich wende mich heute bewusst an Sie, denn Sie gehören zu einer Gruppe sorgfältig ausgewählter Unternehmen und Organisationen, in welchen ich mir eine Mitarbeit sehr gut vorstellen könnte. Da ich ungekündigt bin, bitte ich um unbedingte Vertraulichkeit. Über einen Gesprächstermin zur Erörterung einer möglichen Zusammenarbeit würde ich mich sehr freuen.

Mit freundlichen Grüßen

Anlage

Unter dem Zwieselweg 9 | 58099 Hagen | Mobil: +49 172 8543 353 | E-Mail: a.aarbergen@web.de

CHISTIAN WALDNER
DIPL.-ING. MASCHINENBAU

Christian Waldner | Vor-dem-Deich-Chaussee 238 | 26388 Wilhelmshaven
Persönlich / Vertraulich
Herrn Dr. Bernd Schmitz
Fidelitas Retail AG
Sonnenkornallee 17
10317 Berlin

Wilhelmshaven, 6. Dezember 2021

Geschäftsführer Vertrieb, CSO, Leiter internationaler Vertrieb / Business Development; Geschäftsführer Landesgesellschaft, Leiter BU/Geschäftsfeld

Sehr geehrter Herr Dr. Schmitz,

die aktuelle Wirtschaftslage stellt viele Unternehmen vor neue Herausforderungen: Organisationen müssen angepasst, bestehende Geschäfte neu ausgerichtet und Produkte gezielter denn je vermarktet werden.

Als Leiter von weltweiten Geschäftsfeldern, Vertriebsorganisationen bzw. Landesgesellschaften habe ich genau dies getan: **Neugeschäft** aufgebaut, **Wachstum in Bestandsmärkten** generiert und die **Reorganisation** von **Vertriebsorganisationen** wiederholt erfolgreich umgesetzt – in Europa, Asien-Pazifik und weltweit.

Dies könnte ich auch bei Ihnen verantworten und darüber hinaus meine Expertise im Asien-Management in Ihre internationale Geschäftsentwicklung einbringen. Das beigefügte Kurzprofil sowie die Übersicht meiner „Beiträge zum Unternehmenserfolg" zeigen, was es für mich bedeutet, lokal und weltweit in Märkten für Technologie-Anwendungen Geschäftserfolge zu erzielen.

Ich wende mich heute an Sie, da Sie zu einer Gruppe von mir sorgfältig ausgewählter Unternehmen gehören. Wenn Sie Bedarf an einer Führungspersönlichkeit meines Zuschnitts mit zuverlässigen Erfolgen haben, freue ich mich über ein Telefonat oder ein persönliches Kennenlernen.

Mit freundlichen Grüßen

Anlagen

Vor-dem-Deich-Chaussee 38 | 26388 Wilhelmshaven | Mobil: +49(0)172 535 3522 | E-Mail: chr.waldner@t-online.de

DANIEL NOWAK
DIPL.-KAUFMANN

Daniel Nowak | Rheinuferstraße 27 | 56075 Koblenz
Persönlich / Vertraulich
Herrn Friedhelm Neuer
Satinas AG
Wilhelm-Reber-Straße 231
80689 München

Koblenz, 29. März 2022

General Manager, Leiter Business Unit, GF Tochter-/Landesgesellschaft; Leiter Business Development

Sehr geehrter Herr Neuer,

in meinen letzten Führungsfunktionen hatte ich jeweils P&L-Verantwortung und meist lag der Schwerpunkt auf dem Aufbau neuer profitabler Geschäftsfelder, Potenzialausschöpfung bestehender Segmente, Business Development und Organisationsentwicklung. Dennoch galt es in einigen Bereichen zunächst, zu restrukturieren oder sogar den Turnaround zu schaffen. Gerade für die derzeit häufig schnell wechselnden Unternehmensanforderungen sehe ich mich daher gut gerüstet.

Hier einige ausgewählte Beispiele meiner Beiträge zum Unternehmenserfolg:

- Strategie: Entwicklung und Umsetzung von **Expansions-** und **Restrukturierungsstrategien**
- Wachstum: **Verdoppelung des Netto-Gewinns** als General Manager von Black & Decker Polen in 4 Jahren bei gleichzeitig steigendem Umsatz, zudem Erreichen einer 2-stelligen Umsatzrendite
- Kunde: Steigerung der **Kundenzufriedenheit** in die Top 10 aller Lieferanten (Quelle: unabhängiges Institut)
- Organisation: Starke Fokussierung auf Personal- und Organisationsentwicklung und damit Steigerung der **Mitarbeiterzufriedenheit** von 67 % auf 88 %

Ich wende mich heute bewusst an Sie, da ich eine neue Verantwortung suche und Sie zu einer Gruppe sorgfältig ausgewählter Unternehmen gehören. Wenn Sie sich vorstellen können, dass mein beigefügtes Profil und meine dort skizzierten Erfolgsbeiträge zu Ihrem Unternehmen passen, freue ich mich über ein persönliches Gespräch mit Ihnen.

Mit freundlichen Grüßen

Anlagen

Rheinuferstraße 27 | 56075 Koblenz | Mobil: +49 178 2623 2552 | E-Mail: Daniel.Nowak@kabelmail.de

CEO-TIPP

Wenn sich beide Seiten anschwindeln, ist es doch ausgeglichen? Gerade beim Eingehen einer »Dangerous Relationship« (wie es nach angloamerikanischem Sprachgebrauch beispielsweise Ehe-, Franchise- und Arbeitsvertrag sind) kann der Schuss nach hinten losgehen! Für beide Seiten!

Wenn beide Seiten das so machen, dann ist es doch ausgeglichen, fast fair, oder? Das Dumme ist nur, dass auf Grundlage unwahrer, eben falscher Aussagen auch leicht die falschen Entscheidungen getroffen werden. Bei wahren Aussagen besteht größere Transparenz bezüglich der zu treffenden Entscheidung. Das Unternehmen kann die ohnehin schwierige Besetzungsfrage zutreffender, da täuschungsfrei beantworten. Auch der Bewerber kann unter den verschiedenen Optionen diejenige auswählen, die ihm wohl am besten entspricht. Arbeitsverträge sind Dauerschuldverhältnisse, wie es beispielsweise Franchiseverträge oder Eheverträge auch sind. Die beiden Letzteren werden im angloamerikanischen Kultur- und Rechtskreis nicht zufällig »Dangerous Relationship« genannt: »Drum prüfe, wer sich ewig bindet«, um einen deutschen Dichterfürsten zu bemühen. »Ewig« ist zwar dichterische Überhöhung und auch bei einem Arbeitsvertrag kann hiervon zum Glück keine Rede sein, wie natürlich bei Ehe- und Franchiseverträgen auch. Aber der Schaden einer falsch getroffenen Entscheidung ist kann bei allen erheblich sein.

Warum also wird in Bewerbungsgesprächen dann auf beiden Seiten so viel gelogen oder fahrlässig die Unwahrheit gesagt – wenn doch der riskierte Schaden beträchtlich ist? Vielleicht weil es gang und gäbe ist. Ganze Buchregale in den Buchhandlungen sind daher auch gefüllt mit Ratgebern, die sich in meist einem Punkt einig sind: *»Der Bewerber* muss sich im Interview verkaufen!« Und verkaufen impliziert, sich von seiner schönsten Seite darzustellen, so zu drehen und zu wenden, dass die nicht so schöne, nicht so passende Seite nie zu sehen ist. Der Bewerber sei hiermit also entschuldigt. Er folgt nur dem Mainstream, er glaubt den Beteuerungen der Ratgeberliteratur, Outplacern und Bewerbungscoaches und bleibt bei seinen eigenen, wenn auch unreflektierten Erfahrungen, wonach er vielleicht nach manchen Bewerbungsrunden »den Zuschlag bekommen« hätte, wenn er sich nur besser »verkauft« hätte.

CEO-TIPP

Die herrschende Meinung fordert: »Der Bewerber muss sich im Interview gut verkaufen!« Sie fördert dadurch den leichtfertigen Umgang mit der Wahrheit und trainiert bisweilen diese Verzerrungen noch vor der Videokamera.

Entschuldigt seien aber auch die internen Personalchefs und externen Personalberater, die dem Druck ihrer internen oder externen Kunden, also den Abteilungs- und Bereichsleitern, den Geschäftsführern, Vorständen und Aufsichtsräten, nicht standhalten: Diese drängen häufig, einen bestimmten Kandidaten unbedingt haben zu wollen! Und der Personalchef fürchtet, ihn nicht für das Unternehmen gewinnen zu können, wenn er ihm die volle Wahrheit sagen würde. Weniger entschuldigt sind dagegen die interviewenden Vorgesetzten, die nicht die volle Wahrheit sagen: Sie sind unklug! Zwar handeln auch sie erfahrungsbasiert, aber unreflektiert.

Dieser Abschnitt, der das Gebot des sich gut Verkaufens beleuchtet, wäre unvollständig, wenn nicht betont würde, dass viele Unternehmensvertreter längst bewusst bei der Wahrheit bleiben, ja von sich aus auch negative Dinge ansprechen, die den Bewerber erwarten würden, wenn er denn in diesem Unternehmen Verantwortung übernehmen würde.

Nur, da Sie niemanden hinter die Stirn blicken können, werden Sie nicht sicher wissen können, zu welcher Sorte Ihr Gesprächspartner gehört. Nachfolgend beschriebene Vorgehensweise erhöht zumindest die Wahrscheinlichkeit, dass Ihr Gegenüber doch noch mehr sagt, als er es von sich aus gemacht hätte.

Die drei Stufen, der Wahrheit näher zu kommen

Wie wäre es, eine andere Vorgehensweise auszuprobieren? Mit der Wahrheit bewaffnet, einen offensiven Vorstoß zu wagen und damit vielleicht bessere Erfahrungen zu sammeln – sprich im Gespräch mehr von dem herauszufinden, was einen später erwartet? Dies gilt für beide Seiten. Wie könnte diese Vorgehensweise aussehen? Natürlich nicht nur *schlicht die Wahrheit zu sagen. Da Ihnen niemand hinter die* Stirn schauen kann, wird der Gesprächspartner nicht einmal wissen, ob Sie die Wahrheit sagen. Unvermeidbar daher auch, dass selbst bei ehrlichen Bewerbern oder Unternehmensvertretern der Gesprächspartner bisweilen argwöhnen wird, er sage vielleicht nicht die Wahrheit. Die Antwort ist vergleichsweise einfach, und dennoch wird sie gezielt selten praktiziert, sodass sie häufig Erstaunen hervorruft. Die Wahrheit sagen *und von* sich aus die Dinge ansprechen, die Sie nicht unbedingt sagen müssten, nach denen Sie niemand gefragt hat, wo Sie aber erkennen, dass Sie eine Pflicht zur Offenlegung haben oder es zumindest klug und anständig ist, sie anzusprechen. Zumindest eine solche dreistufige Überprüfung, wie wir sie nachfolgend beschreiben, werden Sie kaum im ersten Gespräch vornehmen, sondern erst, wenn Sie die Zielgerade vor Augen haben und mit einem konkreten, schriftlichen Vertragsangebot zu rechnen ist.

CEO-TIPP
Wer sich im Bewerbungsgespräch zu »gut verkauft«, muss sich nicht wundern, wenn auch er »verraten und verkauft« wird.

Das könnte im Gesprächsverlauf so aussehen – der Übersichtlichkeit wegen in drei Stufen gegliedert:

Stufe 1: Zusammenfassen

Menschliche Kommunikation läuft fast automatisch Gefahr, ungenau zu sein. Daher missverstehen sich Gesprächspartner trotz bester Absichten allzu leicht. Um Missverständnisse in so wichtiger Angelegenheit wie den aufeinanderfolgenden Bewerbungsgesprächen mit ein und demselben Unternehmen möglichst unwahrscheinlich zu machen, empfiehlt es sich hier ganz besonders, allgemeine Kommunikationsgrundsätze zu beherzigen. Stellen Sie durch Wiederholung des Verstandenen sicher, dass Sie die Aussagen Ihres Interviewpartners richtig erfasst und richtig interpretiert haben. Wiederholen Sie also in Ihrer eigenen, gewohnten Diktion das Verstandene. Liegt Ihnen eine Job Description vor, so zitieren Sie sie nicht wörtlich, sondern fassen sinngemäß zusammen, etwa: »Ich habe aufgrund Ihrer Ausführungen beziehungsweise der Stellenbeschreibung verstanden, dass die Position mit einem Manager besetzt werden soll, der über A, B, C, D und E verfügt!« Und nun wiederholen Sie das, was Sie verstanden haben. Ganz nebenbei gerät Ihre der Kommunikationssicherheit dienende Wiederholung zu einem »Werbeblock« Ihrer Kompetenzen, Erfahrungen und Erfolge. Sie haken gleichsam ab: »Habe ich, habe ich, habe ich …« Ihr Gesprächspartner sieht, dass es Ihnen wichtig ist, die Anforderungen zu erfüllen!

Lag keine Stellenbeschreibung vor, ist eine solche Zusammenfassung umso wichtiger, denn das gesprochene Wort ist bekanntlich flüchtig. Aber auch bei einer ausformulierten Job Description ist klugerweise durch Zusammenfassung sicherzustellen, ob diese noch exakt so gültig ist, wie sie einst verfasst worden ist. Häufig ändern die Verantwortlichen intern den einen oder anderen Anforderungspunkt ab, da sie aufgrund geführter Gespräche und neu gewonnener Erkenntnisse nunmehr ein mehr oder weniger abweichendes Profil suchen. Dies gilt es herauszufinden.

Stufe 2: Defizite ansprechen

Diese Stufe verblüfft meist Ihre Gesprächspartner: Jetzt weisen Sie explizit darauf hin, welche gewünschten Merkmale Sie nicht erfüllen! Da lässt sich nach den zuvor geführten Gesprächen und bei präzisem Lesen der Stellenbeschreibung meist etwas finden, was Sie zumindest *so* noch nicht gemacht haben. Das kann sich dann etwa folgendermaßen anhören: »Über die Merkmale F und G hingegen verfüge ich nicht, jedenfalls nicht in der Ausprägung, wie Sie sie vermutlich wünschen.« Vielleicht war Ihrem Gesprächspartner das bereits klar, vielleicht ist es ihm auch neu. Jedenfalls überrascht es ihn angenehm, einmal auf jemanden zu stoßen, der von sich aus auf fehlende Eigenschaften oder Erfahrungen hinweist – und offenbar nicht auf Biegen und Brechen die ausgeschriebene Stelle besetzen möchte. Es ist – wie gesagt – nahezu das genaue Gegenteil dessen, was die Ratgeberliteratur fast immer empfiehlt. Dort ist allenthalben von Verkaufen die Rede. Und sehr viele Berater und Coaches stoßen in dasselbe Horn, bisweilen begleitet von videogestützten Rollenspielen, die immer dasselbe Ziel verfolgen: gut rüberkommen, makellos auftreten, keine Schwächen zeigen, sich optimal verkaufen.

> **CEO-TIPP**
> Verblüffen Sie Ihren Gesprächspartner mit der Wahrheit, nach der Sie niemand gefragt hat, die Sie auch gut hätten verschweigen können!

Defizite in Bezug auf das individuell fixierte Idealbild ungefragt anzusprechen, hat gleich vier Vorteile:

1. Glaubwürdigkeit erhöhen: Sie gewinnen zusätzlich an Glaubwürdigkeit. Denn wer von sich aus »Nachteile« anspricht, genauer Nichtstärken oder auch nur nicht gemachte Erfahrungen oder fehlende Kenntnisse, ist ehrlich, will sich offenbar nicht »verkaufen«, den Job nicht um jeden Preis bekommen. Daraus lässt sich schließen, dass er doch sicherlich auch die Wahrheit sagte, als er die von ihm erfüllten Merkmale A bis E zusammenfasste. Die Transparenz steigt!

2. Verantwortung teilen: Sie nehmen mit dem expliziten Daraufhinweisen, worüber Sie nicht verfügen, Ihren möglichen künftigen Arbeitgeber mit in die Verantwortung. Ihr Gesprächspartner, der das Unternehmen schon länger kennt, muss dessen Bedarf abschätzen, muss »Flagge zeigen«, ob die wenigen fehlenden Kenntnisse oder Erfahrungen gemeinsam mit Ihnen »behebbar« sind, etwa durch künftige Mitarbeiter von Ihnen, die das abdecken. Oder der Arbeitgeber kann Ihnen die Zeit geben, in diesen Teil der Aufgabe hineinzuwachsen. Oder abwägen, ob das Fehlende »hinnehmbar« ist, einfach ohne Flankierungen akzeptiert wird, weil es bei Gesamtwürdigung Ihrer Person und Qualifikation doch nicht so entscheidend ist.

3. Akzeptanz fördern: Ihr Gesprächspartner weiß vorher, was ihn nachher erwartet. Sie können mit Akzeptanz rechnen, wenn Sie nachher auf diesem Gebiet wie angekündigt nicht dieselbe Leistung zeigen wie auf anderen.

4. Druck reduzieren: Sie nehmen Druck aus der Verhandlung! Solange Sie vorgeben, alles zu können, zu wissen, schon einmal gemacht zu haben, wird Ihr Gesprächspartner eine gesunde Skepsis aufrechterhalten, je nach Temperament Ihnen auch nachweisen wollen, dass dem genau nicht so ist. So mancher erfahrene Interviewer wird so lange nachsetzen, bis er Sie »gestellt« hat, Ihnen nachgewiesen hat, dass Sie doch nicht alles Erforderliche virtuos beherrschen. Ein analoges Verhalten mit ausgeprägtem Jagdinstinkt ist bei fast allen TV-Journalisteninterviews mit hochrangigen Politikern zu beobachten. Druck erzeugt Gegendruck. »Nachgeben« dagegen, von sich aus das Wahre zuzugestehen, nötigt Respekt ab, getreu dem Motto: »Schwäche zu zeigen, heißt Stärke zu haben.« Dabei handelt es sich hier meist noch nicht einmal um eine Schwäche. Häufig sind es nur Dinge, die Sie so noch nicht gemacht haben, aber vonseiten des Arbeitgebers auf der Wunschliste oder gar dem Anforderungsprofil stehen.

CEO-TIPP

Druck erzeugt Gegendruck. Dagegen ermuntert erkennbar die Wahrheit zu sagen, wo schweigen auch möglich wäre, den Gesprächspartner, es Ihnen gleichzutun.

Wenn Ihr Gesprächspartner das Vorhandensein einzelner Merkmale jedoch für wesentlich, also *unverzichtbar hält, dann ist es logisch* und konsequent, dass Sie nicht für die Verantwortungsübernahme in Betracht kommen. Und seien Sie froh, wenn Sie das gemeinsam vorher herausarbeiten und nicht während der Probezeit oder in den ersten ein bis zwei Jahren. Schließlich haben Sie bei konsequenter Herangehensweise an den Markt noch viele andere Optionen für Gesprächsrunden und sich hieraus ergebende Chancen, das wirklich passende Unternehmen, die wirklich passende Verantwortung zu finden.

Stufe 3: Fragen zuspitzen

Nachdem Sie mit Ihrer offenen und ehrlichen Art »in Vorlage« gegangen sind, ist es an Ihnen, auf Ihren Gesprächspartner überzuleiten und von *ihm* Offenheit und Ehrlichkeit einzufordern. Dies könnten Sie etwa mit den Worten einleiten: »Ich kann mir menschlich und fachlich gut vorstellen, diese Aufgabe zu übernehmen!« Wenn Sie hier einleitend »Blumen streuen« und dem Gesprächspartner, dem Unternehmen sowie der Aufgabe Respekt und Anerkennung zollen, so machen Sie das auch, um das nachfolgende Statement behutsam abzufedern, Ihren Gesprächspartner Ihre berechtigten Interessen deutlich vor Augen zu führen. In etwa so: »Ich führe eine Reihe von Gesprächen, die teilweise schon recht konkrete Formen angenommen haben. Ich muss mich also bald für eine Aufgabe entscheiden. Wir sitzen auch deshalb hier zusammen, um vorher gemeinsam zu erörtern, was uns nachher erwartet. Auf beiden Seiten. Ich führe das aus, weil es sein könnte, dass wir etwas übersehen haben. Ich habe Ihnen die Punkte genannt, die ich erfülle, ebenso diejenigen, die aus meiner Sicht nur bedingt oder gar nicht vorliegen. Haben wir darüber hinaus etwas übersehen? Oder gibt es etwas, was ich wissen sollte, was wir noch nicht angesprochen haben?« Diese zuspitzenden Fragen haben zwei Vorteile:

1. Sie nehmen Ihren Gesprächspartner in die Pflicht. Denn solche Formulierungen führen, wie Juristen zu sagen pflegen, zu einer gehörigen »Gewissensanspannung« des Gegenübers, die dem Menschen zuzumuten ist, um Einsicht in das gegebenenfalls Unrechtmäßige seines Tuns zu gewinnen (vgl. etwa BGHStE 42, 235 ff.). Dem Unternehmensvertreter gegenüber sitzt ein rechtschaffener Manager, der gerade von sich aus auf möglicherweise fehlende Erfordernisse hingewiesen hat, der über andere Angebote verfügt oder wahrscheinlichen nicht weiterverfolgt und sich jetzt doch für *diesen* Arbeitgeber zu entscheiden im Begriff ist. Dieser Gesprächspartner fragt nun explizit, ob man einen wichtigen Punkt bezüglich des Anforderungsprofils noch nicht erörtert hat *oder* – und dies ist von mindestens derselben Bedeutung – ob der Gesprächspartner über Informationen verfügt, die für ihn und seine Entscheidungsfindung wichtig sind. Dann sollte er sie jetzt nennen.

2. Sie bekommen wichtige Informationen. Gerne kann man diese Aufforderung noch beispielhaft konkretisieren, um den aufgebauten Druck noch etwas zu erhöhen beziehungsweise die Phantasie des Gesprächspartners zu stimulieren: »Was sollte ich für meine Entscheidung noch wissen? Worüber haben wir noch nicht gesprochen, was aber möglicherweise wichtig für mich ist? Das bezieht sich nicht nur auf die Position, sondern auch auf das Unternehmen. Gibt es sich schon heute abzeichnende Entwicklungen, die sich auf das Unternehmen und damit auf die zu besetzende Position auswirken werden oder könnten? Laufen Patente aus? Droht ein wichtiger Kunde wegzubrechen? Stehen Fusionen, Aufkäufe, Abspaltungen an?«

Die Wahrheit zahlt sich aus

Diese drei Stufen, der Wahrheit näher zu kommen und es etwas wahrscheinlicher zu machen, dass Sie eine höhere Transparenz für Ihre Entscheidungsfindung gewinnen, ist über die Jahre unserer Beratungstätigkeit zusammen mit unseren Klienten entwickelt und immer wieder umgesetzt worden und daher vielfach bewährt.

Es ersetzt aber nicht die gewissenhafte Auseinandersetzung mit dem Unternehmen. Empfehlenswert sind vor Vertragsunterzeichnung sicherlich die Lektüre des Geschäftsberichts, gegebenenfalls die Analyse der Bilanz, das Lesen von Presseberichten und so weiter. Auch Internetforen, in denen Mitarbeiter ihre Unternehmen bewerten – wie beispielsweise Kununu –, können ein immer genaueres Bild des Unternehmens und seiner Führungsmannschaft ergeben. Bei der Bewertungsplattform Kununu übrigens rächen sich keineswegs nur unzufriedene Mitarbeiter, die von »Beruf Opfer« sind, sondern es gewähren auch gestandene Führungskräfte bisweilen sehr aufschlussreiche Insider-Einblicke in ein Unternehmen und dessen Kultur – jenseits der Hochglanzbroschüren und selbstbeweihräuchernden Internetauftritte. Diese Bewertungen können positiv wie negativ sein. Vor allem werden sie in Beziehung gesetzt zu den Durchschnittswerten aller anderen Unternehmen und zu denen derselben Branche. So wird das Gegenargument relativiert, dort würden sich ja nur Nörgler zu Wort melden – wohl wissend, dass es keine repräsentative Gruppe ist, da primär internetaffine Menschen dort ihre Meinung eintragen. Freilich könnten auch einige gelenkte Beurteilungen das Image heben, hier gilt dasselbe wie für das Netz allgemein.

Die hier skizzierte Drei-Stufen-Methode ist natürlich weder Patentrezept noch Garantie dafür, dass wichtige Informationen wirklich *vor* der Einstellung gegeben werden. Wir hatten einen Klienten – wieder ein Personalchef – der die hier beschriebenen Empfehlungen präzise in seinem letzten Gespräch vor der Vertragsunterzeichnung umgesetzt hatte. Der Vorstand, an den er künftig berichten würde, hatte auf die entscheidende »Gretchenfrage« der dritten Stufe nichts von Belang genannt. Unser Klient war also guter Dinge und ging davon aus, es würden ihn keine Überraschungen in der Anfangszeit ereilen und sich nichts wesentlich Neues ergeben, was nicht schon zum Zeitpunkt der Bewerbungsgespräche bekannt war.

CEO-TIPP
Ehrlichkeit ist kein Patentrezept gegen unliebsame Überraschungen. Aber selbst wenn man »als Gegenleistung« nicht die Wahrheit zu hören bekommt, birgt selbst die Wahrheit zu sagen handfeste Vorteile.

Fehlanzeige! Schon etwa zwei Wochen nach dem Start mit Sektflasche und anspornenden Willkommensgesprächen eröffnete der Vorstand in kleinerer Runde, im übernächsten Quartal seien 300 Mitarbeiter zu entlassen. Ohne es auch nur zu erwähnen, war klar, dass diese Aufgabe dem frisch eingestellten Personalchef zufallen würde. Zwar, so berichtete uns unser Klient, habe sein Vorstand hierbei vielsagend in die Runde geblickt. Als sich schließlich ihre Blicke kreuzten, lag darin ein beredtes Schweigen, das klarmachte: Er wusste, dass er vor einigen Wochen beim letzten Gespräch vor Vertragsunterzeichnung hätte reden müssen. Er hatte es vorgezogen zu schweigen, seine Gewissensanspannung war nicht groß genug gewesen. Immerhin konnte sich unser Klient damit trösten, dass er bei seinem Vorstand »etwas gut« hatte – auch wenn sie beide nie darüber gesprochen haben, dass er damals auf explizites Fragen geschwiegen hatte, wo eine Pflicht zum Reden bestanden hatte. Sein Chef war zu schwach gewesen oder wollte nicht riskieren, dass der Bewerber nicht ins Unternehmen kommt. Wo er immerhin fünf Jahre geblieben ist. Denn insgesamt war es eine gute Zeit, auch wenn der HR-Chef gerne die Entscheidung für gerade dieses Unternehmen in voller Kenntnis der damals bekannten wesentlichen Umstände getroffen hätte.

Prinzip 5

Emotionalität

»Jeder erinnert sich, wo er am 11.9.2001 war.
Kaum jemand weiß noch, wo er sich am 10.9. aufhielt.
Den Unterschied machen die dramatischen Ereignisse von ›9/11‹.
Den Unterschied machen Emotionen.«

Robert Malinow

Vermutlich überrascht es Sie, als ein entscheidendes Prinzip für den erfolgreichen CEO-Bewerbungsprozess von Emotionalität zu lesen. Sind wir doch überall gewohnt, Professionalität zu fordern. Die Negation der Professionalität, etwa der Vorwurf »das ist unprofessionell«, wird sogar häufig dazu verwandt, kaum verhohlen jemandem zu sagen, er sei emotional und möge das doch bitte unterlassen. Ganz nach dem Motto: Im Beruf regiert die Sachlichkeit, Emotionen gehören ins Private. Umgekehrt wird jemandes Verhalten als professionell gelobt, wenn er sich nichts hat anmerken lassen, wenn er gerade keine Emotionen gezeigt und etwa aufkommende unterdrückt hat, eben »sachlich« geblieben ist, wo man verstanden hätte, wenn er emotional oder persönlich geworden wäre.

CEO-TIPP

Ist emotional das Gegenteil von professionell? Nein, ganz im Gegenteil – auch wenn Emotionalität öfter einmal von vornherein als »unprofessionell« abgetan wird!

Vorsorglich seien hier der Wert und die Wichtigkeit von Sachlichkeit und Präzision im Sinne von »Zahlen, Daten, Fakten« betont. Sie sind Voraussetzung für vernünftige Unternehmenssteuerung, Ingenieurskunst, rechtliche Absicherung und vieles andere. Vernunft und Emotionalität gehören jedoch zusammen wie zwei Seiten derselben Medaille. Das einseitige Primat des Rationalen führt zu schweren Managementfehlern. Daher soll hier eine Lanze gebrochen werden für die Emotionalität, für bewusst eingesetzte Emotionalität, die im CEO-Bewerbungsprozess, bedingt auch schon im CV, eine entscheidende Rolle spielt, wie überall in der Unternehmenswirklichkeit. Denn Fakt ist: Wo Menschen zusammen sind, wimmelt es nur so vor Emotionalität. Menschen beiderlei Geschlechts sind nun einmal emotional, und das nicht nur in ihrer privaten Sphäre, sondern gerade auch dort, wo sie sich die meiste Zeit tagsüber aufhalten: am Arbeitsplatz im Berufsleben. Die Energie von Managern und vor allem Führungskräften ist tatsächlich zu einem großen Teil gebunden an das Meistern menschlicher, zumeist eben emotionsbedingter, psychischer und eben gerade nicht sachlicher Herausforderungen.

CEO-TIPP

Sie brauchen Emotionen nicht gezielt einzusetzen. Es genügt, sie nicht fortwährend zu unterdrücken. Das allein schon verschafft Ihnen mehr Glaubwürdigkeit und größere Überzeugungskraft.

In dieser Beobachtung der Realität liegt eine große Chance, wenn man sie um eine Erkenntnis ergänzt: Menschen verhalten sich nicht nur irrational und emotional – auch ihre Entscheidungen treffen sie keineswegs vorrangig rational, sondern zu einem ganz erheblichen Teil emotional. Dies erklärt, warum die Entscheidung für oder gegen einen bestimmten Kandidaten zu einem ganz erheblichen Teil aufgrund von Sympathie oder Antipathie getroffen wird, also emotional, allen Assessment-Centern, Management Appraisals und Audits zum Trotz, so sehr wir persönlich auch davon überzeugt sind, dass diese Auswahl- und Beurteilungsinstrumente von großem Wert sein können.

Damit liegt es auf der Hand, auch wenn es noch wenig verbreitet ist, diese Kräfte der Emotionalität im Bewerbungsverfahren und schon bei den konkreten CV-Textformulierungen und der Gestaltung der grafischen CV-Elemente bewusst für sich zu nutzen – statt ihren Einsatz zugunsten vermeintlicher Professionalität zu vermeiden. Professionell und seriös sind Sie schon aufgrund Ihres persönlichen und schriftlichen Auftretens, Ihrer Biografie, Ihrer bisherigen beruflichen Stationen und Erfolge. Niemand wird Ihre Seriosität und Ernsthaftigkeit anzweifeln. Ihre Fähigkeit, Mitarbeiter und Führungskräfte zu erreichen, müssen Sie dagegen im CV und dem nachfolgenden Auswahlverfahren noch unter Beweis stellen. Dafür brauchen Sie nicht emotional zu werden, aber Sie sollten bewusst Emotionen einsetzen. Beides verlangt nach einem wohldosierten Maß an Emotionalität. Zum einen die schriftlichen Bewerbungsunterlagen, zum anderen das Vorstellungsgespräch oder Interview.

Emotionalität in Ihren Unterlagen: Ihre »Beiträge zum Unternehmenserfolg« als Performance-Geschichten

Geschichten erzählen ist eine der ältesten und vor allem wirksamsten Kommunikationsmethoden. Schon im Altertum, zu biblischen Zeiten und vermutlich auch in prähistorischer Zeit haben die Menschen einander Geschichten erzählt. So haben etwa die Philosophen des alten Griechenlands ihren Schülern durch das Schildern von Ereignissen komplexe Erkenntnisse veranschaulicht. Der neutestamentarische Jesus hat anhand von Gleichnissen seinen Jüngern einprägsam Werte vermittelt. Und wohl schon in vorbiblischer Zeit haben die Menschen ihre Geschichten jeweils den eigenen Kindern oder ihren Stammesgenossen weitererzählt. Warum erzählten sie Geschichten? Warum nannten sie nicht lediglich nüchterne Zahlen, karge Daten und nackte Fakten? Kleideten sie stattdessen ein in das schöne und anschauliche Gewand von Geschichten? Weil die Zuhörer, die sie für ihre Sache oder Überzeugungen gewinnen wollten, gerade spannende, emotionale Geschichten gerne hören wollten. Deshalb folgten sie ihren Ausführungen aufmerksam und behielten die in den Geschichten enthaltenen Informationen oder Appelle besser im Gedächtnis. Spannende, zumindest Emotionen ansprechende Geschichten, die über das Reproduzieren nüchterner Zahlen hinausgehen, produzieren im Kopf eine Art »Kino«.

CEO-TIPP

Eine lebendig erzählte Geschichte gewinnt die Aufmerksamkeit und Konzentration der Leser leichter als ausschließlich nüchterne, auf Zahlen, Daten und Fakten basierende Formulierungen.

Emotionen ansprechendes Geschichtenerzählen ist als Storytelling in Marketing, Public Relations und selbst im Journalismus verbreitet, um die Auflagen zu erhöhen. Wie Sie diese Methode sehr wirksam für sich und Ihren CV sowie Ihre Beiträge zum Unternehmenserfolg nutzen können, zeigen wir gleich mit Originalbeispielen aus der Praxis.

Auch die Wirtschaftspresse, von *Capital* über das *Handelsblatt* bis zum *Manager Magazin*, bedient sich des Genres des Emotionen ansprechenden Geschichtenerzählens. Zu gerne werden dort auch persönliche, emotionale Geschichten über Wirtschaftskapitäne und Unternehmer verfasst und veröffentlicht. Selbst in eher wissenschaftlichen Magazinen wie dem *Harvard Business Manager* verstärken Autoren mit professoraler Würde ihre Überzeugungskraft durch Geschichten und Metaphern – dann freilich mit solchen der griechischen Antike, in denen sie Dichter von Igeln und Hasen erzählen lassen (Meynhardt, 2012a). Das gefällt zu Recht, denn es bildet und prägt sich wie von selbst dauerhaft ein!

Der Zuhörer macht sich ein Bild von dem, was er gerade erzählt bekommt. Er kann es gar nicht vermeiden, ob er will oder nicht. Wenn wir Ihnen sagen, denken Sie *nicht an einen rosa Elefanten*, so werden Sie dennoch vor Ihrem inneren Auge einen rosa Elefanten wahrnehmen, ob Sie wollen oder nicht. Und Sie werden damit Gefühle verbinden und sich damit assoziierende Gedanken machen. Und das, obwohl wir Sie gebeten haben, gerade *nicht* an einen rosa Elefanten zu denken. Durch positive Bilder lässt sich das noch steigern – und vor allem in die gewünschte Richtung lenken. Die Verwendung negativer Formulierungen dagegen ist sehr gefährlich. Denn das tatsächliche Ergebnis beim Leser beziehungsweise Zuhörer ist, wie dieses Rosa-Elefant-Beispiel zeigt, meist das Gegenteil des Gewünschten. Das »nicht« wird meist überhört oder überlesen.

Emotionen bestimmen unser Leben massiv. Kaum ein Auto wird ausschließlich auf der Basis von Fakten und vernunftgesteuerten Überlegungen gekauft. Nicht einmal ein Lkw oder ein Bagger. Wenn Sie zweifeln, unterhalten Sie sich einmal mit einem Ingenieur. Das sind auch nur Menschen und nicht lediglich Techniker – aber meist technikverliebt. Diese Freude oder gar Begeisterung für Technik führt bei vielen auch im Beruf zu einer Vermischung von Ratio und Emotionen. Sie können beobachten, wie vorrangig emotionale Entscheidungen, getroffen aus Freude am technisch Machbaren, rational begründet werden. Manche dieser scheinbar nur rational denkenden und handelnden Ingenieure wissen durchaus um ihre Anfälligkeit, können oder wollen sie gleichwohl nicht vermeiden. Beileibe nicht nur Ingenieure, oder allgemeiner MINT-Akademiker, sind emotional anfällig für technische Finessen. Auch Wirtschafts- und Geisteswissenschaftler wie Betriebs- oder Volkswirte, Juristen und Philosophen haben ihre Freude an den technischen Finessen des neuesten Smartphones oder Tablets – erklären aber ihr Verhalten meist rational.

Wenn also Entscheidungen für Investitionsgüter wie Autos, Lkws, Produktionsanlagen, Büromöbel oder sinnlich nicht fassbare IT-Lösungen auch emotional getroffen werden, wie wahrscheinlich ist es dann, dass Personalentscheidungen ausschließlich oder auch nur überwiegend mit dem Verstand getroffen werden? Der Mensch ist sicher die komplexeste Erscheinung des uns bekannten Universums. Ein C-Level-Manager ist es demnach auch: enorm vielschichtig, schwer fassbar und damit im Grunde nicht einmal beschreibbar, geschweige denn rein rational erfassbar.

Die über eine Besetzung entscheidenden Menschen wissen das für gewöhnlich und tun sich einen Gefallen, wenn sie das anerkennen. Die Entscheidungen werden hierdurch nachvollziehbarer. Die CEOs wiederum, die eine neue Managementposition suchen, würden nur die Hälfte ihrer Möglichkeiten nutzen, wenn sie sich allein auf sachliche Performancedarstellung und verstandesgestützte Gesprächsführung reduzieren würden. Und in aller Regel tun sie dies auch nicht. Es ist aber ein wesentlicher Unterschied, ob Bewerber dies unbewusst tun, mit einem latent schlechten Gefühl, was sie gerade tun, oder es bewusst einsetzen. Zum Vorteil aller Beteiligten. Und so wie Verkaufsprospekte für Autos, Lkws, Büromöbel oder IT-Lösungen fast immer Emotionen ansprechende Texte, Bilder und Grafiken zeigen, so sollte auch Ihr CV das zum wirksameren Erreichen seiner Leser nutzen.

CEO-TIPP

Kein Manager wird allein aufgrund rationaler Erwägungen eingestellt. Emotionen sind immer mit im Spiel! Wenn Sie sich das bewusst machen, können Sie Emotionen gezielter einsetzen, zumindest sollten Sie sie dann nicht angestrengt unterdrücken.

Kein Manager wird ohne Emotionen eingestellt. Noch nicht einmal die Einladung zum Gespräch, die sich fast immer nur auf den CV stützt, ist rein verstandesgestützt. Folgendes immer wieder kolportiertes Verhalten mag dies illustrieren: Früher, als Bewerber ihren Unterlagen noch Originalfotos von sich beifügten, fiel so manchem Personalberater, Recruiter oder Researcher das eine oder andere Bild »zufällig« aus der Mappe. Schließlich fand sich eine Auswahl von Bildnissen ihn oder sie ansprechender Mitmenschen in seiner oder ihrer untersten Schreibtischschublade wieder. In dem Zusammenhang liegt es nahe, Ihnen die Bedeutung *Ihres* Bewerbungsfotos in Ihren Unterlagen zu verdeutlichen. Es muss gut fotografiert sein. Gehen Sie also zu einem Profi und lassen Sie sich nicht von Partner, Freund oder Bekannten ablichten. Das ist falsch gespartes Geld. Achten Sie darauf, dass Sie auf dem Bild freundlich schauen. Jeder von uns möchte freundlich und sympathisch angeschaut werden. Wer meint, ein Bewerbungsfoto müsse Härte, Entschlossenheit oder sogar Kälte rüberbringen, der irrt! Es sind auch hier Emotionen »im Spiel«. Mit dem Foto sollen Sie Sympathie beim Betrachter wecken. Das Foto braucht keineswegs das einzige Element zu sein, das beim Durchblättern und Lesen Ihrer Unterlagen Emotionen anspricht.

Gerade die »Beiträge zum Unternehmenserfolg« eignen sich bei manchen C-Level-Managern ausgezeichnet hierfür. Einige haben Geschichten erlebt, die Leser emotional bewegen. Es muss nicht ein Störfall sein, der gleich ein ganzes Werk niederbrennen ließ, für Produktionsausfälle, Lieferengpässe und abspringende Kunden sorgte – sowie für schnell ergrauende Haare beim Geschäftsführer. Etwas also, worauf die meisten Manager ungern zu sprechen kommen würden, geschweige denn, dass sie davon schon im CV berichten würden, sieht es doch erst einmal wie ein Misserfolg aus. In Wahrheit war es eine Spitzenleistung, die mit »Problemlösungskompetenz« völlig unzureichend beschrieben wäre, weshalb wir auch den Stier bei den Hörnern packten und die Krise, die natürlich für Umsatz- und Gewinneinbrüche sorgte, zur »Story« machten, eine Geschichte freilich, die sehr gut ausgegangen ist. Das bewegt emotional.

Erfolgs-Bilanzen von Reinhard Landgraf

I. Sanieren und Neuausrichten Kulzer Kompakt GmbH – Abwenden existenzieller Krisen:

1. **Arbeitsplatz-Sicherung** durch rigorose Sparmaßnahmen und Kurzarbeit zum Auffangen des Umsatzeinbruches durch **Finanzkrise 2009**
2. Sicherung der **Unternehmensexistenz** nach **Störfall und Betriebsstillstand 2015**

Vorgegebenes Ziel: **Neuausrichtung**		Vorgegebenes Ziel: **Expansion**	
Finanzkrise	**Stopp Loss**	**Störfall**	**Wiederaufbau**
• Massiver Investitionsstau • Ertragsschwache Geschäftsfelder	• Neue Geschäftsfelder und Markenprodukte entwickelt • Neue Vertriebsstrategie: Fokus Automotive, Medizintechnik		• Ausrichtung auf Spezialprodukt • Reduzierung des Materialeinsatzes
• 2008: 1 Mio. € Verlust	• Verlustreduktion durch Kurzarbeit • Produktportfolio entsprechend Renditen angepasst	• 6 Monate Betriebsstillstand	• ALLE Kunden kehren zurück • Technischer Wiederaufbau mit verbesserter Sicherheitstechnik
	Ergebnis bis Störfall 2015: 550.000 €		**Operativer Gewinn 2020: 850.000 €**

Kriterium	Vorgefundener Status	Gesetzte Ziele und eingefahrene Erfolge
Marktposition und Vertrieb	• Schwache Vertriebs-organisation	• Strategisches und operatives Erschließen neuer ertragsstarker Geschäftsfelder in Automotive, Bau, Medizintechnik • Durchsetzen rohstoffbasierter Preisgleit-Vereinbarungen: Sichern attraktiver Margen • Standortübergreifender effektiver Außendienst; Stärken des Exportgeschäftes in Osteuropa und USA
Produkte und Marken	• Margenschwache Commodities • Kostenintensive, da ausufernde Produktvielfalt	• Deutliches Steigern der Rendite – bei identischen Umsätzen – durch Kundenportfolio-Analyse und Preiserhöhungen • Reduzieren des Wettbewerbsdrucks durch Eigenentwicklung des KuKo™-Marken-Branding für MedTech und Schallschutz • Produktentwicklungen für Medizintechnik und Automotive
Operations	• Veralteter Maschinenpark • Verkrustete Prozesse und Strukturen	• Restrukturieren der Prozesse und Datenbanken • Erneuern bzw. Einführen QM, 5 S: erste Produktivitäts-Erfolge • Einführen einer effektiven Arbeitsvorbereitung, PPS • Unmittelbar ergebniswirksames Einsparen von Materialkosten i. H. v. 250.000 € p. a. durch Rohstoff-Temperierung
Investitionen	• Kritischer Investitionsstau • zugleich unzureichend qualifizierte MA	• Kostengünstiges Modernisieren und Nachrüsten von abgeschriebenen Maschinen zur Leistungssteigerung: eklatant gestiegene Verfügbarkeit, Durchsatz und Produktivität /OEE • Reduzieren von Produktions-Abbrüchen: deutlich gestiegene Produktivität und Materialausbeute
Mitarbeiter und Führung	• Verkrustete Unternehmenskultur mit beschränkten Freiheitsgraden	• Initiieren und konsequentes Fördern eines Kulturwandels mit Aufbau einer Verantwortungs- und Kompetenz-Kultur: spürbar gestiegene Qualität und MA-Zufriedenheit durch Einziehen einer kostenneutralen Hierarchieebene

II. Schleicher EuroStar AG: Technisch schwierige Produktionsanlauf- und Expansionsphase

Europas größtes Gips-Schallschutz-Werk **Greenfield-Projekt**: 100 – 260 MA, 120 - 450 Mio. € Umsatz

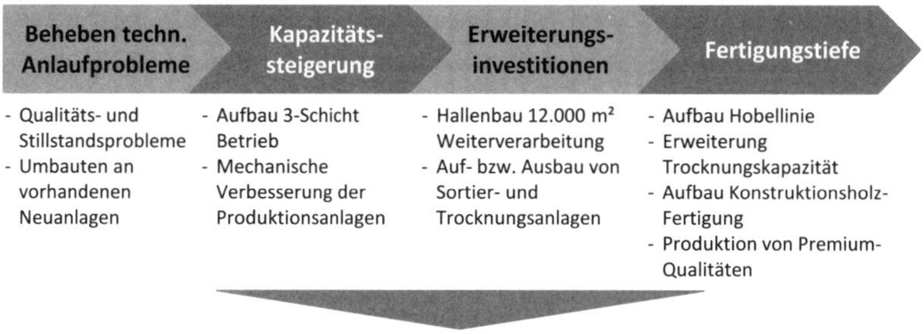

Beheben techn. Anlaufprobleme	Kapazitäts-steigerung	Erweiterungs-investitionen	Fertigungstiefe
- Qualitäts- und Stillstandsprobleme - Umbauten an vorhandenen Neuanlagen	- Aufbau 3-Schicht Betrieb - Mechanische Verbesserung der Produktionsanlagen	- Hallenbau 12.000 m² Weiterverarbeitung - Auf- bzw. Ausbau von Sortier- und Trocknungsanlagen	- Aufbau Hobellinie - Erweiterung Trocknungskapazität - Aufbau Konstruktionsholz-Fertigung - Produktion von Premium-Qualitäten

Exponentielle Steigerungen in nur 3,5 Jahren:

- Umsatz: + 275 % **- Mitarbeiter: + 160 %**

- Ausbeute: + 21 % **- Qualität: + 12 %**

Reinhard Landgraf konnte nicht nur von einem Unternehmen eine spektakuläre »Geschichte erzählen« – dem zweifachen Abwenden existenzieller Unternehmenskrisen –, sondern im Anschluss noch von der weniger dramatischen, wirtschaftlich aber umso bedeutenderen Erfolgsgeschichte in einem anderen Unternehmen berichten, dessen Greefield-Projekt infolge technisch sehr schwieriger Produktionsanlauf- und Expansionsphasen auf der Kippe stand und die er als Verantwortlicher für Europas größtes Gips-Schallschutz-Werk erfolgreich meisterte. Oft lassen sich »Storytelling-Erfolgsdarstellungen« gut und schnell für den Leser nachvollziehbar in Phasen einteilen. Schon das CV-Beispiel Baumgartner (vgl. oben S. 78) wurde in drei Phasen eingeteilt:

Erreichen der Markführerschaft – Setzen neuer Branchenstandards

Phase I: **Strategie-Neuausrichtung**, Analyse, Konzeption und erste Umsetzung: **Plattformpolitik, Baukastenlösung, exzessive Gleichteilestrategie** (2004 – 2007)

Phase II: **Ernte einfahren:** Steigerung Maschinenausbringung > 60 %, gravierende Kostensenkung (2007 – 2009)

Phase III: **Erfolgsbilanz in 7 Jahren P&L-Verantwortung;** Turnaround nach Finanzkrise (2009 – 2016)

Nicht nur Schreckensszenarien, die bewundernswert gemeistert wurden und daher zu Unrecht von den meisten Managern im CV gar nicht erwähnt werden, erregen die Gemüter, es kann gerne auch ein überaus positiver »roter Faden« sein, eine Geschichte, die sich durch den CV zieht und gerne im Rahmen der »Beiträge zum Unternehmenserfolg« dargestellt werden kann. Beispielsweise ein Physiker, der die Geschichte einer Idee erzählt, die er in einem renommierten deutschen Forschungsinstitut geboren hatte, die dann nicht in einem Start-up-Unternehmen industrielle Reife erlangte, sondern in einem aufgeschlossenen, deutschen Traditions- sowie einem etablierten koreanischen Unternehmen. Die Klammer der Geschichte ist der C-Level-Manager selbst, der das Projekt über alle Organisationen hinweg zu seinem eigenen machte und konsequent Verantwortung in fünf Funktionen für sein Projekt trug, bis hin zum Geschäftsführer. Das spricht Emotionen an, macht neugierig darauf, den Mann kennenzulernen.

Beispiel 2 für Storytelling aus CV

Wesentliche Erfolgsbeiträge von Dr. rer. nat. Paul Haberkorn

Von der Idee bis zur industriellen Verwertung – vom Forschungsinstitut in deutsche und koreanische Industrie-Unternehmen: 2005–2018

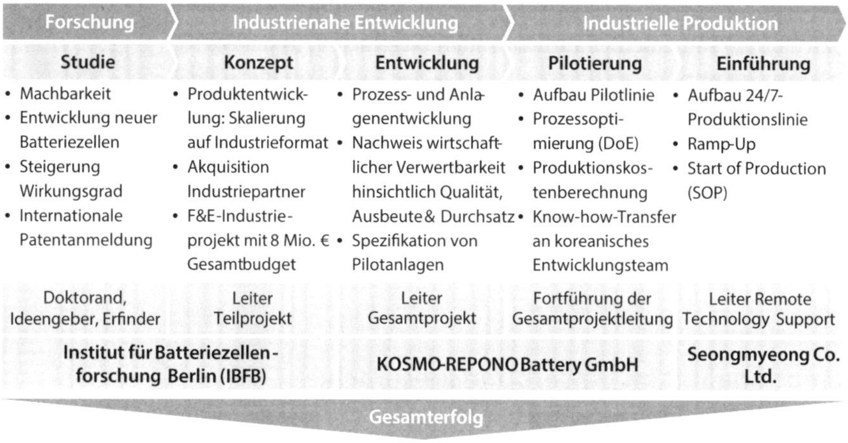

Forschung	Industrienahe Entwicklung		Industrielle Produktion	
Studie	**Konzept**	**Entwicklung**	**Pilotierung**	**Einführung**
• Machbarkeit • Entwicklung neuer Batteriezellen • Steigerung Wirkungsgrad • Internationale Patentanmeldung	• Produktentwicklung: Skalierung auf Industrieformat • Akquisition Industriepartner • F&E-Industrieprojekt mit 8 Mio. € Gesamtbudget	• Prozess- und Anlagenentwicklung • Nachweis wirtschaftlicher Verwertbarkeit hinsichtlich Qualität, Ausbeute & Durchsatz • Spezifikation von Pilotanlagen	• Aufbau Pilotlinie • Prozessoptimierung (DoE) • Produktionskostenberechnung • Know-how-Transfer an koreanisches Entwicklungsteam	• Aufbau 24/7-Produktionslinie • Ramp-Up • Start of Production (SOP)
Doktorand, Ideengeber, Erfinder	Leiter Teilprojekt	Leiter Gesamtprojekt	Fortführung der Gesamtprojektleitung	Leiter Remote Technology Support
Institut für Batteriezellenforschung Berlin (IBFB)	**KOSMO-REPONO Battery GmbH**			**Seongmyeong Co. Ltd.**

Gesamterfolg

➡ **Technologietransfer an koreanischen Großkonzern**
➡ **Entwicklung innovativer Fertigungstechnologien**

Sie wollen mit Storytelling keine Auflagen erhöhen wie ein Journalist, aber ebenso wie dieser und die Marketing- und PR-Leute die knappe Ressource Aufmerksamkeit (Stichwort Aufmerksamkeitsökonomie – Kampf um Aufmerksamkeit) für sich gewinnen, Aufmerksamkeit für Ihre Person, also zunächst Aufmerksamkeit für Ihren CV, den Schlüssel und die Eintrittskarte für Erstgespräche – dort gibt es dann jede Menge Aufmerksamkeit für Ihre Person. Und emotionale Geschichten erhöhen die Aufmerksamkeit, sind hervorstechende Eyecatcher im CV und machen es wahrscheinlicher, dass die Empfänger noch etwas weiterlesen, denn beim Herausgreifen einer emotionalen »Story« soll es wahrhaftig nicht bleiben.

In Wirklichkeit können wir nicht um Aufmerksamkeit kämpfen, wir müssen verführen. So wie die Social-Media- und Daten-Konzerne ihre Nutzer nicht zwingen, sondern nur verführen können, möglichst viel Zeit auf ihren Plattformen zu verbringen, so muss Ihr Ziel sein, die Lesezeit der Entscheider zu erhöhen. Sie müssen förmlich in Ihren CV hineingezogen und dort zum Weiterlesen animiert werden: mit Nutzenversprechen, mit Storytelling, mit Grafiken, mit gut gegliederten Zusammenfassungen, mit knappen Bulletpoint-Auflistungen, mit gut dosierten Fetthervorhebungen. Das ist die Sprache, das sind die Methoden, die Entscheider kennen, schätzen und auch gewohnt sind. Kein Wunder, wir sind alle Kinder unserer Zeit und selbst in der Politik des 21. Jahrhunderts zählen vor allem das Narrativ und die damit verbundenen Gefühle, so analysiert Natascha Strobl im Suhrkamp-Bestseller »Radikalisierter Konservatismus«.

Die Elemente des Storytelling sind nicht eins zu eins auf die Erfolgsdarstellung im CV zu übertagen, aber wichtige Anleihen können dort genommen werden. Bewährte und vielfach genannte Methodenbestandteile sind übertragbar. Vom Erzählen einer authentischen Geschichte, in der Sie sich gegebenenfalls sogar angreifbar machen können, über das bewährte Ansprechen von Herz und Verstand des Lesers, Reproduzieren nüchterner Zahlen inklusive, bis hin zum abschließenden, sehr wichtigen »Leistungsversprechen«. Für C-Level-Manager grafisch ins Auge springend etwa durch breite Dreiecke am Ende der Geschichte, sie weisen direkt auf den Gesamterfolg hin, dem Ende der Geschichte.

Emotionalität im Bewerbungsgespräch: Humor und Leidenschaft

Neben der bewusst und wohldosiert eingesetzten Emotionalität in Ihren Unterlagen – in einer oder mehreren Performance-Geschichten im Rahmen der Beschreibung Ihrer »Beiträge zum Unternehmenserfolg« – können Sie durch Humor und Leidenschaft, die immer emotional sind, die Aufmerksamkeit Ihrer Zielgruppen und Ihre Attraktivität erhöhen. Humor ist einer der vier allen Werbe- und Marketingmanagern bekannten Haupt-Attractors. Neben Humor und Sex (»Sex sells!«) gehören dazu Tiere und Kinder als wirkungsvolle Mittel zur emotionalen Erreichung von Zielgruppen. Eines meiner Einstellungsgespräche zum General Manager Germany, die ich – Jürgen Nebel – in Barcelona mit dem Vice President EMEA führte, begann wirklich mit der Frage: »Tell me your latest joke, please.« Der Herr aus Spanien hatte zweifellos Humor und wollte mich zunächst von der menschlichen Seite kennenlernen. Solche Fragen stehen wohl in keinem Bewerbungsratgeber, geschweige denn die empfohlene »dazugehörige« Antwort. Sie sind aber aus der Praxis, sie sind emotionsgeladen und ihre Beantwortung womöglich sogar aufschlussreich.

Auch bei der Emotionalität lassen sich Anleihen bei der forensischen Vernehmungspsychologie nehmen. Diese sagt hierzu: »Emotionen spielen eine wichtige Rolle bei der Übermittlung und Bewertung wahrer und falscher Aussagen. […] Forscher fanden einen deutlich positiven Zusammenhang zwischen der Emotionalität des Senders während der Aussage mit der Glaubhaftigkeitszuschreibung durch den Empfänger. Emotionale Aussagen werden [daher] häufiger für wahr gehalten als weniger emotionale Aussagen.« (Bender, Häcker, Schwarz, 2021)

CEO-TIPP

Nutzen Sie das Erfahrungswissen von Staatsanwälten und polizeilichen Vernehmungsspezialisten für das Bewerbungsgespräch: Forschungsergebnisse belegen, dass emotionale Aussagen häufiger für wahr gehalten werden als weniger emotionale Aussagen.

Da es im Bewerbungsgespräch für beide Seiten darauf ankommt, die Wahrheit zu erfahren und, umgekehrt, Glaubwürdigkeit für die eigenen Aussagen zu erzielen, ist es schon grotesk, dass sich die meisten Manager unter dem Einfluss eines dem Menschen offenbar unangemessenen Diktums der »Professionalität« dazu verleiten lassen, Emotionen zu unterdrücken. Damit verschenken sie Glaubwürdigkeit und büßen zuletzt auch noch Authentizität ein. Und das alles nur, um stromlinienförmig mitzuschwimmen im Bemühen, »professionell« zu wirken. Charismatiker dagegen verhalten sich anders, sie ragen gerade durch Emotionalität aus der Masse heraus, denn Charisma ohne Emotionalität ist schlichtweg nicht vorstellbar.

Wer noch immer zögert, sich auch im Bewerbungsgespräch mehr menschliche Emotionalität zuzugestehen, sei, stellvertretend für viele Unternehmensslogans, an den der größten deutschen Geschäftsbank erinnert: »Passion to perform« oder »Leistung aus Leidenschaft«. Und Leidenschaft setzt zwingend Emotionen voraus. Zugegebenermaßen entbehrt der Appell, leidenschaftlich zu sein, also Emotionen zuzulassen, gerade im Fall der Deutschen Bank nicht einer gewissen Komik. Denn die emotionskontrolliertesten Manager mit dem größten Hang zur Förmlichkeit, gar Steifheit, finden sich sicherlich am häufigsten innerhalb der Banken. Vielleicht versuchen sie gerade deshalb, eine Lanze für Emotionen und Leidenschaft zu brechen? Wie auch immer: Zumindest verbal behauptet Deutschlands größte Bank von ihren eigenen Managern und Mitarbeitern, sie brächten Leistung aus Leidenschaft!

CEO-TIPP

Selbst streng auf Seriosität bedachte DAX-Unternehmen, deren Kapital Vertrauen und Ernsthaftigkeit sind, werden mit zentralen Werbebotschaften emotional: »Leistung aus Leidenschaft« – auch die Deutsche Bank gibt sich gerne leidenschaftlich.

Bewerber sollten den Mut haben, in Interviews stärker, wenn auch wohldosiert, mit eben dieser Emotionalität und Leidenschaft zu überraschen. Noch ein Beleg für die Erwünschtheit von Emotionalität: Vielleicht jede zweite der in Anzeigen und Stellenbeschreibungen anzutreffenden »Kompetenzanforderungen« verlangt Begeisterungsfähigkeit! Begeistern kann kein Manager sich nur an Zahlen, Daten, Fakten, KPIs und Bilanzkennziffern. Begeisterungsfähigkeit setzt vor allem Emotionen voraus. Es wird Zeit, dass die Unternehmensvertreter ihre Forderungen nach Leidenschaft und Begeisterungsfähigkeit nicht unglaubwürdig machen, indem sie im Unternehmensalltag fortwährend »professionelles«, eben unemotionales Verhalten einfordern.

Prinzip 6
Augenhöhe

»Ein guter Verkäufer muss ein so dickes Fell haben,
dass er auch ohne Rückgrat stehen kann.«
Unbekannte Quelle

Die eher als trauriger Witz einzustufende oben zitierte Verkäuferweisheit ist leider für viele Vertriebsmitarbeiter und Vertriebschefs ernst gemeinter Ansporn: Sie meinen, sie müssten sich viel gefallen lassen und sich dazu eben »ein dickes Fell wachsen lassen«, um all die Anspielungen bis Unverschämtheiten aushalten zu können, die ihnen im Verkaufsalltag zugemutet werden.

Nicht unähnlich verhält es sich bisweilen im »Bewerberalltag« – allerdings nicht für Verkäufer, sondern für Manager! Ist es doch allgemeiner Glaube, dass ein Bewerber »sich gut verkaufen muss« – und dass er sich im Umkehrschluss leider schlecht verkauft hat, wenn er nicht eingestellt wurde. Muss der sich bewerbende Manager »ein guter Verkäufer sein«, also auch ein dickes Fell haben und sich einiges zumuten in den Gesprächen?

Googeln Sie nur einmal »Guter Verkäufer dickes Fell«, und Sie werden vermutlich überrascht bis entsetzt sein, dass die oben zitierte »Weisheit« offenbar mehr als salonfähig ist: Sie wird häufig sogar explizit von vermeintlichen Experten empfohlen!

Fehlende Augenhöhe, signalisiert durch Hinnehmen von indiskreten Fragen oder respektlosem Verhalten, ist gänzlich unannehmbar, zudem kontraproduktiv. Der wichtigste Grund, warum Sie es nicht dulden können, sich so behandeln zu lassen: Achten Sie stets auf Ihre psychische Hygiene und eine gesunde Selbstwahrnehmung. Dies schulden Sie sich persönlich. Darüber hinaus ist sie unter anderem Voraussetzung, auch später wieder respektierte C-Level-Positionen ausfüllen zu können. Glücklicherweise treten die meisten Unternehmensvertreter und Personalberater selbstverständlich respektvoll auf. Aber bei wohl jeder beruflichen Neuorientierung, die wir begleiten, gibt es vereinzelt, leider manchmal mehrfach, Gesprächspartner, die es hieran fehlen lassen. Letztlich ist es egal, ob diese meinen, sie müssten qua Amtes über die Maßen provokativ sein, um den Kandidaten beurteilen zu können, oder ob der Hang, übergriffig bis unverschämt zu werden, auf eigenen Defiziten beruht und der irrtümlichen Annahme, am längeren Hebel zu sitzen und es sich erlauben zu können.

Ein Grund für sehr gelegentliches Verkennen der Augenhöhe aufseiten von Arbeitgebern oder Personalberatern ist die mangelnde Einsicht, dass es sich auch beim C-Level-Arbeitsmarkt um eben einen *Markt* handelt – auch für Bewerber. Und in oligopolistischen, gar atomistischen Märkten muss niemand mit dem anderen kontrahieren. Jeder kann, keiner muss zueinanderkommen. Sie sind auf kein einzelnes Unternehmen angewiesen. Bei halbwegs systematischer Marktansprache können Sie immer unter verschiedenen Alternativen auswählen.

CEO-TIPP

Freie Märkte kennzeichnet: »Jeder kann, keiner muss zueinanderkommen.« Das gilt natürlich auch für den Arbeitsmarkt. Warum sollte dort der Grundsatz der Augenhöhe nicht gelten und eine Partei der anderen dankbar sein, dass sie mit ihm kontrahiert?

Umgekehrt sind Sie nicht unverzichtbar. Außer Ihnen gibt es immer noch andere grundsätzlich auch geeignete Manager, die die Position ausfüllen könnten. Eine ganz normale Marktsituation mithin, jede Respektlosigkeit ist daher unangebracht und unklug. Auch jede arbeitgeberseits erwartete »Dankbarkeit« ist von vornherein verfehlt. Sie müssen keineswegs »dankbar« sein, dass Sie beispielsweise 200 000 Euro Grundgehalt bekommen sollen. Das steht Ihnen zu, und jeder andere qualifizierte Manager mit entsprechender Vita und erzielten Erfolgen würde ebenso vergütet werden. Das sind keine Geschenke, sondern Gegenleistungen. Diesen Grundsatz des Gebens und Nehmens vergessen bisweilen Headhunter und Personalchefs, aber auch Aufsichtsräte, CEOs oder Eigentümerunternehmer. Ebenso muss natürlich auch Ihnen niemand »dankbar« sein, dass Sie erwägen, an Bord zu gehen!

Mit anderen Worten: Augenhöhe ist ein Grundprinzip jeder selbstbewussten Bewerbung. Sie ist unerlässlich, nicht erst im persönlichen Gespräch, sondern deutlich sichtbarer: wechselseitiger Respekt und Augenhöhe fangen schon bei der Korrespondenz und natürlich bei Inhalt und Diktion der Bewerbungsunterlagen an. Dort würden diensteifrige, gar servile Botschaften das falsche Signal senden, vor allem von Bewerbern auf der Hierarchieebene der Geschäftsführer, des C-Levels und der Bereichsleiter. Indessen täuschen schon die Begriffe »Bewerbung«, »Kandidat«, »Stärken – Schwächen«, gar »Motivationsschreiben« so manchen Manager oder Berater der Arbeitgeberseite über diese Realität hinweg. Das kann leicht dazu führen, gerade die besten »Kandidaten« gleich am Anfang zu verlieren. Beispielsweise indem sie zusätzlich zum CV noch ein »Motivationsschreiben« fordern.

Mythos Motivationsschreiben

Ein »Motivationsschreiben« von C-Level-Managern zu verlangen, gehört wahrhaftig zu den köstlichsten Missverständnissen, die vorstellbar sind. Als wir zum ersten Mal in unserer Praxis hierauf gestoßen sind, wollten wir es gar nicht wahrhaben: denn unter Motivationsschreiben versteht man ein offenbar auf anderen Hierarchieebenen nicht ganz unübliches Selbstpräsentationselement im Bewerbungsverfahren. Wird explizit ein Motivationsschreiben angefordert, soll es dem Bewerber die Chance geben, seine ganz besondere Motivation für genau die angestrebte Aufgabe zu erläutern. Mit diesem Schreiben, so wohl das gängige Verständnis, habe der Bewerber »die Chance«, sich und seinen Leistungswillen, seine Ziele und Motive noch einmal genauer und ausführlicher vorzustellen. Das Motivationsschreiben böte damit besonderen Raum für Individualität, der natürlich auch zu nutzen sei, insbesondere dann, wenn das Vorlegen eines solchen als Teil des Auswahlverfahrens »verlangt« würde.

CEO-TIPP

Zum Komischsten bei Bewerbungsverfahren zählt das Ansinnen eines Unternehmensvertreters, vom Bewerber ein »Motivationsschreiben« zu fordern. Woher soll ein Manager vor dem ersten Gespräch wissen, ob er eine Vakanz überhaupt will, und wie sollte er dies auch noch schriftlich vorab begründen? So würde das Pferd von hinten aufgezäumt.

Erstmals begegneten wir dem Motivationsschreiben ausgerechnet bei einem Klienten »der oberen Preisklasse«, der mehrere Jahre Alleinvorstand eines Unternehmens mit mehreren Hundert Millionen Euro Umsatz war. Er bat uns um eine Empfehlung, wie er auf das Ansinnen einer Executive-Search-Beraterin reagieren solle. Nach ihrer telefonischen Ansprache bat sie ihn, er möge doch bitte seine Bewerbung einschließlich Motivationsschreiben schicken. Der Authentizität halber – auch als Beispiel gelebter Emotionalität – wird auf der nächsten Seite der Wortlaut der Original-E-Mail, die unsere Antwort enthielt, abgedruckt.

Herr Richter, unser Klient, hatte danach keine Fragen mehr, vertrat unsere Einschätzung und schickte kein Motivationsschreiben. Es ging auch sehr gut ohne, denn er ist heute noch Geschäftsführer in genau dieser Position, die er aufgrund der Ansprache durch die genannte Executive-Search-Beraterin geprüft und dann verhandelt und schließlich angenommen hat. Kluge Unternehmen senken die Hürden im Auswahlverfahren, um möglichst viele, gute Kandidaten zu erreichen – wie beispielsweise die Deutsche Bahn, die wie oben erwähnt, explizit auf das Anschreiben verzichtet – das gilt für das C-Level ebenso: Zusätzliche Hürden zu errichten, wie ein fragwürdiges Motivationsschreiben, dessen Formulierung erhebliche Zeit beansprucht, führt sicherlich dazu, dass etliche Kandidaten, keineswegs die schlechtesten, sich selbstbewusst und ressourcenschonend aus diesem Verfahren verabschieden.

»Motivationsschreiben« sind für C-Level-Manager gänzlich unangemessen. Aber auch für Manager der mittleren Führungsebene oder solche ohne Führungsverantwortung sind sie fehl am Platz. In vielen Fällen verführen Sie lediglich die Bewerber zum Lügen, zumindest zum Beschönigen oder Fabulieren. Denn wie kann ein »Bewerber« aufgrund einer papiernen, von der Diktion her immer gleichen Stellenbeschreibung ein glaubwürdiges Motivationsschreiben abfassen? Ein individuelles gar? Er kennt die Stelle doch nur vom Papier her, in manchen Fällen gar nur von der noch viel kürzeren Stellenanzeige! Und aufgrund solch karger Information soll er nun »Feuer und Flamme« für die Position sein, »motiviert«, diese auszufüllen? Wer kommt auf solche Ideen? Über solche hingehaltenen Stöckchen zu springen, demonstriert sicher keine Augenhöhe.

Hallo, Herr Richter,
wir vermuten, wir sind uns einig: Nicht nur bei Frau X, die Sie angesprochen hat, sondern bei allen Headhuntern und Personalchefs, Vorständen etc. bestimmen *Sie mit,* was geschieht und was nicht. Zum einen aus Selbstschutzgründen, zum anderen begegnen Sie auch »in der Bewerbung« selbstverständlich Ihren Gesprächspartnern auf Augenhöhe und bleiben souverän. Was Sie nicht nachvollziehen können, lassen Sie sich erklären. Wenn es Sie nicht überzeugt, empfehlen wir, es auch nicht zu machen. Wir haben da schon einigen Blödsinn erlebt. Und ein »Motivationsschreiben« ist eine Kinderei: Sie sollen erklären, warum Sie diesen Job, den Sie noch gar nicht richtig kennen können, wollen. Das ist einfach kompletter Unsinn! Und ein »allgemeines Motivationsschreiben« nach dem Motto »Wer ich bin, was ich will, was treibt mich an« ist nichts, was irgendjemandem weiterhilft, weil zu mindestens 80 Prozent vorgestanzt.

Mit anderen Worten: Wir empfehlen Ihnen, Frau X das, sofern es sie überzeugt, freundlich mitzuteilen und ihr Ihren CV einfach zu schicken – genau so, wie er aktuell ist und ohne spezifische Veränderungen. Sie sind Sie und werden durch ein Stellenangebot zu keinem anderen Vorstand! Entweder es gefällt ihr oder sie lässt es. Mir gefällt nebenbei bemerkt der Zeitdruck nicht, den sie, wie Sie schreiben, aufbaut. Sie sind Vorstand und parieren nicht auf Zuruf. Was glaubt Frau X eigentlich, was Sie den ganzen Tag zu tun haben? Noch wichtiger aber: Das ist der Versuch, die »Bewerber« in eine Bittsteller- und Antragstellerposition zu bringen. Unsere Klienten haben etwas zu bieten, und die Unternehmer und Headhunter können sich freuen, wenn sie Gespräche mit ihnen führen und grundsätzlich erwägen, für sie zu arbeiten. Das ist vielleicht etwas überzogen formuliert, aber grundsätzlich sind wir vom Inhalt überzeugt.

Wenn noch Fragen offen sind oder Sie eine andere Auffassung vertreten, bitte melden.

Herzliche Grüße
Jürgen Nebel

Mehr noch, sie kann der psychischen Selbsthygiene schaden, weil kaum jemand auf knappe Stellenbeschreibungen – ohne je einen Unternehmensvertreter persönlich gesprochen zu haben – glaubhaft eingehen kann. Er wird also etwas schreiben, was irgendwie zu dem passt, was ihm an karger Information vorliegt, im schlimmsten Fall das, was er selbst nicht glauben kann. Das widerspricht dem Gebot der Wahrhaftigkeit. Personaler oder Entscheider, die Motivationsschreiben fordern, stiften förmlich zur Unehrlichkeit an, denn sie verlangen durch das Motivationsschreiben implizit, dass sich der »Bewerber«, gestützt auf wenige Informationen und viele Mutmaßungen, »passend macht«, dass er »sich verkauft«, wo Rückgrat gefordert wird.

Wechselseitige Motivationsergründung

Wechselseitig die Motivation zu erforschen, setzt Augenhöhe voraus. Denn natürlich ist es legitim, dass das Unternehmen Ihre Motivation, die Verantwortung gegebenenfalls zu übernehmen, kennen möchte – aber eben erst im persönlichen Gespräch, nachdem viele Umstände gemeinsam erörtert wurden. Natürlich heißt dies, dass Fragen wie »Warum glauben Sie, dass Sie der Richtige für diese Aufgabe sind?«, wenn sie zu Beginn der Gespräche gestellt werden, kurzerhand zurückzuweisen sind: »Das weiß ich noch nicht, deshalb sitzen wir ja zusammen, um dies herauszufinden. Vorstellbar ist es natürlich nach wechselseitiger Prüfung der schriftlichen Informationen, sicher keineswegs.«

CEO-TIPP

Lassen Sie sich nicht in die Defensive drängen – auf Fragen wie »Warum glauben Sie, dass Sie der richtige für diese Aufgabe sind?« ist nur zu antworten: »Das weiß ich noch nicht, ob ich das bin. Deswegen sitzen wir ja überhaupt erst hier zusammen.«

Referenzen einholen?

Wechselseitige Motivationsergründung heißt aber auch, dass der C-Level-Manager berechtigt ist, im persönlichen Gespräch die Motivation der Unternehmensvertreter zu ergründen. Er ist hierzu nicht nur berechtigt, sondern geradezu verpflichtet, um die Wahrscheinlichkeit zu erhöhen, die richtige Entscheidung für sich und das Unternehmen zu treffen. Ob hierzu das Einholen von Referenzen über den künftigen Chef gehört, steht auf einem anderen Blatt. Sie lesen richtig: Verbreitet ist, dass vor Besetzung von Topmanagementpositionen Referenzen über den »Bewerber« eingeholt werden, die dieser benennt. Warum, bitte schön, sollten Manager nicht ihrerseits Referenzen über ihren künftigen Chef einholen? Zeigen sich nicht im persönlichen Gespräch beide Seiten von ihrer jeweils schönsten Seite? Und das ist naturgemäß eine unzureichende Grundlage für eine vernünftige Entscheidung. Daher holen Unternehmen Referenzen über den Bewerber ein, in der Hoffnung, sie könnten so noch mehr über ihn erfahren und die bessere Entscheidung treffen. Warum soll das nicht auch für den »Bewerber« gelten? Hat er nicht mindestens so viel zu gewinnen und zu verlieren wie das Unternehmen?

Der Schaden einer Fehlbesetzung auf oberer Managementebene ist in aller Regel beachtlich. Dabei stehen meist der Zeitverlust und Imageschaden sowie die »Unruhe« innerhalb der Führungsmannschaft des Unternehmens im Vordergrund, nicht so sehr die finanziellen Verluste, die mit einer Fehlbesetzung samt ihrer Korrektur einhergehen. Der persönliche Schaden, der einem C-Level-Manager zugefügt wird, der seine Entscheidung für das Unternehmen auf unzureichender, womöglich falscher Grundlage trifft, ist gleichfalls sehr hoch, womöglich größer. Jedenfalls sind seine Interessen gleichermaßen schützenswert. Daher könnte er ebenfalls Referenzen über seinen künftigen Chef einholen, denn die persönliche Zusammenarbeit »mit der direkten Berichtslinie« ist im Alltag und damit für den Gesamterfolg von großer Bedeutung.

Viele sich jovial gebende Chefs, manchmal auch die, die es wirklich sind, offenbaren nach einem mit verbindlicher Attitüde geführten »Vorstellungsgespräch« eine erstaunliche Kehrtwendung in der tatsächlichen Zusammenarbeit. Plötzlich erkennt der verwunderte, ehemalige Bewerber in seinem Vorgesetzten einen unvermuteten Hang zum Gutsherrentum, zum cholerischen Aufbrausen oder zur nonchalanten Golfplatzmentalität, dem mehr am Repräsentieren oder Befehlen gelegen ist, der aber Fachkompetenzen oder Führungsstärke vermissen lässt. Das Leben ist kein Wunschkonzert – oder wie die besänftigenden Sprüche auch immer lauten mögen –, aber der Manager möchte doch ganz gerne vorher wissen, worauf er sich einlässt. Und die hier skizzierten Unternehmer- oder Aufsichtsratscharaktere gibt es schon öfter einmal. Manche Manager können ganz gut mit ihnen leben und sogar ordentliche Erfolge mit ihnen auf die Beine stellen. Andere können oder wollen das nicht.

Nur schön wäre es, wenn der Bewerber vorher wüsste, was ihn nachher erwartet. Daher die Überlegung, die andere Seite um Referenzen zu bitten. Diese Idee ist unseres Wissens bislang nicht umgesetzt worden. Sie kommt von einem unserer besonders gut »aufgestellten« Klienten, der zig Erstgespräche führte und tatsächlich unter vielen hochdotieren Vertragsangeboten auswählen konnte. Nach ausgiebiger Erörterung setzte er diese Idee nicht um. Hauptgrund war der Zweifel am Wert von Referenzen überhaupt: Nur wirklich versierte Interviewer können durch einen Referenzgeber Einblicke, gar neue Erkenntnisse gewinnen. Meist antworten die Referenzgeber nur wohlwollend, und die Referenzeinholenden sind nicht selten nur an neuen Kontakten interessiert. Manche externen Personalberater sind bisweilen an Referenzgebern vor allem im Hinblick auf mögliches Neugeschäft interessiert und fragen den Referenzgeber nicht gerade insistierend aus oder durchleuchten intelligent investigativ dessen gemachte Erfahrungen und wahren Einschätzungen.

Augenhöhe im Jobinterview

Eine nicht jedem C-Level-Manager zum Nachahmen empfohlene Steigerung des Umkehrens herkömmlicher Gepflogenheiten ist die Frage an den interviewenden Vorstandsvorsitzenden, warum er denn auf die Initiativbewerbung reagiert, was ihm denn offenbar besonders daran gefallen habe. Denn schließlich haben nur einige Unternehmen mit einer Einladung geantwortet. Das können Sie auch dann fragen, wenn Ihre Bewerbung aus einem Stapel herausgefischt wurde, der sich aufgrund einer offenen Ausschreibung auf dem Schreibtisch des Verantwortlichen aufgetürmt hat. Diese »Umkehrfrage« demonstriert Augenhöhe par excellence. Für viele C-Level-Manager dürfte das aber einen Tick zu viel sein. Für so viel Chuzpe muss man einfach der Typ sein, damit es authentisch und nicht keck wirkt. Mit freundlichem Augenzwinkern vorgetragen, mag das für einen Vertriebsmanager in Ordnung sein – und nicht nur einer unserer Vertriebsklienten hat genau das gemacht und wohlwollendes Verständnis für seine Frage geerntet. Immerhin, der Vorstandsvorsitzende, der ihn interviewte, war durch die Akzeptanz der Frage gehalten, sich Gedanken über die Gründe seiner Einladung, also die Inhalte des CV, zu machen und sie mitzuteilen. Ein sehr reflektierter Austausch war die Folge, vor allem zum Nutzen des Unternehmensvertreters.

CEO-TIPP

Bewerber mit Chuzpe fragen bisweilen den Unternehmensvertreter, der auf ihre Initiativbewerbung geantwortet hat: »Was hat Ihnen an meiner Bewerbung so gut gefallen, dass Sie mich eingeladen haben?«

Was nach unserer Überzeugung völlig unangebracht ist und Sie sofort auf eine Stufe unter die Ihres Gesprächspartners drückt, wäre Ihre Frage, was Sie denn besser machen könnten, zum Beispiel bezogen auf Ihre Unterlagen oder Ihren persönlichen Auftritt. Das ist aus Gründen der Gleichwertigkeit und der Wahrnehmung Ihrer (künftigen) Position durch den Gesprächspartner einfach sehr ungeschickt. Sie erheben ihn zum Richter über Ihre Person!

CEO-TIPP

Nur in Ausnahmefällen sollten Sie Ihren Interviewpartner fragen, welche Ratschläge er Ihnen auf den Weg geben könnte. Allzu leicht wird aufgrund solcher Fragen auf mangelnde Augenhöhe geschlossen.

Abgesehen davon, dürften manche Ihrer Gesprächspartner Urteile über Sie oder Empfehlungen an Sie abgeben, die von unzureichender Urteilskraft geprägt sind. Oder mehr über Ihren Gesprächspartner verraten als über Sie, ist es doch eine subjektive Einschätzung, die Sie nicht unbedingt umsetzen können, noch seltener wollen. Schon Descartes wusste: »Was Peter über Paul sagt, sagt mehr über Peter als über Paul!« Ausgenommen hiervon sind freilich Gesprächspartner, gleichviel ob operativ verantwortlich, Personalchef oder Executive-Search-Berater, die Sie menschlich und/oder fachlich sehr beeindruckt haben und mit denen das Gespräch in respektvollem wertschätzendem Geist verlaufen ist. In diesen besonderen Fällen vergeben Sie sich nichts, wenn Sie sich sozusagen zum Abschluss des Gesprächs noch eine persönliche Bereicherung mit auf den Weg geben lassen und nachfragen, was er Ihnen raten könnte.

Leider stellen wir immer wieder fest, dass Gesprächspartner ungebeten den Bewerbern ihre Erkenntnisse und Empfehlungen aufdrängen. Da bleibt Ihnen in der Regel als Reaktion nur Gelassenheit übrig. Trennlinie zwischen hilfreichen und nicht hilfreichen Ratschlägen dürfte sein, ob derjenige Ihnen erkennbar helfen will, Sie also sein menschliches Wohlwollen haben. Oder ob er lediglich seinem eigenen Ego schmeicheln oder seine »übergeordnete Position« unterstreichen will, indem er Ihnen rät, dies oder jenes zu ändern. Bei so manchem verbirgt sich hinter offen zur Schau getragener Überlegenheit – und sei es nur bezüglich des behaupteten Wissens, welches Verhalten angemessen ist – ein gerütteltes Maß an Unmut darüber, dass der »Bewerber« eine eindrucksvolle Vita vorlegt, über größere Machtbefugnisse verfügte und wohl alsbald wieder verfügen wird, als er selbst ausüben kann.

CEO-TIPP
Fragen Sie doch einmal den Personalchef oder Vorstand nach den Stärken und Schwächen des Unternehmens! Das signalisiert nicht nur Augenhöhe, sondern kann Ihnen auch wertvolle Informationen für Ihre Entscheidung liefern.

Eine weitere Möglichkeit, vorher herauszufinden, was den Manager hinterher, also nach Verantwortungsübernahme, erwartet, ist eine Frage, die zugleich die notwendige Augenhöhe signalisiert: Welche Stärken und Schwächen kennzeichnen denn Ihr Unternehmen? Es ist legitim, wenn die »Bewerber« dies ein ums andere Mal gefragt werden, wenn auch nicht eben neu und selten erhellend, weil meist vorgestanzte, erwünschte Antworten gegeben werden. Daher ist es nur fair, wenn ein gestandener Manager, der im Begriff ist, sich für ein Unternehmen zu entscheiden, wissen will, was ihn tatsächlich, nach Einschätzung der Verantwortlichen, an Unternehmensaktiva und -passiva unterstützen oder entgegenschlagen wird. Und da Unternehmensvertreter diese Frage nicht erwarten, werden sie kaum vorbereitete Antworten geben, sondern meist eine kleine gemeinsame Erörterung dieser Frage beginnen, an der beide Seiten doch höchst interessiert sein müssen.

Es ist wahrhaftig keine Zumutung, sondern eine Chance für einen Unternehmensvertreter, unvorbereitet und dennoch strukturiert die Stärken und Schwächen des Unternehmens zu erörtern. Denn nahezu alle Unternehmen arbeiten mit fremdem Kapital, und alle Banken oder Private-Equity-Gesellschaften überprüfen daher regelmäßig die Situation des Unternehmens, unter anderem anhand von Stärken-Schwächen-Analysen. Ein zweiter Grund, weshalb jeder Unternehmensverantwortliche die Stärken und Schwächen seines Unternehmens parat haben sollte, ist die eigene Strategieentwicklung. Klassischerweise werden in diesem Rahmen die Stärken und Schwächen wie auch die Chancen und Risiken (SWOT-Analyse) detailliert analysiert und unter anderem durch Unternehmensentwicklung, Unternehmenssteuerung, Riskmanagement und Compliance verwertet. Es ist also ein Leichtes, hierauf eine Antwort zu erhalten, die mit als Entscheidungsgrundlage herangezogen werden kann.

Die bescheidenste Form, Augenhöhe zu demonstrieren und zugleich Informationen für eine gute Entscheidung zu erhalten, dürfte wohl die arglos und strebsam daherkommende Frage sein: »Was kann ich denn in dieser Position, was kann ich denn von Ihnen lernen?« Indem man auch den künftigen Chef mit einbezieht, dreht man gewissermaßen den Spieß um: Sonst werden nur die Bewerber gefragt, was sie für die Aufgabe qualifiziert. Wenn Sie mit der berechtigten Frage kommen, was Sie dazulernen können, und zwar auch und gerade von Ihrem künftigen Chef, haben Sie das Einbahnstraßenmäßige üblicher Gesprächsverläufe erneut verlassen. Sie erhalten wichtige Informationen und setzen den Gesprächspartner auf Augenhöhe, Sie machen deutlich, dass Sie nicht schon dafür dankbar sein müssen, dass Sie erneut ein hohes sechsstelliges Grundgehalt beziehen würden, sondern darüber hinaus etwas für sich und Ihre ganz persönliche, nicht nur berufliche Entwicklung tun wollen. Und nun ist es an Ihrem potenziellen Chef, etwas über sich persönlich zu sagen, was Gewicht hat.

Stolperfallen für Augenhöhe: Servilität und Auftrumpfen

Stolperfallen für das Herstellen von Augenhöhe ergeben sich, wie bisher gezeigt, vor allem bei den Gesprächen. Wie dort schon kurz angedeutet, könnten Sie in die Falle fehlender Augenhöhe aber schon durch falsche Signale in Ihrer Korrespondenz oder dem beigefügten CV tappen.

Wenn Sie sich jedoch an die hier beschriebenen Inhalte halten, wird dieser Eindruck durch die »schriftliche Vorrunde« zu den Gesprächen nicht entstehen können. Servile Formulierungen konnten Sie in den hier abgedruckten Original-CV-Beispielen ebenso wenig finden wie im Anschreiben. Zudem wird die Hälfte des CV Ihren Beiträgen zum Unternehmenserfolg eingeräumt, dem Kern dessen, was den Unternehmen früher – und künftig – unmittelbaren Nutzen geboten hat: also selbstbewusstes Anbieten einer konkreten Gegenleistung, weit entfernt von Servilität.

Ebenso wenig zeigen die Unterlagen oder das Anschreiben Formulierungen oder Inhalte, die als auftrumpfend missverstanden werden könnten oder einen Absender mit überschäumendem Selbstbewusstsein vermuten lassen. Und genau so soll es auch sein! Daher werden tatsächlich erzielte, aber ganz außerordentliche Erfolge wegen der naheliegenden Skepsis, sie könnten übertrieben sein, vorsorglich nicht erwähnt oder geschickt bescheidener formuliert, als sie in Wirklichkeit waren – nur um nicht die eigene Glaubwürdigkeit zu gefährden oder um nicht als auftrumpfend wahrgenommen zu werden. Beides würde Augenhöhe schon im schriftlichen Vorverfahren untergraben.

Kurzum, die gesamte vorausgehende schriftliche Kommunikation, im Zentrum der CV als Eintrittskarte zum Gespräch, wird in aller Regel so zu einer spezifischen Eintrittskarte, die einen »Sitzplatz auf Augenhöhe« wahrscheinlich macht. Sicher ist dies erfahrungsgemäß indessen nicht, daher jetzt noch einmal zurück zu den mündlichen Gesprächsrunden, in denen Sie – wie oben gezeigt – in manchen Fällen noch etwas nachhelfen müssen.

Im mündlichen Bewerbungsverfahren können nicht nur Stolpersteine auf Sie warten, da Ihnen der nötige Respekt versagt wird, sondern auch Sie können Gefahr laufen, es im Überschwange vieler Erstgespräche selbst an Augenhöhe fehlen lassen. Wichtig ist, dass Augenhöhe auch beidseitige Augenhöhe bedeutet. Es schließt aus, dass aufseiten des »Bewerbers« das Selbstbewusstsein überschäumt und die Unternehmensseite auch nur im Ansatz Gesichtsverluste hinnehmen müsste.

Streuen Sie Blumen

Einem Paukenschlag kommt das letzte Beispiel gleich, mit dem das Prinzip Augenhöhe abgeschlossen werden kann. Eine unserer Klientinnen war in der zweiten oder dritten Gesprächsrunde für die Position der Kaufmännischen Geschäftsführerin. Sie hatte durchblicken lassen, wie es ja auch sein sollte, dass sie noch weitere Gespräche mit anderen Unternehmen führte. Dies allein schon, um dem Irrtum vorzubeugen, dass, nur weil sie bereits freigestellt war, sie unter Druck stehe oder man sie zum »Schnäppchenpreis« bekommen könne. Daraufhin wurde sie konkret gefragt, was selten genug vorkommt, wie viele Gespräche sie denn führe. Wahrheitsgemäß erklärte sie, sie habe bei 14 Unternehmen Erstgespräche geführt, teilweise auch Folgegespräche. Der Personalchef in der Runde fragte daraufhin sichtlich überrascht, denn die Dame hatte bereits die 50 überschritten und nicht studiert, was dem Anforderungsprofil eigentlich nicht entsprochen hätte, auf welchem Platz denn dann sein Unternehmen stehe. Und sie antwortete knapp und wahrheitsgemäß: »Auf dem vierten.« »Oh, da müssen wir uns aber anstrengen«, war die Antwort. Ob das wohlüberlegt und klug war, ist schwer zu beantworten und bedürfte ausführlicher Erörterung. Ergebnis war, dass die Managerin dort noch zwei oder drei »Runden drehte«. Bei einer letzten Begegnung, einer Abendeinladung zum Essen zusammen mit Aufsichtsratsmitgliedern, die eigentlich nur noch pro forma »zum Kennenlernen weiterer Unternehmensvertreter« sein sollte, scheiterten dann die Verhandlungen. Vielleicht eine späte Retourkutsche?

Das Unternehmen zum Buhlen um den Bewerber zu drängen, ist unfair und unklug. Auch wenn Unternehmen genau dies von Bewerbern mehr oder weniger direkt gerne verlangen, es machen nur manche, und Gleiches mit Gleichem zu vergelten, ist meist nicht souverän. Statt Unternehmensvertreter zu veranlassen, die Augenhöhe zu verlassen, empfehlen wir unseren Klienten, wie die Österreicher sagen würden, »Blumen zu streuen«, also die unverblümten Fakten hübsch zu verpacken: »Ich führe mehrere, auch schon recht konkrete Gespräche. Fachlich und menschlich scheint mir Ihr Unternehmen aber besonders passend. Ich könnte mir also aufgrund dessen, was wir bislang ausgetauscht haben, sehr gut vorstellen, dass wir zusammenkommen. Hierzu müsste ich aber noch …« Natürlich sollten Sie das nur sagen, wenn das Unternehmen in Ihrer Gunst auch wirklich relativ weit vorne steht.

Wie passt dazu unsere spezifische Vorgehensweise? Die konzentrierte, initiative Ansprache einer größeren Zielgruppe ist, wie die hier abgedruckten Beispiele zeigen, stets absolut seriös, freundlich, sachlich und respektvoll, aber nie mit individuellem, empfängerbezogenem Text. Das wäre irreführend und ist gar nicht gewollt, weil der Leser schon aufgrund des Auftritts erkennen soll, dass dieses Anschreiben und diese Anlagen ganz offensichtlich an mehrere Unternehmen, an mehrere Entscheider gegangen sind: *Jetzt* ist *ein* bestimmter Bewerber auf dem Markt, *jetzt* ist er ansprechbar! Wenn mein Unternehmen es nicht tut, dann machen es andere, dann kommt dessen Potenzial einem Mitbewerber zugute. Ein gewisser, durch niemanden direkt hervorgerufener, gleichwohl offensichtlicher Zeitdruck geht damit einher. Und tatsächlich gibt es viele Zielgruppenkurzbewerbungen, die sehr späte Unternehmensreaktionen nicht mehr mit einem Gespräch berücksichtigen können. Dieses offensichtliche Im-Wettbewerb-Sein mit anderen Unternehmen, die ebenfalls angeschrieben wurden, trägt gleichfalls zur erwünschten Augenhöhe bei. Warum sollte es Unternehmen anders gehen als Managern? Es ist ein Markt! Ein Markt mit jeweils mehreren Marktteilnehmern.

Wann Unternehmen sich im Vorfeld disqualifizieren

Und wie in jedem Markt sollten sich Marktteilnehmer sehr gut überlegen, ob und gegebenenfalls inwieweit sie von traditionellem Verhalten abweichen, sie gar gesetzliche Normen verletzen. Beispielsweise steht seit weit über 100 Jahren im Bürgerlichen Gesetzbuch (§ 670), dass anlässlich einer Bewerbung entstandene Reisekosten vom Unternehmen zu erstatten sind. Dies entspricht guter Tradition und erscheint auch angemessen, allein schon, weil der Bewerber zusätzlich oft erhebliche Reisezeit investiert und beide Seiten gleichermaßen großes Interesse an den Gesprächen haben. Auch deshalb hat sich der Gesetzgeber einst für diese Normierung entschieden und bis heute nicht abgeändert. Derjenige, der sich um die Besetzung einer Position bemüht, kann dieser gesetzlichen Erstattungspflicht nur entkommen, wenn er diese *vorher* ausdrücklich ausgeschlossen hat. Das tun denn auch manche potenziellen Arbeitgeber, wenn auch zum Glück nur wenige. Und manche dieser sehr einseitig auf ihren Vorteil bedachten Unternehmen machen dies vermutlich durchgängig so, unabhängig von der Hierarchieebene der zu besetzenden Position, die leider deutlich geringere Möglichkeiten als Führungskräfte haben, sich dagegen zu wehren.

> **CEO-TIPP**
> Leidige, aber vereinzelte Praxis: Wenn ein Unternehmen schon die Übernahme der Reisekosten zum Gespräch ablehnt, wird es sicherlich auch später übertrieben »sparsam« sein und disqualifiziert sich schon vor Gesprächsbeginn. Außerdem demonstriert es eindrucksvoll fehlende Augenhöhe, indem es davon ausgeht, dass Sie dankbar sein müssen, zum Gespräch geladen zu werden.

In unserer Praxis ist dieser Aufwendungsersatzausschluss mehrfach für verschiedene C-Level-Positionen im Vorfeld geltend gemacht worden, auch wenn es vielleicht nur 2 Prozent aller Einladungen betraf. Nur bei ganz wenigen, wohlbegründeten Ausnahmen ist die Antwort eine andere als »Vielen Dank, das genügt«. Wenn schon vor der ersten Begegnung derjenige, der eine Position besetzen möchte, einen ganz ungewöhnlich großen Geiz offenbart, wie wahrscheinlich ist es, dass er sich im späteren Verlauf, gar nach einer Einstellung, anders verhält? Er zeigt offen, dass er vermeintliche oder tatsächliche Machtasymmetrie zu seinem Vorteil ausnutzt, die rechtlich überhaupt nur mit ganz konkreten Voraussetzungen erlaubt ist, moralisch aber Bände spricht. Von Augenhöhe kann daher nicht die Rede sein. Offenbar wähnt sich der potenzielle Arbeitgeber in einer sehr starken Position, einer Position, die dem anderen scheinbar einen Gefallen erweist, für den er dankbar sein sollte, da er ihm doch anbietet, mit ihm persönlich zu sprechen, ihn womöglich sogar später einstellen würde! Diese allzu »kostenbewussten« Unternehmen verkennen völlig die verheerende Wirkung, die ihr offen zur Schau getragener Geiz auslöst: Im »War for talents« haben sie zu Recht ganz schnell den Kürzeren gezogen, denn aller Wahrscheinlichkeit nach ist das Verweigern dieser gesetzlichen Pflichterfüllung symptomatisch und äußert sich noch an in etlichen anderen Verhaltensweisen und Denkmustern. Der Wettbewerb wird sie auf Sicht dazu zwingen, vom hohen Ross herabzusteigen.

Bei der Beantwortung der so wichtigen Frage, wie bekommt der neue Manager schon vorher heraus, was ihn nachher erwartet, kann man sich ungeschickter kaum anstellen – weil sich das Unternehmen hier unfreiwillig ehrlich bezüglich einer sehr verfänglichen Tatsache zeigt. Denn neben Geiz kommt noch in Betracht, dass das Unternehmen schon so klamm ist, dass es in seiner finanziellen Not so einseitig mit den Interessen künftiger und sicherlich wohl auch gegenwärtiger Mitarbeiter umgeht. Der C-Level-Manager wird sich leicht die Frage beantworten können, ob er für dieses Unternehmen tätig sein will – noch ehe das eigentliche, beidseitige Auswahlverfahren überhaupt begonnen hat.

In diesem Auswahlverfahren – detailliert hierzu unser zweiter Band *Die CEO-Auswahl*, der Titel ist gleichfalls beidseitig zu verstehen – sollte der C-Level-Manager vor seiner Entscheidung für ein Unternehmen auf alle Eindrücke achten, die er über das Unternehmen, seine Manager und Mitarbeiter sammeln kann. Dies fängt bei der Terminvereinbarung zum Erst- und den Folgegesprächen an – wie sorgfältig und in welchem Ton wird hier vorgegangen? –, geht über die Eindrücke, die Sie aufnehmen, wenn Sie am Empfang sitzen, bevor Sie abgeholt werden – wie begrüßen sich die Mitarbeiter, wie werden andere Wartende angesprochen? – bis hin zur Atmosphäre insgesamt, die auf Sie wirkt, wenn Sie auf dem Firmengelände sind. Neben all den »harten Fakten«, die Sie selbstverständlich recherchieren und mit einbeziehen, sollten Sie die »weichen Faktoren« sehr wichtig nehmen.

Nachhaken?

Natürlich wirft sich im Zusammenhang mit der empfohlenen Augenhöhe die Frage auf, ob diese noch gewahrt bleibt, wenn Sie nach den Gründen für die Nichtfortsetzung des Bewerbungsverfahrens fragen, also wenn Sie eine Absage erhalten haben. Ist es sinnvoll, beispielsweise nach einem ersten Kennenlerngespräch, dem keine zweite Einladung folgte, nachzufragen, weshalb die Gespräche nicht fortgesetzt wurden?

Sollte man machen, denn grundsätzlich geht doch nichts über Erkenntnisgewinn, oder? »Kontinuierliche Verbesserungsprozesse« sind Standard in der Wirtschaft, und kluge Manager nutzen diese Prinzipien auch für sich und ihre Karriere. Warum also nicht nachfragen, weshalb Gespräche seitens des potenziellen Arbeitgebers nicht fortgesetzt werden?

Zuerst ist zu fragen, wie groß denn der Erkenntnisgewinn überhaupt sein könnte und welcher Art er wohl wäre. Was sind denn die häufigsten Gründe, warum es nach einem ersten Interview zu keinem weiteren Gespräch mehr kommt? In Betracht kommen:

- Ein anderer Manager wurde bevorzugt, der ein *geringeres* Jahresgehalt anstrebte, der jünger ist oder älter und Ähnliches.
- Ein anderer Manager wurde bevorzugt, der *schneller* die Position übernehmen konnte als Sie, da Sie gegebenenfalls noch länger anderweitig gebunden sind.
- Ein anderer Manager wurde bevorzugt, der dem künftigen Chef augenscheinlich *nicht gefährlich* werden würde.
- Ein anderer Manager wurde *zu Unrecht* als geeigneter angesehen. Kandidatenauswahl ist – mit und ohne begleitende psychologische Tests oder Einzel-Assessments – nicht objektiv. Sie hat keinerlei Verwandtschaft mit Mathematik oder Naturwissenschaft, schon eher mit Jura oder Germanistik, wo identische Arbeiten von verschiedenen Korrektoren unterschiedlich bewertet wurden: Die einen gaben Bestnoten, die anderen ließen die Arbeit durchfallen.
- Ein anderer Manager wurde verpflichtet, der tatsächlich in den Augen der Auswählenden für diese Stelle über noch mehr beziehungsweise *spezifischere Erfahrung* verfügt, häufig ist es eine bestimmte Branchenerfahrung.

Und selbstverständlich kann es auch eine Kombination vorstehender Möglichkeiten sein. Was wollen Sie mit diesen Erkenntnissen, sofern Sie sie überhaupt auf Nachfragen erhalten, anfangen? Oft würde Ihnen sowieso nicht die Wahrheit gesagt werden, sondern lieber etwas Gesichtswahrendes für Sie oder das Unternehmen Was nutzt es Ihnen also? Was könnten Sie künftig ändern? Gar nichts. Es lohnt sich daher selten, allzu lange auch nur darüber nachzudenken, warum nach einem Gespräch keine weiteren angeboten wurden. Noch viel seltener lohnt es sich, die Gesprächspartner nach den wahren Gründen zu fragen. Meist werden sehr oberflächliche Begründungen angegeben, vor allem solche, die mit dem Allgemeinen Gleichbehandlungsgesetz konform sind und, mit etwas zusätzlicher Umsicht, sich zudem im Einklang befinden mit dem unternehmensinternen Code of Conduct und den Compliance-Regeln. Kurzum, meist bemüht man sich nicht einmal, Ihnen die Wahrheit sagen, sondern will Sie lieber höflich, aber geräuschlos verabschieden.

Nur in Ausnahmefällen können Begründungen hilfreich sein, etwa wenn Ihre Gehaltsvorstellungen des Öfteren als zu hoch bezeichnet werden. Möglicherweise sind dann Ihre Wünsche nicht marktkonform. Aufgrund von ein oder zwei vereinzelten Aussagen lässt sich dies jedoch keineswegs sicher vermuten und mehrfach werden Sie es kaum zu hören bekommen, »dass Sie zu teuer sind«.

Hier sollten Sie nachfragen

Praxiserprobte Fragen, die Sie im Verlauf des Bewerbungsgesprächs dagegenstellen können, dienen sehr wohl dem Ziel, Augenhöhe zu signalisieren. Dies ist aber bei den nachfolgend noch einmal kurz zusammengefassten, bereits erörterten Frageoptionen keineswegs das eigentliche Ziel. Vielmehr geht es vorrangig darum, im Gespräch herauszubekommen, was Sie nachher, ab Verantwortungsübernahme, erwartet. Zumindest erhöhen diese Fragen die Wahrscheinlichkeit, wichtige Informationen zu erhalten, um sich eine vernünftige Entscheidungsrundlage aufzubauen. Denn noch sind Sie in Ihrer Entscheidung für oder gegen einen bestimmten Arbeitgeber frei und wollen legitimerweise – genau wie die Gegenseite auch – wissen, was Sie zu erwarten haben. Zu den klassischen Fragen gehören:

- »Gibt es außer den eben zusammengefassten Merkmalen weitere, die der künftige Stelleninhaber erfüllen sollte und die wir noch nicht erörtert haben?« Vergleichen Sie hierzu bitte die »Stufe 3: Fragen zuspitzen« unseres »dreistufigen Kommunikationsvorgehens«. (S. 100 ff.)
- Diese erste Teilfrage kombinieren Sie am besten gleich mit der zweiten Teilfrage: »Was gibt es darüber hinaus, jenseits der Position, was ich noch wissen sollte, weil es sich auf die Position auswirken könnte, also etwa bezüglich der Wettbewerbssituation in der Branche, bezüglich der Beteiligungen, der Finanzierung, der gewerblichen Schutzrechte, wichtiger Kundenbeziehungen? Was alles können Sie mir vertretbarerweise jetzt schon mitteilen, weil es für meine Entscheidung für Ihr Unternehmen relevant sein könnte?«
- »Welche Stärken beziehungsweise welche Schwächen hat Ihr Unternehmen?«

Diese Frage sollte, wie erörtert, keinen Entscheider überfordern: Stärken-Schwächen-Analysen gehören schließlich zum festen Repertoire eines jeden Investmentbankers, jedes Börsenanalysten und jedes M&A-Managers. Auch jede Bank durchleuchtet ein Unternehmen vor und während der Finanzierungsgespräche und schließlich bei der Rating-Festlegung. Die Entscheider eines Unternehmens haben mit diesen Managern zu tun und sich auch im Rahmen eigener Unternehmensstrategieentwicklung damit befasst. Eine gehaltvolle und umfassende Antwort sollte also unmittelbar erfolgen – nicht anders, als auch jeder C-Level-Manager gleichsam auf Knopfdruck seine Stärken und Schwächen abrufen kann.

- Schließlich die oben schon erwähnte Frage gerichtet an die mögliche künftige Berichtslinie: »Was kann ich denn in dieser Position, was kann ich denn von Ihnen lernen?« Die Antwort liefert zusätzliche Informationen für eine gute Entscheidung, konkret, wie Sie sich später vermutlich weiterentwickeln werden können und ob der vielbeschworene »nächste Karriereschritt« gut zu Ihren später anvisierten Zielen passen könnte.

Dass Sie solche Fragen recht entspannt stellen können, weil Sie aufgrund vieler Gespräche nicht unbedingt eine bestimmte Vakanz besetzen wollen, setzt, wie in diesem Buch gezeigt, eine bestimmte Methode voraus, eine Vorgehensweise, die auch als Strategie bezeichnet werden kann – mehr dazu erfahren Sie im nächsten Kapitel.

Prinzip 7
Strategie & Kybernetik

»Wer den Hafen nicht kennt, in den er segeln will,
für den ist kein Wind der richtige.«
Seneca

So recht Seneca mit diesem Ausspruch hat, gilt vornehmlich für die Strategieentwicklung doch eher: Wer seinen Standort nicht kennt, also keine sorgfältige Analyse dessen, was ist, vorgenommen hat und dann noch nicht einmal weiß, wohin er will, kann dieses nicht benannte Ziel nicht erreichen. Er kann den Wind – die Marktkräfte – nicht für sich nutzen, um in den nächsten Hafen zu gelangen. Er wird sich eher wie die Nussschale im Meer fühlen, sich richtungslos Strömungen und Winden preisgegeben.

Die hier beschriebene Methode wurde in der Praxis entwickelt und verfeinert. Sie ist deshalb so wirksam, weil sie strategischen und kybernetischen Grundprinzipien folgt und diese konsequent umsetzt. Kybernetik ist die von Norbert Wiener begründete Wissenschaft der Steuerung und Regelung von Maschinen, lebenden Organismen und sozialen Organisationen, kurz auch die »Kunst des Steuerns« genannt. Die schon in der Einleitung genannte Kybernetische Managementlehre (auch: Engpasskonzentrierte Strategie EKS) von Wolfgang Mewes basiert unter anderem auf kybernetischen Grundprinzipien. Für die EKS werden vielfach auch die Bezeichnungen Energo-Kybernetische Strategie und Evolutionskonforme Strategie verwandt, heute wird sie vom Malik Management Zentrum St. Gallen gelehrt und weiterentwickelt. Gerade auch auf dieser Strategielehre basiert die hier empfohlene Zielgruppenkurzbewerbung.

Zurück zu Senecas Ausgangsüberlegung, dass man den genauen Hafen schon kennen muss. Was aber, wenn nicht? Vielleicht nur die Hälfte unserer Klienten weiß ganz genau, wohin sie will, kennt ihren Hafen, ihre möglichen Häfen, ihre Unternehmenszielgruppen und angestrebte(n) Unternehmensfunktion(en) recht genau. Die andere Hälfte nicht. Sie weiß nur mehr oder weniger genau, wohin die Reise gehen könnte. Und das, obwohl oder gerade weil viele schon die Fünfzig überschritten haben. Und weil sie schon auf eine respektable Karriere zurückblicken können, blicken sie nach vorn und fragen sich, was könnte noch kommen.

Was will ich in Zukunft noch erleben, womit mein berufliches Leben verbringen? Was will ich? Gerade reflektierte Menschen stellen sich solche Fragen und gerade dann, wenn sie sich beruflich neu orientieren wollen oder müssen. Was gibt der Markt für mich her, was traut er mir zu, was davon würde ich annehmen? Der Umkehrschluss gilt natürlich nicht: Die erste Hälfte, die genau weiß, was sie will, was sie also suchen und finden muss, kann gleichermaßen reflektiert sein. Sie ist sich nur sicher, dass es genauso weitergehen soll wie bisher, etliche, aber nicht alle, wollen nur »eine Schippe drauflegen«, in einem größeren, vielleicht komplexeren Unternehmen dieselbe Verantwortung übernehmen oder einfach den nächsten Karriereschritt machen und vom CFO oder CTO in die Gesamtverantwortung gehen.

Im Prinzip 7 nehmen wir die Kybernetik unter die Lupe und zeigen, wie Sie mit dieser C-Level-Bewerbungsstrategie durch Rückkopplung ihr Ziel kybernetisch und zugleich iterativ immer präziser vom Markt her definieren können. Zuvor jedoch gehen wir noch einmal auf die im Prinzip 2 dargestellten »Beiträge zum Unternehmenserfolgl unter strategischem Blickwinkel ein.

Ihre Beiträge zum Unternehmenserfolg

Die Wirksamkeit der Methode basiert unverzichtbar auf einer sehr präzisen, einer akribischen Erfassung dessen, was Sie in Ihrem bisherigen Berufsleben unter Erfolgsgesichtspunkten erreicht haben. Dies ist keine L'art-pour-l'art-Beschäftigung theoretischer Art, die Sie abstrakt notieren, um sie dann als Statusbeschreibung abzuheften. Das ist vergleichbar etwa mit der bewährten, aus den USA stammenden und dort weit verbreiteten Methode: Problem – Action – Result, kurz »PAR-Methode«. Diese ist in ihrer Einfachheit sicher gut und hilfreich für die Sachbearbeiter- bis maximal Gruppenleiterebene.

Die berufliche Lebenswirklichkeit von C-Level-Managern ist deutlich komplexer und erfordert ein anderes Vorgehen: nämlich vor allem im CV eine zusammengefasste Erfolgsdarstellung, gerne auch mit sparsam eingesetzten grafischen Elementen. Am besten starten Sie in einer gesonderten Datei mit einer umfassenden, möglichst vollständigen, zunächst zweckmäßigerweise nur stichwortartigen Auflistung dessen, was Sie alles in Ihrem bisherigen Berufsleben unter Erfolgsgesichtspunkten erreicht haben. Nach mehrstufiger Weiterentwicklung wird dies in Ihrem CV unter der Überschrift »Beiträge zum Unternehmenserfolg«, bei Gesamtverantwortlichen gerne auch »Erfolgsbilanz«, von zentraler Bedeutung sein.

Die Auflistung Ihrer Erfolgsbeiträge sind eine Bestandsaufnahme und damit eine Analyse als erster unerlässlicher Schritt einer jeden Strategieentwicklung.

Im nächsten Strategieschritt wendet sich Ihr Blick von der Vergangenheit in die Zukunft: Welche Möglichkeiten ergeben sich vermutlich aus solchen Erfolgsbeiträgen! Nun gilt es, dasjenige in Ihrer Erfolgsbeiträgeliste zu erkennen und herauszufiltern, was Sie »zu Markte« tragen wollen. Wegen der Kürze des zur Verfügung stehenden Platzes (maximal zwei Seiten bei doppelseitigem Druck insgesamt, damit zwei Seiten für die Erfolgsbeiträge) sind Sie gezwungen, sich zu beschränken und Profil zu zeigen. Sie werden daher nur dasjenige aus der ersten Erfolgsbeiträgeliste auswählen, von dem Sie annehmen können, dass es am Markt honoriert und gebraucht wird. Und Sie werden neben dem vermuteten Marktinteresse gleichermaßen das herausfiltern und damit hervorheben, was Ihren Wünschen und Zielen entspricht. Persönliche Ziele und Wünsche sind erfahrungsgemäß für die CV-Entwickler meist gleichgewichtig zum Marktinteresse.

Im Einzelfall kann das bedeuten, dass Sie Beiträge zum Unternehmenserfolg und die damit verbundenen Fähigkeiten gar nicht im ersten Schritt verwenden. So zum Beispiel, wenn Sie bestimmte Dinge zwar erfolgreich umgesetzt haben, diese aber ungern in der nächsten Position erneut machen wollen. Umgekehrt können Sie Unternehmenserfolgsbeiträge anführen, die Sie selten oder eher in unbedeutendem Maße verwirklicht haben, worauf Sie aber künftig mehr Lust haben! Das ist legitim. Ihr Blick wandert also hin und her zwischen dem, was gewesen ist, dem, was der Markt augenscheinlich will, und dem, was Sie wollen. Wo Sie den Schwerpunkt setzen, bleibt Ihnen überlassen. Dieses Sich-Entscheiden durch Herausfiltern ist der zweite Schritt jeder typischen Strategieentwicklung: Ziel festlegen!

CEO-TIPP

Erstaunlich ist, dass die präzise Umsetzung dieser Methode regelmäßig eine besondere Resonanz bei den passenderen Zielgruppen beziehungsweise Unternehmen erzeugt und umgekehrt zu einer geringeren Resonanz bei den weniger passenden führt.

Hieraus ergibt sich etwas, was uns zunächst überrascht hatte, sich aber als logische Folge der Vorgehensweise erwies. Wer mit Bedacht so verfährt, wird mit seinen Unterlagen verstärkt die Empfänger und diejenigen Unternehmen ansprechen, die genau so einen Typus Manager, wie Sie es sind (beziehungsweise künftig vermehrt sein wollen), suchen. Einer unserer Klienten formulierte die auch für ihn überraschenden Reaktionen so drastisch, dass wir es hier verkürzt wiedergeben wollen.

Die einen seien ihm hinterhergelaufen und haben ihm nachtelefoniert – schneller, als er reagieren konnte. Die anderen hätten ihn »überhaupt nicht estimiert«.

Das ist am Ende durchaus erwünscht! Gewissenhaft entwickelte Unterlagen zeigen so viel von Ihnen, dass sie besondere Resonanz genau bei der anvisierten Zielgruppe oder Einzelner ihrer Mitglieder erzeugen, geringere Resonanz bei der weniger gewünschten. Zwar hatten Sie diese Zielgruppe oder Einzelne ihrer Unternehmen auch angeschrieben, aber offenbar passen diese Unternehmen, deren Unternehmenskultur oder deren Unternehmensverantwortliche doch nicht so gut zu Ihnen – da Sie in Ihren fein ziselierten Unterlagen »rüberkommen«, wie Sie eben sind (oder wofür sie künftig vermehrt tätig sein wollen).

CEO-TIPP
Kybernetische Regelkreise gibt es nicht nur in Technik und Naturwissenschaft, sondern auch in wirtschaftlichen und sozialen Systemen: Für die Steuerung von C-Level-Managementkarrieren sind sie besonders gut geeignet.

Und hier sind wir beim dritten Punkt typischer Strategieumsetzung. Fast jede einmal entwickelte Strategie stößt bei ihrer Umsetzung auf Hindernisse, die genau besehen Rückmeldungen des Marktes sind. So wie einst gedacht, lässt sich nicht immer alles umsetzen. Bei der hier beschriebenen Methodik heißt das: Bezüglich mancher Zielgruppen, aber auch mancher angestrebten Funktion reagiert der Markt einmal schwächer als vermutet, ein anderes Mal stärker als erwartet. Dies ist die experimentelle Seite an der Strategieumsetzung, auch sie ist durchaus erwünscht! Sie gibt präzise Hinweise, welche Optionen noch infrage kommen, wie Ihr Standing am Markt ist, wo Sie gesehen werden. Im Sinne eines kybernetischen Regelkreises können Sie so Ihre Strategieentwicklung zunehmend verfeinern. Denn kybernetische Regelkreise sind besonders wirkungsvoll, wo

- extrem hohe Komplexität,
- geringe Prognostizierbarkeit in sich dynamisch verändernden Verhältnissen und
- eine eingeschränkte Informationslage

zusammentreffen. Mithin sind sie prädestiniert für die Steuerung und Weiterentwicklung von C-Level-Managementkarrieren.

Überprüfung am Markt

Die Validität der so gewonnenen Erkenntnisse ist deutlich höher als die völlig autonom entwickelter Strategien, denen die breite Überprüfung am Markt fehlt. Sie mögen noch so sorgfältig analysieren und recherchieren, um Ihre Strategie zu verfeinern – idealerweise zusammen mit einem guten Berater oder erfahrenen Freund –, es wird immer Ihre Sicht, also Selbstwahrnehmung sowie die Einschätzung von ein oder zwei Beratern oder Managerfreunden sein – nicht die Einschätzung der für Sie entscheidenden Zielgruppe.

CEO-TIPP

Die intersubjektive Einschätzung, was für Sie zu einem bestimmten Zeitpunkt Ihrer Karriere am Markt möglich ist, wird durch eine systematische Strategieumsetzung erstmals möglich und kommt damit einer objektiven Überprüfung nahe.

Egal, wie lebens- und berufserfahren Sie und Ihr Berater sein mögen, Sie treffen im Zuge der Erstgespräche ohne Weiteres auf zehn bis 20 unterschiedliche Unternehmen mit mindestens ebenso vielen, meist noch mehr Unternehmensvertretern, also Geschäftsführern, Vorständen, Personalchefs und Executive-Search-Beratern. Auch diese verfügen in aller Regel über ein gerütteltes Maß an Lebens- und Berufserfahrung sowie Funktions- und Marktkenntnissen. All diese Gesprächspartner haben mit Ihrem CV sehr strukturierte Übersichten über Ihre Person als Manager sowie Ihre Beiträge zu den Erfolgen verschiedener Unternehmen vor sich liegen. Und sie lernen Sie eine oder eineinhalb Stunden persönlich kennen. Deren Einschätzung ist sicherlich genauso wertvoll wie die Ihres Beraters oder Freundes oder Ihre eigene. Am Ende ist natürlich die Einschätzung der Unternehmensvertreter entscheidend, denn sie haben die Vakanzen zu besetzen, nicht Ihre Berater oder beratenden Freunde. Also, um es mit Brecht zu sagen: »Lass dir nichts einreden, sieh selber nach!« und »Scheue dich nicht zu fragen«, heißt es in seinem Gedicht »Lob des Lernens«.

Die Einschätzung und das Feedback, was für Sie zu einem bestimmten Zeitpunkt Ihrer Karriere am Markt möglich ist, beruht erstmals nicht mehr nur auf Ihrer eigenen subjektiven Einschätzung oder der subjektiven Einschätzung Ihres Beraters, sondern ist erstmals eine intersubjektive Rückmeldung, gegründet auf einer vergleichsweise hohen Zahl meist sehr erfahrener Manager und unternehmensinterner und externer Personalverantwortlicher. Ein genaueres als dieses intersubjektive Bild Ihrer Person und Ihren Möglichkeiten – es kann schon fast als objektiv bezeichnet werden – können Sie anders kaum gewinnen.

Neue Perspektiven und Möglichkeiten

Dies zeigt ein weiteres Mal, dass die verbreitete Angewohnheit, sich im stillen Kämmerlein seine Zielfirmenliste zusammenzustellen, zu kurz greift. Sie basiert immer auf Ihrer subjektiven Einschätzung – und Ihrer Vorstellungskraft. Während und nach diesen Gesprächsrunden wird das neu gewonnene Bild Ihrer Person als Manager in der Regel einiges von dem bestätigen, was Sie bislang auch schon gesehen haben. Häufig offenbart dieses etwas differenzierte Bild auch bislang nicht gesehene oder gewürdigte Facetten, bisweilen auch völlig neue Möglichkeiten.

Zwei Beispiele aus der Praxis mögen dies veranschaulichen: Einer unserer Klienten war in seiner letzten Funktion Manager Corporate Finance in einem großen Pharmakonzern. Zu seinen anvisierten Zielpositionen gehörte CFO in einem großen Mittelstandsunternehmen. Eingeladen wurde der Corporate-Finance-Manager von einer ansehnlichen Zahl unterschiedlicher Unternehmen, überwiegend für die Funktion des CFO. Ein Mittelstandsunternehmen, das gerade die Eine-Milliarde-Euro-Umsatzgrenze übersprungen hatte, lud ihn direkt ein, und zwar der Eigentümerunternehmer höchstselbst. Im Casino der Unternehmenszentrale unterbreitete ihm dieser Seniorchef seine Überlegung. Er wolle ein Family Office für die angemessene Verwaltung des ansehnlichen Familienvermögens gründen und habe aufgrund der Initiativbewerbung an ihn gedacht. Auf den zweiten Blick ist dies keine Überraschung. Denn zwar war der Corporate-Finance-Manager bislang nur in Konzernen tätig, aber er verantwortete Dinge wie Liquiditätsmanagement, Asset Allocation und Beteiligungsmanagement. Er verhandelte mit Banken über Finanzierungen und Ratings und etablierte ein Riskmanagement-System. Kein Wunder, dass der Senior beim Lesen der Unterlagen, insbesondere der darin angeführten Reizworte, mit einem gänzlich anderen Vorschlag, als er erwarten konnte, auf ihn reagierte. Denn einen CFO für seine Milliardenumsatz-Unternehmensgruppe suchte er aktuell überhaupt nicht. Zufällig und dennoch typisch. Denn wie Friedrich Dürrenmatt gesagt hat: »Je planmäßiger die Menschen vorgehen, desto wirksamer vermag sie der Zufall zu treffen.«

Und vor allem: Der Corporate-Finance-Manager erkannte durch das Gespräch neue Seiten an sich und eine auf ihn gut passende weitere Zielgruppe. In einem zweiten Schritt konnte er, der für die Sache Feuer gefangen hatte, gezielt Family Offices ansprechen – deren Ansprechpartner und Adressen nicht ohne Weiteres in Firmendatenbanken geführt werden, aber ein lösbares Problem darstellten. Das gab dem Corporate-Finance-Manager einen größeren Spielraum, seine wahren Interessen und Möglichkeiten auszuloten. Denn seine bisherigen Zielgruppen wie Konzernunternehmen und große Mittelstandsunternehmen mit den Funktionen CFO, Corporate Finance und Treasury blieben natürlich immer noch interessant für ihn.

Ein zweiter ungewöhnlicher, in seiner Systematik aber typischer Fall ist der folgende: Ein am Max-Planck-Institut für Rechtsvergleichung zum Thema Fraud promovierter Volljurist war nach seinem fünfjährigen Aufenthalt als Rechtsanwalt in Mittelamerika zurück in seine Heimat gekehrt. Der Einsatz war im Auftrag der Bundesregierung erfolgt. Ziel war es, einen lateinamerikanischen Staat mit seinem beachtlich hohen Korruptionsindex konkret und praxisnah bei der Errichtung und dem Ausbau rechtsstaatlicher Strukturen mit einer 20 Mitarbeiter starken Organisation zu unterstützen. Diesen Auftrag führte er fulminant aus und traf dabei auf höchste Staatsrepräsentanten genauso wie auf Bosse mafiöser Drogenkartelle.

Die hier beschriebene Strategieentwicklung berücksichtigte die Vorlieben und Interessen des Managers, der zum einen familienbedingt in seiner Heimatregion bleiben, zum andern nicht sein Berufsleben als Rechtsanwalt für alltägliche Rechtsstreitigkeiten verbringen wollte, was er für eine Übergangszeit begonnen hatte. Die Zielgruppenanalyse hatte zunächst Folgendes ergeben: Verbandsgeschäftsführer, IHK-Geschäftsführer, leitende Position in einer staatlichen oder überstaatlichen Organisation wie der UNO oder in einer NGO (Non-Governmental Organization) und natürlich wegen seiner Internationalität in großen Konzernen, wenn es womöglich um die Anbahnung von Geschäftsbeziehungen in Lateinamerika ging. Schließlich beherrschte er perfekt Spanisch und kannte in mehreren lateinamerikanischen Staaten Staatsmänner und Unternehmenschefs.

Die initiative Bewerbung bei all diesen Zielgruppen brachte eine ernüchternd geringe Ausbeute. Es wurden ganz ungewöhnlich wenige Gesprächsangebote gemacht, meist nur telefonisch. Aber die wenigen Antworten und Gespräche waren sehr aufschlussreich. Gleich zweimal wurde der Jurist von großen Konzernen eingeladen, einmal vom Personalchef, das andere Mal von einem der Vorstandsmitglieder – und beide hatten dasselbe Interesse: Compliance! Oftmals ist man hinterher schlauer als vorher. Darauf wären wir trotz aller Sorgfalt im Vorgehen nicht gekommen, denn damals war Compliance noch nicht etabliert, sondern gerade erst im Entstehen, natürlich zunächst bei Konzernen. Compliance hatte eine zunehmende Bedeutung in der Wirtschaft, und selbst manche Mittelstandsunternehmen, vor allem wenn sie international agierten, waren zunehmend gezwungen, sich damit auseinanderzusetzen, um den teils existenzgefährdenden Risiken zu begegnen. Der Klient hatte unversehens »sein Ding« gefunden.

Als gelernter Rechtsvergleicher und promovierter Fraud-Spezialist vertiefte und verbreiterte er mit geringem Aufwand schnell sein Wissen. Er bewarb sich erneut, dieses Mal die Zielgruppe der relevanten Unternehmen vollständig erfassend und vor allem schon mit leicht abgewandelten Unterlagen, die neben den bisherigen Reizworten insbesondere solche aufführten, die sich auf Compliance bezogen. Über einschlägige Erfahrungen und Erfolge hatte er natürlich auch bislang verfügt, nur hatte er sie gar nicht oder nicht unter den betreffenden Bezeichnungen angeführt, die jetzt wiederum die entsprechende Resonanz bei den Empfängern auslösten. Die Reaktion war wie erhofft. Er hatte eine Goldader getroffen, einen Bedarf, der schneller und weit größer entstanden war, als er am Markt erfüllt werden konnte. Im Verlaufe dieser zielgenaueren Initiativbewerbungen lernte er noch mehrere Vorstände großer Unternehmen kennen. Beide Beispiele zeigen, dass einmal formulierte Zielfirmenlisten und einmal formulierte Zielpositionen nur manchmal das volle Spektrum abdecken. Häufig werden aufgrund der ersten Selektion Gespräche geführt, die in einem zweiten Schritt die dort gewonnenen Erkenntnisse nutzen: eine iterative Annäherung an das volle Chancen- und Möglichkeitspotenzial eines Managers.

Bedarf wecken

Dieser iterative Verlauf ergibt sich hin und wieder. Am ehesten bei fachlich engerer Verantwortung wie bei einem Chief Compliance Officer. Im beschriebenen Fall bekam unser Klient eine für ihn sehr lohnende Spezialisierung ganz zu Beginn einer großen, weltweiten Entwicklung in der Wirtschaft geradezu aufgedrängt – indem er durch Informationsverarbeitung in einem dynamischen System kybernetisch steuern ließ. Er hat etwas für ihn sehr Passendes gefunden, etwas, wonach er aber gar nicht gesucht hatte. Begonnen hatte er seine Suche mit der Analyse seiner Erfahrungen und Expertise und Erfolgen, die gut strukturiert seinen CV ausmachten. Daraus ergaben sich, angeführt an vorderster Stelle im CV und Anschreiben, »angestrebte Positionen« wie: Verbandsgeschäftsführer, IHK-Geschäftsführer, leitende Position in einer staatlichen oder überstaatlichen Organisation wie der UNO oder in einer NGO und ganz allgemein Anbahnung von Geschäftsbeziehungen in Lateinamerika. Das Ergebnis Chief Compliance Officer war eine durchaus willkommene fachlich engere Verantwortung, in der er seine Stärken ausleben konnte. Solche relativ seltenen Verläufe können sich indessen auch bei breiten Unternehmensverantwortungen wie CEO, CFO, COO oder CTO ergeben, allein durch die »Befragung des Markes« auf Basis Ihres durchdachten, tiefgreifenden CVs. Fast immer ergeben sich aufgrund der zielgruppenspezifischen Initiativbewerbungen Einladungen von Topmanagern zu Gesprächen, die aktuell keine zu besetzende Vakanz sehen, aber den Austausch suchen. Dies hat zwei Vorteile: Geschäftsführer, Vorstände, Aufsichtsräte nehmen sich aufgrund der Unterlagen Zeit und laden einen in ihren Augen besonderen Manager ein, um sich auszutauschen, um das Unternehmen und den Markt zu erörtern in Bezug auf das Format, das dieser »Bewerber« hat, die Kapazität und das Potenzial, das er mitbringt. Das führt häufig zu interessanten Erkenntnissen und manchmal weiteren Kontakten. So ist es auch des Öfteren vorgekommen, dass der Manager schon mit der »internen Option« eingeladen wurde, mal schauen, ob wir ihn nicht in der Organisation mit entsprechender Verantwortung betrauen können. Eine

Umorganisation könnte man vorziehen, eine Unternehmensakquisition steht an, neue Märkte sollen erschlossen werden. Dann folgt der unverbindlichen Einladung ein verbindliches Gespräch. Offensichtlich, dass diese Überlegungen am besten bei den Vorständen angesiedelt sind. Hätte man die Personalchefs angeschrieben, so wären diese in den wenigsten Fällen in all diese Unternehmensüberlegungen eingeweiht.

CEO-TIPP

Mit dieser Strategie stoßen Sie nicht nur auf die meisten aktuellen Vakanzen des verdeckten Stellenmarkts, sondern immer wieder werden aufgrund des zugesandten individuellen »Profils« überhaupt erst passende Stellen geschaffen, damit das Unternehmen den Bewerber gewinnen und so einen verdeckten unternehmensinternen Bedarf erstmals befriedigen kann.

Diese Opportunitäten am Markt sind nicht vorhersehbar und kalkulierbar. Gleichermaßen nicht vorhersehbar sind grundsätzlich andere Reaktionen des Marktes als erwartet. Denn aufgrund eigener Einschätzung und aufgrund der vergleichsweise wenigen Gespräche mit Executive-Search-Beratern und befreundeten Managern glaubt man bisweilen, nur für bestimmte Aufgaben oder Branchen infrage zu kommen – und kann sich stark irren! Die zugrunde liegende »Datenbasis« – also die wenigen Gespräche und Diskussionen, zudem in Ermangelung tiefgreifender und gut strukturierter Unterlagen – ist, wie sich nach den Markttests zeigt, einfach zu gering gewesen.

Offen für alle Richtungen

Mit gut gemachten, systematischen Kurzbewerbungen, die gleichzeitig an verschiedene Zielgruppen versandt werden, lassen sich präzisere Kenntnisse über die eigenen Möglichkeiten am Markt gewinnen. Getreu dem schon zitierten Brecht'schen Motto »Lass dir nichts einreden – sieh selber nach!« gewann beispielsweise ein Vertriebs- und Marketingdirektor unerwartete, für den bevorstehenden zweiten Abschnitt seiner Karriere wertvolle Erkenntnisse, die sich sofort umsetzen ließen: Der C-Level-Manager war schon Alleingeschäftsführer und Chief Operating Officer, nachdem er seine Karriere in großen Handelsunternehmen und -konzernen begonnen hatte. Zuletzt hatte er in Dienstleistungsunternehmen, jedoch nicht innerhalb der Finanzdienstleistungsbranche entscheidende Verantwortung getragen. Bisher war er also noch nie für Industrieunternehmen, Banken oder Versicherungen tätig geworden. Alle Headhunter-Kontakte bestätigten seine besondere Passung für den Handel und, wenn auch eingeschränkter, für Dienstleistungsunternehmen.

CEO-TIPP

Die praktische Strategieanwendung zeigt immer wieder: Mit ihrer Umsetzung kann beispielsweise ein reiner C-Level-Manager des Handels auch Gespräche und attraktive Angebote bei Automobilherstellern, Banken und Versicherungen erhalten – und umgekehrt.

Sobald der Manager nicht mehr nur vereinzelte Gespräche mit Headhuntern und Unternehmen seiner Wirtschaftssparte, also Handel und Dienstleistung, führte (denn an Gespräche mit Industrieunternehmen war er bislang nicht herangekommen), offenbarte sich aufgrund der großen Datenbasis angeschriebener Unternehmen ein deutlich anderes und differenzierteres Bild: Überraschend viele Termine entfielen auf Industrieunternehmen, auffällig wenige auf Einzelhandelsketten. Sogar die für Quereinsteiger in aller Regel als »Closed Shop« unerreichbaren Banken und Versicherungen meldeten sich in geringem Umfang – dafür aber direkt auf Vorstandsebene. Um zu dieser Erkenntnis überhaupt gelangen zu können, mussten wir schon bei der Zielgruppenauswahl und der dazugehörigen Adressselektion darauf achten, den Blick frei zu halten! Scheuklappendenken und -handeln hätten diesen Erkenntnisgewinn und neuen Handlungsspielraum vereitelt. In diesem Fall (denn bisweilen bestätigen sich ja auch die zuvor analysierten Chancen) war es also gut, nicht auf die wohlmeinenden beratenden Freunde zu vertrauen oder auf oft eigene Interessen vertretende Headhunter zu hören! Diese hätten aufgrund scheinbar logischer Überlegungen nicht wie wir einige »Testunternehmen« der Industrie angesprochen, da der Manager dort angeblich nicht hinpasste.

Einmal diese Erkenntnis gewonnen und mehrfach bestätigt bekommen – und zwar allein vonseiten der entscheidenden Zielgruppe der potenziell einstellenden Unternehmen –, konnten in einem zweiten Durchlauf speziell Industrieunternehmen angesprochen werden. Natürlich mit leicht modifizierten Inhalten, denn die ersten Industriegespräche hatten zu neuen Erkenntnissen geführt. Dieser zweite Durchgang verhalf nicht nur der Kybernetik zu einem Erfolgserlebnis, sondern dem Manager zu vielen!

Praxisfall 4: Alles erörtert im Vorstellungsgespräch – nur nicht die Hidden Agenda der mächtigsten Seilschaft im Unternehmen

Sebastian Reblan, 52, promovierter Maschinenbau-Ingenieur, hatte sich für eines von drei Vertragsangeboten entschieden. Als Leiter einer Business Unit mit P&L-Verantwortung für 200 Millionen Euro Umsatz, rund 1000 Mitarbeitern und vier Werken berichteten fortan unter anderen zwei Geschäftsführer an ihn, die zwei der Produktionsstandorte führten. Er selbst konnte in seiner Hauptfunktion als Leiter der übergeordneten rechtlich unselbstständigen Business Unit für diese natürlich kein Geschäftsführer sein. Dagegen wurde er für diese beiden der Business Unit unterstellten rechtlich selbstständigen Werke jeweils zu einem weiteren Geschäftsführer bestellt.

Dieses Fallbeispiel zeigt, welche Fallstricke aufgrund unzureichender Hintergrundinformationen die Karriere bremsen können. Dort ließ sich ein kardinaler Fehlgriff nicht verhindern, weil Reblan systematisch über die wahren Absichten nicht informiert worden war – trotz sorgfältig vorbereiteter und geführter Folgegespräche. Das zentrale Anliegen all dieser Gespräche lautet zusammengefasst: »Vorher herausbekommen, was einen nachher erwartet.«

Fangen wir gleich an mit seiner Entscheidung für die Übernahme dieser Business-Unit-Verantwortung. Er durchlief für sich sorgfältig einen systematischen Entscheidungsprozess, wie wir ihn im Folgeband *Die CEO-Auswahl* darstellen. Im gemeinsamen Gespräch rieten wir nicht davon ab, sondern befanden auch, dass es wohl die beste Alternative wäre. Denn zeitgleich hatte Reblan noch zwei andere Verträge vorliegen, die wir auch unter rechtlichen Gesichtspunkten geprüft hatten, fanden jedoch die dahinterstehenden Verantwortungen für ihn nicht ganz so passend. Auch wir hatten aufgrund seiner Erlebnisberichte nicht geahnt, worauf er sich einlassen würde. Einlassen klingt zunächst deplatziert, denn Reblan hatte etwas scheinbar richtig Schönes ausgewählt: Nach vielen Erst- und etlichen Folgegesprächen mit mehreren Unternehmen entschied er sich für dieses gut dotiertes Angebot mit einem Dreijahresvertrag als gesamtverantwortlicher Leiter einer Business Unit mit P&L-Verantwortung für rund 200 Millionen Euro Umsatz, annähernd 1000 Mitarbeitern und vier Produktionsstandorten. Zudem würde er über die Operationsverantwortung eine Teilverantwortung stärken, die bislang bei ihm schwach ausgeprägt war und auf deren Vertiefung er sich freute. Hinzu kam, die Business Unit war Teil eines hundertjährigen, familiengeführten Konzerns mit ausgezeichnetem Ruf, einstelligen Milliardenumsätzen und entsprechender Mitarbeiterzahl, das würde seine Karriere auch künftig fördern, sollte er wirklich noch einmal wechseln wollen oder müssen. So weit, so gut.

Nach Verantwortungsübernahme war Reblans Chef, Vorstand Technik des Konzerns, so gut wie nie erreichbar für ihn. Mehrfach hatte er das Gespräch gesucht, doch sein Vorstand meinte, dass wäre für den Leiter einer 200 Millionen-Euro-Business Unit mit dazugehöriger P&L-Verantwortung nicht nötig, es reiche, wenn er ihm über die Ergebnisse berichte. Also packte er beherzt an und »nahm sein Territorium« selbst in Besitz, wie man es von ihm offensichtlich erwartete. Er bahnte sich Stück um Stück, aber zügig seinen Weg durch die neue Verantwortung – ohne Ankündigung seiner Verantwortungsübernahme durch die Konzernzentrale oder wenigstens avisierender E-Mails seiner Berichtslinie, des Vorstands Technik, von dessen persönlichem Begleiten ganz zu schweigen. Selbst ist der Mann, ein Chef zumal!

Er lernte seine Direct Reports kennen, setzte sich selbst Ziele, initiierte Projekte, achtete auf ihren Fortschritt und fühlte sich recht wohl mit seiner neuen Aufgabe, denn er konnte selbst gestalten – das am häufigsten genannte Kriterium unserer Klienten und sicherlich des C-Levels überhaupt für eine neue Aufgabe – zudem hatte er durch seinen Dreijahresvertrag die Sicherheit und den Vertrauensvorschuss, die ihm erlaubten, auch schmerzhaftere oder erst langfristig wirkende Schritte zu unternehmen. Das anfängliche Gefühl eines gewissen Unbehagens, dass niemanden so recht zu interessieren schien, was er eigentlich machte, hatte Reblan, menschlich verständlich, verdrängt, denn es änderte sich auch in den Monaten nach seinem Start nichts daran.

Aus seinem schönen Traum wurde er jäh nach fünf Monaten gerissen. Er traf zum ersten Mal persönlich den kaufmännischen Geschäftsführer eines der ausländischen Werke, für das auch er inzwischen zum Geschäftsführer berufen worden war. Als er von seinem Direct Report Zahlen zu den Kosten, den Verrechnungspreisen und zum Werkscontrolling erbat, weigerte sich dieser einfach. Irritation wäre eine zu milde Beschreibung dessen, was er empfand, nein, Reblan war geradezu verstört. Mit Anfang 50 verfügte über reiche Erfahrung, so etwas hatte er noch nicht erlebt, noch nicht einmal gehört, dass so etwas vorgekommen sei, es erschien ihm irgendwie unwirklich. Was soll so ein Verhalten unter erwachsenen Menschen? Der kaufmännische Geschäftsführer war schon viele Jahre in seiner Verantwortung, er konnte sich doch seinem Vorgesetzten und Mitgeschäftsführer, der schon seit Monaten im Handelsregister eingetragen war, nicht ohne jegliche Begründung verweigern.

Dass die Sache System hatte und kein behebbarer Ausrutscher seitens seines an ihn berichtenden Mitgeschäftsführers war, dass viel mehr dahintersteckte, fand er sehr bald heraus. Jetzt konnte sein Chef, der Vorstand Technik, sich dem geforderten Gespräch nicht mehr verweigern. Sie trafen sich am Sitz der Konzernzentrale, die er seit seinen Einstellungsgesprächen nur noch einmal gesehen hatte, und im gediegenen Vorstandsbüro hörte sich sein Chef geduldig, scheinbar interessiert, jedenfalls mit wohltuendem Blickkontakt an, was er alles schon unternommen hatte und wie er auf so unerwarteten, ja dreisten Widerstand seines Mitgeschäftsführers gestoßen war.

Da platzte die Bombe. Sein Vorstand sagte in ruhigem Ton zu ihm: »Das mit Ihrer Geschäftsführung haben wir nicht so ernst gemeint.« Auch danach blieb es ruhig, denn obschon es Reblan vorkam, als werde ihm gerade der Boden unter den Füßen weggezogen, war er nicht anders als sein Vorstand ein betont ruhiger und sachlich abwägender Mensch. Er war nicht aus der Ruhe zu bringen, aber entsetzt war er doch. Reblan glaubte seinen Ohren nicht zu trauen. Welche Chuzpe! Da schloss der Konzern einen Dreijahresvertrag mit ihm, trug seine Geschäftsführungen in das Handelsregister ein, zahlte pünktlich jeden Monat ein angemessen gutes, also hohes Gehalt auf sein Konto – schien an seiner Tätigkeit aber kein Interesse zu haben, ja verwahrte sich jetzt dagegen, dass er zu viel in die BU-Führung eingriff und stellte sich im Konfliktfall klar auf die Seite des Verweigerers und langjährigen Mitgeschäftsführers.

Sie können sich vorstellen, dass auch wir unseren Ohren später nicht trauten, als unser Klient uns gegenüber wiederholte: »Das mit der Geschäftsführung haben wir nicht so ernst gemeint.« Das war nach seinen Aussagen der O-Ton, den er mehrfach zitierte.

Den einzigen Reim, den wir uns auf die Konstellation machen konnten – später gefundene Indizien zeigten auch in diese Richtung –, war: Seine Position als Leiter der 200-Millionen-Business-Unit war neu geschaffen worden, es hatte sie nie zuvor gegeben, und die Schaffung war offenbar politisch umstritten. So renommiert auch der Familienkonzern war, Politik beherrschte offenkundig da und dort das Handeln. Wir mutmaßten aufgrund der Indizien und weil es die Sache logisch am ehesten erklärte, dass ein mächtiger Teil des Konzerns auf die Schaffung einer neu strukturierten BU-Führung bestand, ein anderer Teil dies ablehnte, es aber nicht verhindern konnte und sie »ins Leere laufen ließ«, sobald die richtige Zeit gekommen war. Und auf welcher Seite sein Chef saß, wurde schlaglichtartig klar, als er Reblan erklärte: »Das mit der Geschäftsführung haben wir nicht so ernst gemeint.« Es wäre wohl zu viel der zweifelhaften Ehre hier von einem Shakespeare'schen Ränkespiel zu sprechen, eher war es ein schlichtes Trauerspiel, ausgetragen auf dem Rücken unseres Klienten.

Weitere Einzelheiten nachzuerzählen ersparen wir uns, nur so viel: Nach der denkwürdigen Begegnung im Vorstandsbüro, in dem die Bombe platzte, änderte sich – nichts. Niemand schien im großen Mittelstandsunternehmen mit n-dimensionaler Matrix-Konzernstruktur für Reblan zuständig zu sein, man zahlte ihm brav seine Bezüge weiter und einigte sich schließlich, nachdem unser Klient sich und sein Anliegen immer wieder auf die Tagesordnung gebracht hatte, nach rund eineinhalb Jahren Zugehörigkeit auf einen Aufhebungsvertrag mit angemessener Abfindungssumme. Zu Zeiten der Hochkonjunktur in dieser Branche schien Geld keine Rolle zu spielen, denn Konjunktur hatten auch kostenintensive politische Machtspielchen, die sich ein Unternehmen mit schlechter Ertragslage eher selten erlaubt.

Nach diesem lediglich modellhaft wirkenden, tatsächlich aber authentischen Fall zurück zum zentralen Anliegen der Bewerbungsgespräche, das wir oben zu Beginn des Praxisfalls formuliert hatten: Vorher herausbekommen, was einen nachher erwartet! Dem dienen explizit »Die drei Stufen, der Wahrheit näher zu kommen«, die wir in einem Abschnitt des Prinzips 4: »Ehrlichkeit, Wahrhaftigkeit, Authentizität« ausführlich beschrieben haben. Hätte sich schon damals erkennen lassen, was auf unseren Klienten zukommen würde? Eine Frage, die wir uns und allen unseren Klienten stellen, die im Nachhinein bereuen, dass sie an falscher Stelle zugesagt haben.

CEO-TIPP

Wem gleichermaßen seine Karriere und sein Wohlbefinden am Herzen liegt, tut gut daran, es in den Bewerbungsgesprächen nicht zuallererst darauf anzulegen »den Job zu bekommen«, sondern alle wichtigen Informationen für eine gute Entscheidung zu erlangen, getreu dem Motto »Vorher herausfinden, was einen nachher erwartet«.

Wir stellen sie aber auch jenen Klienten, die erst im Nachhinein wesentliche Umstände erfahren, nach denen sie zwar explizit oder sinngemäß gefragt hatten, die ihnen aber offenkundig bewusst verschwiegen wurden – und die die Gesamtumstände dennoch für gut genug befinden und deshalb nicht wechseln wollen. Im Fall Reblan war die Antwort unseres Klienten und auch die unsere nach selbstkritischer Prüfung: Nein, wir hätten es vorher nicht herausbekommen können! Da niemand hinter die Stirn seiner Gesprächspartner blicken kann, hätte nur noch eine sehr, sehr gut entwickelte Intuition Reblan vor seiner Fehlentscheidung bewahren können.

Vielleicht hätten einzelne, sehr empathische Manager bei den Bewerbungsgesprächen ein »Störgefühl« entwickelt, ein ungutes Bauchgefühl, dass irgendetwas nicht stimmt, ohne es genau benennen zu können. Dann hätten diese Kandidaten das scheinbar gute Angebot aufgrund ihres unguten Gefühls abgelehnt und noch bei einem der beiden anderen unterschriftsreifen Vertragsangebote zugesagt, denn immerhin hatte Reblan im selben Zeitraum zwischen dreien zu entscheiden.

Diese auch nervlich sehr belastende Fehlentscheidung hatte zur Konsequenz, dass Reblan nach nur 18 Monaten erklären musste, warum er schon wieder am Markt war und eine neue Verantwortung suchte. Und das, obschon er doch einen Dreijahresvertrag bei einem ach so angesehenen großen mittelständischen Familienunternehmen hatte. Da geht man doch nicht. Warum hatte er den Vertrag auf halber Strecke aufgehoben? Genau diese Frage würde ihm nun in jedem Erstgespräch, der nun schon wieder anstehenden Jobsuche, gestellt werden. Und sie ist natürlich berechtigt. Ganz abgesehen davon, dass ein schriftlicher CV – der Dreh- und Angelpunkt der CEO-Auswahl –, der eine solch seltsame letzte Station bei einem Traditionsunternehmen mit sehr guter Reputation aufweist, sicherlich einige Empfänger davon abhalten dürfte, überhaupt Kontakt aufzunehmen. Und wenn er dann doch, was uns trotz des optischen Makels mehrfach gelang, erneut zu Vorstellungsgesprächen eingeladen wurde, was sollte er dann auf die Frage antworten, warum er nur einen halben Dreijahresvertrag erfüllt hat? Warum er eigentlich schon nach fünf Monaten vor einer Wand stand?

Etwa, dass es ihm von außen als Bewerber nicht möglich war, in einigen Vorstellungsgesprächen herauszufinden, was auf Websites, in Imagebroschüren oder Analysten- und Geschäftsberichten nicht zur Sprache kommt, dass seine neu geschaffene Position ein Zankapfel zweier sich unternehmensintern bekämpfender Gruppierungen war? Und dass der vermittelnde Executive-Search-Berater darüber sicherlich nicht von seinem Auftraggeber informiert wurde, demzufolge auch er keine Ahnung von der »Hidden Agenda« der Protagonisten und Antagonisten haben konnte? Und wenn der Personalberater dies ausnahmsweise doch gewusst hätte, hätte dieser ihm dann vorsorglich mitgeteilt, dass seine neu geschaffene Position samt Dreijahresvertrag nur dann Bestand haben dürfte, wenn die für ihn richtige Seite obsiegen würde, ansonsten er aber in diesem unternehmensinternen Feuer den Kürzeren ziehen, um nicht zu sagen untergehen würde?

Sollte unser Klient etwas von mutmaßlichen Intrigen erzählen? Mutmaßlich, weil er bis heute nicht sicher wissen kann, was tatsächlich hinter den Kulissen abgelaufen ist – im späteren Geschäftsbericht würde das jedenfalls nicht zur Sprache kommen. Sollte er sich stattdessen, wenn er wieder und wieder berechtigterweise gefragt wird, warum er nur die halbe Laufzeit erfüllt hat, sich auf den ihm tatsächlich bekannten Verlauf konzentrieren und frank und frei erklären, die Worte seines Chefs seien gewesen: »Das mit der Geschäftsführung haben wir nicht so ernst gemeint«, der sich damit klar hinter den kaufmännischen Mitgeschäftsführer stellte, der sich – offenbar seiner Ansicht nach zu Recht – geweigert hatte, ihm die erforderlichen Zahlen auszuhändigen, ganz im Einklang mit dem gemeinsamen Chef, der das Ganze ja nicht so ernst gemeint hatte? Aber ihn gleichwohl schon einmal in das Handelsregister eintragen ließ, was jedermann gewissermaßen in alle Ewigkeit nachprüfen kann? Ist es klug, hier die Teilwahrheit vorzubringen, wenn einem die ganze Wahrheit nicht bekannt ist? Die bekannte Teilwahrheit wiederum so abstrus klingt, dass viele Gesprächsteilnehmer wahlweise mit Stirnrunzeln oder ungläubigem Staunen reagieren werden – zumal, wenn das bizarre Geschehen bei einem so anerkannten Familienunternehmen stattgefunden haben soll?

Sie können sich denken, dass schon wir, die Autoren, uns gut überlegen, welche der mitunter haarsträubenden, aber lehrreichen Geschichten, die uns zu Ohren kommen oder die wir unmittelbar beobachtet haben, wir hier mitteilen. Und wir zur Wahrung unserer Glaubwürdigkeit manch instruktives Fallbeispiel unerwähnt lassen, denn das Leben schreibt Geschichten, die wiederzugeben selbst in Romanen bisweilen als zu bizarr erachtet würde.

Dies hier ist aber ein Fachbuch. Und weil wir hier eindringlich warnen wollen, wo uns dies geboten erscheint, berichten wir auch von Konstellationen, mit denen im Grunde jeder Manager unverschuldet konfrontiert werden kann, wie eben diesem. Und verweisen gerne auf den Folgeband *Die CEO-Auswahl*, der durch die Untiefen des CEO-Auswahlverfahrens navigiert und in dessen Zentrum steht, Sie so gut wie möglich dabei zu unterstützen, vorher herauszufinden, was Sie nachher erwartet und damit die richtige Entscheidung zu treffen.

Und nun zur Schadensbegrenzung, zu Reblans zweiter beruflichen Neuorientierung nach nur 18 Monaten. Zunächst musste er natürlich seine CV um die letzte kurze und ungekündigte Station ergänzen:

Gebr. Kordiak AG Maschinen- und Anlagenbau, Familienunternehmen 18 000 MA, 4,2 Mrd. € Umsatz, weltweit 32 Standorte	**Leiter Business Unit** Division Laserschneidverfahren (Technik, Operations, Qualität, HSE), *zugleich* **Geschäftsführer** von Tochterunternehmen 1100 MA, 205 Mio. € Umsatz; vier Werke in Europa: Restrukturierung, Produktportfoliobereinigung, Steigerung Produktivität & Liefertreue, Lean, Operational Footprint.	**2022–heute**

Die Freistellungszeit abgezogen, hatte er nicht einmal ein ganzes Jahr Verantwortung getragen. Dennoch konnte er mit Fug und Recht »Restrukturierung, Produktportfoliobereinigung, Steigerung Produktivität & Liefertreue, Lean, Operational Footprint« anführen. So konnte sein aktualisierter CV seinen Zweck, als Eintrittskarte zum Gespräch zu dienen, da und dort erfüllen.

Es folgten erneut etliche Einladungen zu Erst- und bisweilen Folgegesprächen sowohl durch Direktansprache von Unternehmen als auch über Executive-Search-Beratungsgesellschaften, in denen er allem Anschein nach mit der obigen schriftlichen Darstellung Akzeptanz fand – auch wenn natürlich niemand sagen kann, ob die recht kurze Berufsstation bei einem sehr angesehenen Unternehmen nicht doch bei dem einen oder anderen Empfänger Argwohn erregte und ihn von einer Einladung Abstand nehmen ließ.

Für die Gespräche entschied sich Reblan nach eingehender gemeinsamer Beratung dazu, auf die vorhersehbare Frage, warum er schon wieder sucht, nicht mit dem zu antworten, was ihm tatsächlich erklärt worden war: »Das mit der Geschäftsführung haben wir nicht so ernst gemeint.« Das Risiko, dass man ihm nicht glauben würde, zumindest aber zweifelte, argwöhnisch werden würde oder eine Mitschuld vermutete, schien zu groß.

Daher beschränkte er sich auf den Teil, der ebenfalls zutraf, und berichtete nur von den tiefgreifenden und umfassenden Reorganisationen im Konzern, die nach vergleichsweise kurzer Zeit seine neu geschaffene Position schon wieder hinfällig werden ließ. Von sich aus ergänzte er noch – es sei denn die Gesprächspartner fragten sogleich danach –, warum er nicht anderweitig im Konzern Verantwortung übernommen habe, dass seine Verwendung auf derselben Hierarchieebene in angemessener Zeit mangels Vakanz nicht möglich war, sodass er es vorgezogen hatte, im besten gegenseitigen Einvernehmen den Vertrag zu beenden. Damit war er dem 4. Prinzip Ehrlichkeit, Wahrhaftigkeit, Authentizität gerecht geworden, in dem es mit Voltaire hieß: »Alles, was du sagst, sollte wahr sein. Aber nicht alles, was wahr ist, solltest du auch sagen.«

Allem Anschein nach glaubten die Unternehmensvertreter seine Aussage und gaben sich mit dieser zutreffenden, kurzen und schlüssigen Begründung zufrieden – ohne dass er über die vermuteten Macht- und Ränkespiele im Hintergrund zu berichten brauchte.

Dieses Mal kristallisierte sich aus den Gesprächsrunden mit verschiedenen Unternehmen der ersten Welle nur noch ein einziges heraus, was er gerne annehmen wollte. Und während wir noch an diesem Kapitel schreiben, erreicht mich seine, hier freilich wieder mit anderen Namen wiedergegebene, E-Mail mit folgendem Wortlaut:

Lieber Herr Nebel,

klasse, dass Sie sich melden, ich habe auch schon an Sie gedacht. Ja, es hat sich alles hingezogen, aber just die Tage – man kann schon die Stunden zählen – gibt es endgültig gute Nachrichten. Ich habe ein Vertragsangebot bekommen, das ich angenommen habe und das wir nun finalisieren. Die nun auch vertragliche Einigung mit der Gebr. Kordiak AG war Mitte letzter Woche, meine Kündigung im Rahmen der nunmehr sehr kurzen Kündigungsfrist habe ich per Kurier am Montag zustellen lassen. Gestern habe ich Kordiak ihren Krempel zurückgeschickt. Endlich frei von diesen Lügenbeuteln, die schamlosen Vertragsbruch begangen haben. Sorry, dass musste noch raus.

Heute durfte ich mir mein neues IT-Equipment aussuchen und über das neue Auto nachdenken. Das Leben kehrt zurück – auch wenn das die unwichtigsten Dinge sind –, aber halt dennoch nett.

Vielen Dank schon mal, dass Sie mich auch diesmal unterstützt haben und dass es hoffentlich das letzte Mal war. Ich melde mich aber auch auf alle Fälle nochmals, wenn ich angekommen bin.

Beste Grüße
Sebastian Reblan

Die Gespräche haben fraglos die größte Bedeutung im gesamten CEO-Auswahlprozess. Wie man an diesem Beispiel sieht, können sie kein Garant dafür sein, die richtige Position zu bekommen. Bei aller Umsicht war vorher nicht einmal zu erahnen, wie sich eine Gruppe Verantwortlicher der Gebr. Kordiak AG nachher verhalten würde.

Aber eine umsichtige Gesprächsführung kann immerhin die Wahrscheinlichkeit erhöhen – nicht mehr und nicht weniger –, die passende Verantwortung zu übernehmen. Im geschilderten Fall stellte sicherlich der Umstand, dass die Position neu geschaffen worden war, ein erhöhtes Risiko dar. Es liegt in der Natur der Sache, dass neu geschaffene Funktionen mit etwas größerer Wahrscheinlichkeit sich über kurz oder lang als doch nicht unbedingt erforderlich herausstellen und der Stelleninhaber wieder verabschiedet oder anderweitig im Unternehmen beschäftigt wird, was freilich nicht oft möglich ist. Das sollte man vor Augen haben. Andererseits ist bei neu geschaffenen Verantwortungen natürlich der Gestaltungsspielraum meist größer als dies bei Übernahme der etablierten Funktion eines Vorgängers der Fall ist. Und ein großer Gestaltungsspielraum ist etwas, was nahezu alle C-Level-Verantwortlichen sehr schätzen. Dies rechtfertigt für manche Führungskräfte, ein etwas höheres Risiko einzugehen. Die meisten dürften sich dieser Gefahr nicht einmal bewusst sein.

CEO TIPP

Überdurchschnittlich große Chancen und Risiken verbinden sich mit der Übernahme von im Unternehmen neu geschaffenen Verantwortungen: Der fast immer gewünschte Gestaltungsspielraum ist meist deutlich größer als bei etablierten Funktionen, das Risiko, dass die Funktion bald doch nicht als erforderlich betrachtet und gestrichen werden, ist leider ebenfalls höher.

Im eben geschilderten Fall brauchten sich weder unser Klient noch wir uns Vorwürfe zu machen, dass er Fehler bei den Gesprächen und damit bei der Auswahl gemacht hätte. Ein schwacher Trost, der Schaden ging mit ihm nach Hause, ganz ohne Lerngewinn auf der Habenseite.

Teil 3

Schritt-für-Schritt-Anleitung zur völligen Neuentwicklung Ihres CV

Selbst machen!

Geht es Ihnen auch so? Sie haben ein inspirierendes Seminar besucht, ein fundiertes Fachbuch gelesen oder einen Ratgeber voller praxistauglich wirkender Ideen und mit vielen neuen, einleuchtenden Verhaltens- und Umsetzungsvorschlägen. Da Sie das meiste überzeugt, wollen Sie diese Erkenntnisse gleich umsetzen und ausprobieren, ob sie tatsächlich funktionieren – denn Probieren geht bekanntlich über Studieren.

Das Buch, das Sie in Händen halten, ist – wie das behandelte Thema und Ihr CV – komplex und vielschichtig. Daher haben wir die ineinandergreifenden Subthemen dieses Buches in logischer, das Verstehen fördernder Reihenfolge behandelt. So konnten Sie die Sinnhaftigkeit des empfohlenen Strategiewechsels hoffentlich gut nachvollziehen. Zum Verständnis ist das zwar ideal, zur Entwicklung Ihres neuen CV auf Basis der sich verstreut im Buch wiederfindenden konkreten Einzelempfehlungen dagegen nicht. Damit es Ihnen nicht wie nach einem gelungenen Seminar ergeht, dessen Umsetzung in die Praxis schwerfällt, enthält das Buch im Teil 3 eine Schritt-für-Schritt-Anleitung. So können Sie Ihren individuellen CV neu entwickeln und strukturieren, damit er die Wirksamkeit erzielt, die Sie sich wünschen.

Diese Anleitung wiederholt und präzisiert die bereits gemachten CV-Empfehlungen und ergänzt darüber hinaus einige bislang ungenannte, gut begründete CV-Inhalte, die die Wirksamkeit signifikant erhöhen. Denn manche dieser Inhalte finden sich leider selbst in CVs von Führungskräften nur vereinzelt, obwohl Entscheider bewusst danach suchen, sie aber höchstens verstreut über den CV finden können. Wir wissen dies aus eigener Praxis, denn wir erhalten viele C-Level-CVs von Interessenten, denen oft wichtige Informationen fehlen!

Neue Erkenntnisse in der CV-Gestaltung für sich umzusetzen, ist auch für erfahrene Manager in aller Regel recht herausfordernd, da es eine sehr persönliche Aufgabe ist. Die Leistungen ihres Unternehmens darzustellen, fällt ihnen deutlich leichter als die eigenen. Sehr schade, ist doch der CV mit allen entscheidungsrelevanten Inhalten der Schlüssel zur Einladung und damit der erste Schritt zur neuen Verantwortung. Wir erleben dieses Umsetzungsproblem fast ausnahmslos bei unseren Klienten zu Beginn der Zusammenarbeit. Selbst ein präzises und umfassendes Umsetzen der ersten beiden Seiten, dem eigentlichen CV (noch ohne die »Beiträge zum Unternehmenserfolg«), gelingt kaum jemandem.

Hauptgrund ist folgender: Zwar haben sie die CVs anderer Führungskräfte in diesem Format gelesen, die Bedeutung und der Grund, warum bestimmte Inhalte angeführt werden, ist ihnen aber nur manchmal bewusst geworden. Das ginge uns, den Autoren, ganz genauso, wenn wir nur anonymisierte, aber unkommentierte Originalbeispiele vor uns liegen hätten. Eine Vorlage muss man verstehen, um sie für sich umzusetzen zu können. Dies ist nicht möglich, wenn nicht durchgängig erklärt wird, warum etwas überhaupt angeführt oder wie es wirkungsvoller dargestellt werden sollte. Bloßes Nachahmen reicht nicht für wirklich gute Ergebnisse.

Die Schritt-für-Schritt-Anleitung in Teil 3 bezieht sich auf die ersten zwei Seiten – Ihren eigentlichen CV –, also nicht auf die Erfolge, welche wir konzentriert bereits in Teil 2, Prinzip 2: »Performance«, behandelt haben, ergänzt um das Kapitel »Emotionalität in Ihren Unterlagen: Performance-Geschichten« des fünften Prinzips Emotionalität (S. 49 ff. sowie S. 109 ff.).

Wie und wie lange lesen Entscheider die vorgelegten CVs und entscheiden: »einladen oder nicht?«

Bevor wir zu den vielen Einzelheiten der CV-Gestaltung kommen, von seiner optimalen Länge – gibt es die? – bis hin zu den vielen Inhalten, die Sie anführen können oder auch nicht, müssen Sie die Frage aller Fragen analysieren: Wie lesen die Entscheider die ihnen vorgelegten CVs? Von vorne nach hinten? Wort für Wort? Überfliegen sie diese nur? Oder suchen sie sich einzelne Stellen heraus, die sie ganz genau lesen? Wie viel Zeit investieren die Entscheider in das Lesen?

Sie können es nur vermuten. Aber Sie tun gut daran, Vermutungen anzustellen, denn kaum haben Sie Ihren CV versandt, sind Sie nicht mehr Herr des Verfahrens und können keinerlei Einfluss mehr auf seine Wirkung beim Empfänger nehmen. Wenn Sie daraufhin ein erstes Kennenlerngespräch führen, ist es wie bei jeder persönlichen Kommunikation: Sie können sehen, wie Ihr Gegenüber verbal inhaltlich reagiert, beobachten seine Mimik und Gestik, spüren atmosphärisch, was er ausstrahlt, womöglich ob er unter Druck steht, belastet wirkt oder entspannt, zuversichtlich, voller Elan, ob er beeindruckt ist oder skeptisch wirkt. Sie nehmen all das auf und reagieren entsprechend mit Ihren Fragen und Antworten, mit Ihrem gesamten Verhalten und Auftreten. Das ist ein himmelweiter Unterschied zur einbahnstraßenmäßigen Kommunikation, die Sie mit dem Versand Ihres CV eröffnen und – bis zur Einladung oder Absage – nicht mehr auch nur im Geringsten steuern können.

Wir geben der Erörterung dieser zentralen Frage so breiten Raum, weil die meisten unserer sehr erfahrenen C-Level-Klienten dies bei der Entwicklung ihres CV nicht vor Augen haben. Wenn wir gemeinsam überlegen, ob wir eine Information bezüglich einer bestimmten beruflichen Verantwortung einfügen oder nicht (gleiches gilt für Erfahrungen oder Erfolge), wollen manche darauf verzichten mit der Bemerkung: »Das können sie mich ja fragen, wenn es sie interessiert.« Nein, können sie nicht! Sie entscheiden allein aufgrund des CV-Textes, ob sie weitere Informationen einholen oder, was meist geschieht, gleich einladen oder die Bewerbung als für sie nicht ausreichend interessant ablehnen.

Folgenschwerer Irrtum von Führungskräften über Nichtgesagtes im CV: »Wenn ihn das interessiert, kann er mich ja fragen.« Schade, denn Dinge, die ihn interessieren und die für sie sprächen, werden so niemals berücksichtigt, wenn die Entscheidung zuvor schon negativ gefallen sein könnte – vielleicht, weil nicht genug Punkte für sie sprachen.

So wenig, wie sie bei Ihnen nachrecherchieren, durchforsten CV-Leser Unternehmens-Websites, auch wenn ein Link scheinbar dazu einlädt – so viel Zeit nehmen sie sich vielleicht zur Vorbereitung des Kennenlerngesprächs – und schon gar nicht lesen die allermeisten Ihre Zeugnisse. Sie müssen alles mundgerecht servieren, an der richtigen Stelle, im richtigen Zusammenhang. Sonst wirken Dinge nicht für Sie, weil sie nicht bekannt sind.

Diese Frage so gut es geht zu beantworten, ist von eminenter Bedeutung für Inhalte, Gestaltung und Struktur Ihres CV! Nur wenn Sie ungefähr wissen, wie die allermeisten Entscheider einen CV lesen, können Sie einen wirkungsvollen CV entwickeln, einen, der die Wahrscheinlichkeit erhöht, schnell und richtig verstanden zu werden, sodass Sie – wenn Sie denn passen – eingeladen werden.

Die Frage »Wie und wie lange lesen Entscheider die vorgelegten CVs, bis sie entscheiden«, sollte jeder bei der Erstellung des CVs vor Augen haben.

Daher zunächst also die Frage an Sie: Wie lange lesen Sie denn einen CV, bevor Sie ihn dem Kollegen, der Personalabteilung, Ihrem Chef oder dem Bewerber weiter- oder zurückgeben? Oder gleich selbst einladen oder spontan mit ihm telefonieren? Wie verfahren Ihre Kollegen beim Lesen der CVs? Natürlich kann das für Sie nur ein Indiz sein und lässt keine allgemeinen Rückschlüsse zu. Aber wir stellen diese Frage regelmäßig unseren Klienten, um sie für die Chancen und Fallstricke der CV-Gestaltung zu sensibilisieren, denn die Art und Weise der CV-Gestaltung wird später bessere Chancen eröffnen – oder schlechtere bescheren, weil die Verfasser in vermeidbare Fallen getappt sind. Außerdem gewinnen wir durch die vielen Antworten auf diese Frage ein Bild darüber, wie auch Ihr CV vermutlich gelesen werden wird, denn unsere Klienten sind selbst über viele Jahre hinweg CV-Auswählende und wissen, wie sie selbst meist vorgehen.

Schon die Fragen »Wie lesen die Entscheider, die ihnen vorgelegten CVs? Von vorne nach hinten? Wort für Wort? Wie viel Zeit investieren die Entscheider in das Lesen?« indizieren, was alle wissen: Kaum einer der Entscheider liest einen mehrseitigen CV Wort für Wort und von vorne bis hinten durch, bevor er die Entscheidung »einladen oder nicht« trifft. Als sicher kann gelten, dass fast jeder einen vorgelegten CV querliest und sich dabei gezielt die ihn interessierenden Dinge heraussucht. Die sollten dann aber auch in Ihrem CV enthalten sein, selbst nachforschen wird der Entscheider in aller Regel nicht. Fehlen ihm wichtige Informationen, haben Sie das Nachsehen, da dies die Wahrscheinlichkeit einer ablehnenden Entscheidung erhöht, weil wichtige Fragen ungeklärt sind.

Sich den gesamten mehrseitigen CV von A bis Z durchzulesen, verschieben viele auf einen Zeitpunkt relativ kurz vor dem Kennenlerngespräch. Wie viele? Ungewiss. Vielleicht die Hälfte? Sicherlich finden viele der späteren Gesprächspartner des Kandidaten bis dahin keine Zeit oder haben schlicht keine Lust, den CV in Gänze durchzuarbeiten, nach dem Motto: Ich kann ihn ja bald alles fragen, wenn er sowie so am Tisch sitzt.

Zum CV-Querlesen vor der Entscheidung für oder gegen eine Einladung sagen unsere routinierten Klienten fast immer dasselbe: Schon etwa 30 Sekunden kursives Lesen genüge ihnen, um zu entscheiden, ob sie den CV wieder weglegten, also »keinen Bedarf haben«, oder weiterlesen, weil sie etwas oder einiges angesprochen, gar neugierig gemacht habe. Fast unisono wird noch von einer möglichen zweiten Phase der Prüfung berichtet, wenn diese erste Kurzprüfung von circa 30 Sekunden zeigte, dass sich Weiterlesen lohnt. Und diese zweite, sich ohne bewusste Entscheidung anschließende Prüfungsphase folge unmittelbar, ohne den CV aus der Hand zu legen.

CEO-TIPP

Der CV soll in sich abgeschlossen sein und Informationen von Bedeutung keinesfalls in Links zum Unternehmen, Anschreiben oder Zeugnisse ausgelagert werden, weil es unwahrscheinlich ist, dass diese für die Entscheidung »einladen oder nicht« herangezogen werden. Dieses große Risiko ist vermeidbar.

Nur wenn nach 30 Sekunden – es mögen auch 15 oder 45 sein, je nach Temperament, aktuellem Zeitdruck oder Muße – genügend positive Reize erzeugt wurden, gibt sich der terminlich meist durchgetaktete Entscheider noch eine Zusatzzeit für diese zweite Phase, um dann deutlich interessierter nochmals vielleicht zwei Minuten den CV hin- und herzuwenden, an anderen Stellen zu überfliegen oder manche Passagen auch Wort für Wort zu lesen. Nahezu niemand entscheidet »Gespräch, ja oder nein?« nach sorgfältiger Wort-für-Wort-Lektüre, von der ersten bis zur letzten Seite, womöglich nach einem sinnierenden Blick aus dem Fenster, ob der Zeitaufwand denn gerechtfertigt sei, den Bewerber einzuladen. Das ist weltfremd.

Die tatsächliche Praxis geht nicht vom »sozial Erwünschten« und daher oftmals Behaupteten aus. Die Wirklichkeit ist anders und Sie tun gut daran, Sie zu berücksichtigen: Der CV muss schon nach 30 Sekunden Überfliegen die Weiche richtig stellen – nämlich hineinziehen und zum Weiterlesen reizen. Das heißt, ein und derselbe CV – das ist ein sehr hoher Anspruch – soll für alle drei Phasen der CV-Sichtung maximale Wirkung entfalten:

1. Für die schnelle, etwa halbminütige, Ersteinschätzung: »Lohnt sich nicht weiterzulesen, weg damit.« Oder: »Sieht erfolgversprechend aus, was bietet er genau?«

In einem Zug wird im positiven Fall – und nur dann! – weitergelesen:

2. Die gründlichere – noch immer überwiegend von kursivem Lesen gekennzeichnete – Phase: »Stimmen die Reize, die mich zum Weiterlesen bewogen haben, mit weiteren Informationen überein? Gibt es gar neue Reize?« Jetzt kommt die zweite Möglichkeit, den CV wegzulegen, meist gleich abzusagen – oder sich für ein Gespräch zu entscheiden oder ihn mit positivem Vermerk im Unternehmen weiterzureichen, um nach eingeholter Zustimmung einzuladen.

Der CV sollte beide Phasen bestmöglich bedienen. Und zugleich muss derselbe CV so sorgfältig formuliert und strukturiert werden, dass er auch Wort für Wort und Satzzeichen für Satzzeichen gelesen werden kann – und dann noch immer überzeugt, denn:

3. Phase: Der CV wird – wenn überhaupt jemals – zum ersten Mal vollständig unmittelbar vor dem ersten Kennenlerngespräch gelesen. Sollte er beim minutiösen Lesen nicht mehr so überzeugend sein wie beim kursiven Durchlesen, dürfte das nachfolgende Gespräch ein wenig kritischer geführt werden. Also Aufpassen bei jedem Wort, das Sie schreiben oder nicht schreiben, denn auch Nichtgesagtes kann wirken.

Es ist nicht einfach, einen CV zu entwickeln, der in allen drei Phasen der Sichtung maximale Wirkung entfaltet, aber es ist möglich und eine sehr lohnende Investition.

Wie viel Zeit sollten Sie in die Entwicklung Ihres CV investieren?

Einen CV zu entwickeln, der in allen drei Phasen der Sichtung maximale Wirkung entfaltet, geht nicht mal eben so in zwei Stunden, sondern wirklich nur, wenn Sie in einen zeitintensiven Prozess investieren. Dieser Prozess kann sogar sehr viel Freude bereiten, es geht schließlich um Ihre Person. Probieren Sie es aus, die Freude kommt bei der Arbeit daran! Und Freude muss es machen, sonst kommt nichts Gutes dabei heraus.

Aus langjähriger Erfahrung wissen wir, dass dieser Prozess meist drei bis sechs Wochen in Anspruch nimmt. Selbst bei unseren Klienten, die ihn ja zusammen mit uns, mit geübten Sparringspartnern, durchlaufen. Wenn Sie ihn allein entwickeln, tut es Ihnen sicherlich gut, sich dann und wann mit einem Freund über das Verfasste auszutauschen. Drei bis sechs Wochen sind selbstverständlich nicht die Nettoarbeitszeit. Es ist die Projektdauer, denn zwischen den reinen Arbeitszeiten brauchen Sie Zeiten der Ruhe und Entspannung, um Kreativität und Inspiration heraufzubeschwören, weil Ihr Geist sich unbewusst immer wieder damit beschäftigen wird. Abgesehen von Ihren alltäglichen Aufgaben werden Sie noch etwas Nettoarbeitszeit benötigen, um Informationen über die Unternehmen zusammentragen, in denen Sie tätig waren, um vielleicht anhand der Zeugnisse Berichtslinien zu überprüfen, sich an genaue Verläufe der Unternehmensentwicklung zu erinnern, Ihre positiven Beiträgen hierzu, Sie werden an Mitarbeiter und Chefs zurückdenken, an Projekte, an Kundenbeziehungen und vieles mehr.

Die hier abgedruckten Beispiele können Ihnen erste Ideen liefern, was sich auch bei Ihnen ereignet haben könnte, wo Sie einen sichtbaren Beitrag zu einer positiven Unternehmensentwicklung geleistet haben. Neben dem unerlässlichen Raum für Inspiration und Kreativität ist die Systematik ebenso wichtig: Die finden Sie Punkt für Punkt in den nachfolgenden Kapiteln 3 und 4.

In den drei bis sechs Wochen der CV-Entwicklung werden Sie feststellen, dass Ihr Kopf, Ihr Gedächtnis und Ihre kreative Inspiration weiterarbeiten, unter der Dusche, beim Joggen oder Gemüseschneiden; in solchen Phasen kommen Ihnen Ideen, ja Eingebungen, die Sie nutzen werden, Ihren CV hoch individuell immer weiter zu vervollkommnen. Auch deshalb können Sie ihn nicht mal eben in zwei Stunden runterschreiben, auch nicht anhand der Schritt-für-Schritt-Anleitung.

In einer Zwei-Stunden-Hauruck-Aktion könnte nicht viel mehr herauskommen als sauberer Standard. In dieser nicht tiefgreifenden Qualität kann ein CV zwar immerhin eine Teilwirkung entfalten. Die volle Wirkung der in diesem Buch empfohlenen Vorgehensweise setzt einen exzellenten CV voraus, er ist Dreh- und Angelpunkt und unabdingbare Voraussetzung im Sinne der »Conditio-sine-qua-non-Formel«.

Fangen Sie also an, und schon bald werden Sie sehen, dass CV-Entwickeln keine lästige Notwendigkeit ist, sondern es Freude macht, immer weiter zu feilen, mit Bedacht zu kürzen, Neues aufzuspüren, sich an Erlebtes, an Geleistetes zu erinnern und hinzufügen. Einer unserer Klienten fasste dies einmal in einem Satz zusammen: »Mir hat nie ein Coaching mehr Spaß gemacht als mit Ihnen!« Trotz der Mühsal der CV-Erstellung? Wegen der Freude, die beim CV-Entwickeln aufkommt! Denn selbst oder gerade diejenigen, die viele Erfolge erzielt und große Verantwortung getragen haben (zu ihnen gehörte er zweifellos), hören oder lesen sehr gerne, was sie alles zustande gebracht, was sie für sich und andere erreicht haben. Und das Format, das wir über die Zeit entwickelt haben, konzentriert sich auf Erfolge, die bei guter oder trotz schlechter Ausgangslage erzielt wurden. Das Verfassen Ihres CV wird auch Ihnen Freude bereiten, weil Sie über Ihre Erfolge sprechen und schreiben.

Weil der Schwerpunkt auf dem Nutzen für das Unternehmen und den erzielten Erfolgsbeiträgen liegt, vergleichen wir den CV nach unserem Format gerne mit einem »Verkaufsprospekt«. Beispielsweise mit dem Prospekt, den Ihnen das Autohaus in die Hand drückt, nachdem oder bevor Sie eine Probefahrt machen.

Ein Porsche beispielsweise ist nicht besser als ein VW Golf. Er ist anders. Wer zwei Kinder oder einen Hund hat, oft ein Surfbrett oder Fahrrad im Fahrgastraum bei umgeklappter Rückbank transportieren will, was will der mit einem zweisitzigen Sportwagen? Wer Geld investieren kann, Benzin im Blut hat und wem zwei Sitze reichen, was will der mit einem Golf? Im Porsche-Prospekt steht aber nicht: »Vorsicht, hat nur zwei Sitze« oder beim Golf: »Aufgepasst, vollbeladen sollten Sie die Kurven nicht zu zackig nehmen.« Nicht anders machen Sie es mit Ihrem CV. Begrenzendes erörtern Sie gerne aktiv und zum richtigen Zeitpunkt (vgl. S. 102 f. Stufe 2: Defizite ansprechen) in einem möglicherweise folgenden Gespräch und dann nur, sofern es für die konkrete Position relevant werden könnte. Sie füllen aber nicht den CV mit Ihren Nichtstärken, dafür reichen weder Platz noch interessiert es die Leser im ersten Schritt.

Zeigen Sie im CV, dass Sie ein Golf sind oder ein Porsche. Keiner ist besser als der andere, nur passender oder unpassender. Jeder ist anders und jeder hat seine Zielgruppe. Viele Unternehmen wollen gar keinen Porsche, selbst wenn er genauso preiswert wäre wie der Golf. Er würde nicht ins Unternehmen passen. Andere wiederum brauchen einen Porsche und suchen danach. Sprechen Sie mit

Ihrem sehr präzise entwickelten CV genau Ihre Zielgruppe an, animieren Sie mit Ihrem CV genau diejenigen Unternehmen, die Sie gut gebrauchen können, die mit Ihnen Erfolg haben wollen, Sie auch einzuladen!

Und nur wenn Sie so die für Sie passenden Inhalte identifizieren, entwickeln und gut strukturiert und sorgfältig darstellen, ist auch die Wahrscheinlichkeit hoch, dass Ihre CV-Inhalte die für Sie richtigen Unternehmen anziehen.

Was Ihnen ein Spitzen-CV außer Einladungen und Vertragsangeboten noch bringt – und was er im Hinblick auf mitlesende »Stakeholder« enthalten sollte

Vor allem zur vollen Potenzialausschöpfung brauchen Sie einen hochwirksamen, das heißt sehr schnell verständlichen CV. Schließlich gelangen diese CVs mit der hier beschriebenen Vorgehensweise initiativ auf den Schreibtisch der Entscheider – bearbeitet werden müssen sie zusätzlich zu den terminierten Aufgaben. Einladungen sind daher mit einem CV wahrscheinlicher, der noch schneller auf den Punkt kommt und deutlich besser strukturiert ist als hergebrachte CVs. Dasselbe gilt für die Erfolgsaussichten eines CV, der über das eigene Netzwerk an Entscheider gerichtet wird oder andere »Vertriebswege« wie Personalberater oder Stellenanzeigen nutzt.

Dies ist sicher genügend Motivation für einen großen CV-Entwicklungsaufwand. CVs dieser Art bewirken aber noch mehr, sodass sich Ihr Aufwand doppelt und dreifach auszahlen kann, denn Ihr neuer, wesentlich verbesserter CV

- ist zugleich die beste Vorbereitung auf die nachfolgenden Gespräche, vor allem dann, wenn die CV-Entwicklung ein befreundeter Manager, gegebenenfalls Ihr Ehepartner oder ein kritischer Berater begleitet: Sie wissen präziser als je zuvor, was Sie geleistet haben und wie Sie es geleistet haben – und können es besser denn je erörtern und überzeugen;
- ist im Idealfall für Ihre späteren Gesprächspartner der Leitfaden während des Interviews, ein faktenreicher Gesprächsfaden, den Sie vorgegeben haben, was die Wahrscheinlichkeit erhöht, dass Ihre Wunschthemen vertieft werden;
- ist »zum Hindurchverkaufen« weit wirksamer als herkömmliche CVs. In den meisten Auswahlprozessen entscheiden Dritte mit, die Sie nie zu Gesicht bekommen, von denen Sie meist nicht einmal wissen, dass sie Ihren CV lesen und ihre Meinung zu Ihnen und Ihrer Eignung für eine Vakanz abgeben werden.

Der letzte Punkt »Hindurchverkaufen« gibt Anlass, sich bewusst zu machen, was alles ein und derselbe CV noch leisten muss: Einmal einem bestimmten Empfänger zugesandt, erreicht er meist zwei, drei oder noch mehr weitere Leser – und womöglich Mitentscheider –, von denen Sie nichts wissen können. Deren Interessen – sie sind gleichsam »Stakeholder«, denn es wird ihnen nicht egal sein, wer neu im Unternehmen eine bestimmte Verantwortung übernehmen wird – können Sie aber sehr wohl in etwa einkalkulieren und im CV berücksichtigen, denn die meisten zusätzlichen Lesergruppen sind bekannt und daher deren Interessen segmentierbar. Eine Übersicht am Ende des Kapitels listet sie und die von ihnen jeweils bevorzugten Inhalte auf.

> **CEO-TIPP**
> Wenn Sie die Zielgruppen Ihrer CV-Leser segmentieren und die im Entscheidungsprozess hinzugezogenen, aber nicht angeschriebenen Personen mitberücksichtigen, können Sie einen wirkungsvolleren CV verfassen. Ein und derselbe CV muss die in etwa vorhersehbaren, unterschiedlichen Interessen berücksichtigen – wie bei einem Stakeholder-Management.

Wenn Sie die mitlesenden Zielgruppen vor Augen haben, können Sie auf deren unterschiedliche Interessen – und Informationsbedürfnis – gezielt im CV eingehen und mit einem einzigen CV einigermaßen allen gerecht werden. Die Leser-Zielgruppen, die Sie so erreichen und gewinnen können sind:

1. Die absehbaren, gewissermaßen regulären Zielgruppen.
   - Mitarbeiter, Kollegen und Vorgesetzte des Erstempfängers, der deren Einschätzung einholen möchte.
   - Der Personalchef, der hinzugezogen wird.

2. Mittler wie Personalberater und Executive-Search-Berater. Diese lesen einen CV durch eine andere Brille und mit einem anderen Verständnis. Sie extrahieren hieraus die Informationen für ihren vertraulichen Bericht an ihre Kunden, korrekterweise natürlich unter zusätzlicher Berücksichtigung des geführten Gesprächs.

3. Personalchefs und deren Mitarbeiter, die den CV an die operativen Chefs weiterleiten werden, allerdings auch nur, wenn sie die CV-Inhalte überzeugen, denn sie wollen sich einigermaßen sicher sein, dass der Kandidat auch bei den Chefs überzeugen wird. Gegenüber Punkt 1 oben ist hier der Unterschied, dass der HR-Chef den CV vor dem operativen Entscheider in die Hände bekommt.

4. Die Gesellschafter
   - also die Unternehmer selbst oder Familienmitglieder, die Gesellschafter sind,
   - Aufsichts- oder Beiratsmitglieder,
   - andere Gesellschafter wie etwa beteiligte Private-Equity-Gesellschaften oder Stille Gesellschafter.

5. Nicht »last but not least«, sondern zuallererst muss Ihr CV für die Hauptzielgruppe der Unternehmensinitiativansprache attraktiv sein, also für diejenigen,

die aus dem sehr großen »verdeckten Markt« für Sie einen etwas transparenteren machen: die gesamtverantwortlichen Chefs der Unternehmen, die CEOs, Geschäftsführer und so weiter. Diese idealen Erstempfänger muss Ihr CV zum Nachdenken und Prüfen bringen. Sonst ist der Erstempfänger zugleich der letzte, der in diesem Unternehmen den CV überhaupt zu sehen bekommt.

6. Das Gegenstück zum »verdeckten Markt« ist der offen ausgeschriebene Stellenmarkt. Dort, sofern Sie auch da einmal »Ihren Hut in den Ring werfen« wollen, weil eine offene Ausschreibung besonders gut auf Sie zu passen scheint, landet Ihr CV auf einem Stapel, der sortiert wird. Selbst hier wird Ihr CV, der besser strukturiert ist und attraktivere, ins Auge fallende Inhalte aufweist, mit höherer Wahrscheinlichkeit bei den Vorsortierenden durchdringen.

Was nutzt Ihnen diese Auflistung möglicher und wahrscheinlicher Empfänger vor und während des Entwickelns Ihres CVs? Eine Antwort in Frageform: Können Sie denn eine gute Rede oder Präsentation halten, ohne zu wissen, vor wem Sie sprechen werden? Sicher nicht. Nur zufällig würden Sie die Zuhörer erreichen. Sie wollen aber gezielt das Auditorium für sich gewinnen, dessen Aufmerksamkeit aufrechterhalten, indem Sie seine Interessen bedienen.

Ebenso wenig könnten Sie einen guten Zeitungsbeitrag schreiben oder ein Buch, ohne zu wissen, für wen Sie schreiben, also was in etwa Sie beim Leser an Wissen und Erfahrung voraussetzen können und welche spezifischen Interessen er hat, welchen Nutzen er durch das Lesen Ihres Textes erhalten möchte.

Warum, bitteschön, sollte das beim CV-Verfassen anders sein? Kann das ein klassischer »tabellarischer Lebenslauf« leisten? Sind dort die Interessen der Leser ausreichend berücksichtigt? Die üblichen CV-Formate werden dem nicht gerecht.

Übersicht »Hindurchverkaufen«

Die Hauptzielgruppen und ihre Interessen:

1. Für die Geschäftsführer und Vorstände ist es die Erreichung ihrer strategischen und operativen Geschäftsziele. Ihnen zeigen Sie an verschiedenen Stellen, dass Sie das bisher schon geleistet haben.

2. Für die Gesellschafter und gegebenenfalls die sie unterstützenden Aufsichts- oder Beiratsmitglieder dürften es meist kontinuierliche, auskömmliche Unternehmenserträge sein, vor allem Erhalt und Steigerung des Unternehmenswerts sowie über allem die stabile Existenzsicherung des Unternehmens. Ähnlich dürften die meisten Private-Equity-Gesellschafter urteilen (sowie die

fast immer unbekannten Stillen Gesellschafter). CV-Inhalte, die belegen, dass Ihre Beiträge zum Unternehmenserfolg hier mit ursachlich waren, finden bei dieser Zielgruppe besondere Aufmerksamkeit und dürften sie am stärksten berühren.

3. Auch auf dem C-Level entscheiden HR-Verantwortliche mit:
   - Die Personalberater als Mittler zum Unternehmen. Sie werden Sie aufgrund Ihres CVs zum Gespräch einladen oder es wegen Ihres CVs nicht tun. Und Sie danach gegebenenfalls ihrem Kunden vorstellen. Und manchmal wird der Personalberater bis zur Endauswahl mit in die Entscheidung einbezogen.
   - Immer wieder wird die Einschätzung der HR-Chefs der Unternehmen für die C-Level-Auswahl mitberücksichtigt. Wie wir beobachten, ist dies aber keineswegs die Regel.

Sie tun gut daran, für beide Gruppen der HR-Verantwortlichen Argumente anzuführen, die für Sie »unter HR-Gesichtspunkten« sprechen: Naturgemäß sind dies vor allem menschliche Aspekte, also ob Ihre bisherigen Positionen gut aufeinander aufgebaut waren, Ihre Wechselmotivationen oder welche Persönlichkeit Sie haben, was Sie antreibt und welche Ziele Sie sich gesetzt haben. Das wollen die meisten schon im CV lesen oder hierauf Rückschlüsse ziehen können. Und natürlich interessiert das auch einige Entscheider aus den Ziffern 1 und 2 – aber diese meist erst in zweiter Linie, wenn sichergestellt ist, dass Sie bei Ihrem beruflichen Aufstieg die Unternehmen im Blick hatten. In erster Linie sollte also dort das Hauptgewicht Ihrer Argumente liegen.

Die CV-Abschnitte Punkt für Punkt

Den »final gültigen CV« kann es natürlich nicht geben. Aber es gibt – im Sinne dieses Buches – bewährte Gestaltungsmerkmale. Deren Umsetzung ist vor allem eines: wirksam! Denn sie sind vielfach erprobt. Das ist sehr wichtig zu wissen, denn wenn Sie diese Empfehlungen umsetzen, riskieren Sie kein Kopfschütteln bei den Empfängern, sondern Sie gewinnen bei den allermeisten größeres Interesse und Zustimmung – und mehr Einladungen zu Erstgesprächen.

Denn über die Jahre haben wir Inhalte, Darstellungsweise und Struktur sukzessive immer weiter entwickelt, aber nie revolutionäre Entwicklungssprünge riskiert. Wir experimentieren nicht mit unseren Klienten. Und das gilt auch für Sie, unsere Leser. Sie können sich sicher sein, dass jeder einzelne CV-Inhalt vielfach der Resonanz des Marktes ausgesetzt wurde und in so manchem Gespräch mit den Unternehmensentscheidern positiv erörtert worden ist. Umgekehrt lassen wir CV-Inhalte bewusst weg, die nur Aufmerksamkeit und Platz kosten, wenn sie so selbstverständlich für die C-Level-Ebene sind wie etwa gute Englisch- und Excel-Kenntnisse oder ein Pkw-Führerschein.

CVs, die wir mitentwickeln, tragen zwar eine ähnliche Handschrift, aber sie sind, wenn man die Inhalte, die Formulierungen und Diktion betrachtet, sehr unterschiedlich, denn sie werden immer stark geprägt von der Persönlichkeit des jeweiligen Managers und dessen bisherigem Berufsleben und künftigen Zielen. Daher werden auch die einzelnen CV-Bausteine nicht nur sehr individuell gestaltet, sondern sie sind in ihrer Mischung recht unterschiedlich.

CEO TIPP:
Statt nur in und für Unternehmen gestalten zu wollen, sollten Sie das Nächstliegende tun: in eigenen Angelegenheiten gestalten. Mit den richtigen Informationen steuern Sie die Entscheider. Es liegt allein in Ihrer Verantwortung! Analog zu »Wer fragt, der führt!« gilt »Wer gestaltet, lenkt die Aufmerksamkeit!« und die Entscheidung. Sie haben viel Spielraum innerhalb dessen, was wahr ist, was sich ereignet hat. Nutzen Sie ihn für sich und die Empfänger.

Dies ergibt sich schon aus dem alles prägenden Grundsatz: Nichts ist Selbstzweck, jeder Satz, jedes Wort verfolgt einen Zweck. Wenn nicht sofort einleuchtet, warum etwas dasteht: weg damit. Das gilt ebenso für die einzelnen CV-Elemente, die wir in diesem langen Kapitel der Reihe nach darstellen, erklären und begründen. In Ausnahmefällen haben wir sogar wieder auf chronologisch aufsteigend (wie dies vor langer Zeit üblich war) anstelle eines retrograden CV gedreht, weil der CV so viel eindrucksvoller – und verständlicher – war.

Gestaltungspflicht

Wie auch immer Ihr künftiger CV aussehen wird – er ist weit mehr als Ihre Visitenkarte, er ist ein Statement! Selbst wenn Sie ein genormtes »Muster für einen europäischen Lebenslauf« ausfüllen und vorlegen würden, wären Sie nur scheinbar neutral, hätten in Wirklichkeit aber eine Aussage getroffen.
Führungskräfte sprechen immer davon, dass sie gestalten wollen, und meinen damit in und für Unternehmen gestalten. Hier – in eigenen Angelegenheiten – haben Sie sogar die Pflicht zu gestalten. Der CV muss von Ihnen gestaltet und nicht einfach wie ein Formular ausgefüllt werden. Unsere detaillierten Erörterungen in Teil 3 dieses Buches, unsere Empfehlungen müssen von Ihnen überprüft und bei Gefallen von Ihnen für Ihre künftigen Leser gestaltet werden. Beim Durcharbeiten wird Ihnen deutlich werden: Auch Sie haben so viel Spielraum, innerhalb dessen, was wahr ist, was sich in Ihrem Berufsleben ereignet hat, dass Sie mit Ihrem im CV die Entscheider mit den richtigen Formulierungen, Platzierungen und teilweise verstärkenden Wiederholungen steuern können.
Es liegt allein in Ihrer Verantwortung! Sie können, ja Sie müssen den ersten Eindruck steuern, den Sie mit Ihrem CV hervorrufen wollen. Mit Ihrem CV geben Sie weit mehr als eine Visitenkarte ab.

Deckblatt – weil man das so macht?

Was spricht dafür? Sicher nicht das Argwohn erweckende Argument: »Das hat man schon immer so gemacht.«

Kluge Innovationen sichern oder erhöhen die Wettbewerbsfähigkeit, das gilt auch für die CV-Gestaltung. Parallel zu Innovationen sind »alte Zöpfe« auf den Prüfstand zu stellen und, wenn sie überkommen sind, abzuschneiden! Hierzu gehört auch das CV-Deckblatt.

Manche Traditionen verlieren Ihren Sinn, weil im Laufe der Zeit der ursprüngliche Zweck nicht mehr erfüllt werden kann. So auch beim Deckblatt. Ein Deckblatt hatte einen Sinn, so lange per Post Bewerbungsmappen versandt wurden, meist oben nach Art einer Präsentationsmappe aus durchsichtigem Kunststoff. Dort wollte man vornehm zurückhaltend nicht mit der Tür ins Haus fallen, nichts vom eigentlichen Lebenslauf mit Unternehmen und Funktionen preisgeben, stattdessen erst einmal ein Foto von sich zeigen, Adresse, Telefon etc. angeben und vielleicht sogar ein Inhaltsverzeichnis über das, was folgen würde.

Die Deckblatt-Frage stellt sich beim E-Mail-Versand von elektronischen CV-Anhängen nicht mehr, denn physische Bewerbungsmappen werden kaum mehr erstellt, sie wirken schon wegen ihrer Dickleibigkeit auf die meisten Entscheider abschreckend. Wozu dann ein Deckblatt?

Hinzu kommt: Im Zeitalter der Aufmerksamkeitsökonomie sind kurze Wege und damit schnelle Sichtbarkeit geboten. Erst recht, wenn Ihre Bewerbung initiativ und damit einzeln bei den Entscheidern eintrifft. Dann steht Ihre Bewerbung in Konkurrenz zu anderen Aufgaben, Reizen, ja Dringlichkeiten, die vom angeschriebenen CEO oder Gesellschafter ebenfalls beachtet und meist auch gleich bearbeitet werden wollen.

Den immer entschlossener geführten Kampf um Aufmerksamkeit wird am besten bestehen, wer sehr sorgsam mit der Zeit seiner Leser umgeht. Und als CV im Kern – vergleiche hierzu die erste Seite der folgend abgedruckten vierseitigen CV-Beispiele – einen Onepager mit sofortiger umfassender Information präsentiert. Natürlich ohne von einem Deckblatt förmlich verdeckt zu werden. »Komm zur Sache!« möchte man zurufen, denn eine halbleere Deckblattseite mit den typischen Bestandteilen Foto, Familienstand, Nationalität, Name und Adresse reizen überhaupt nicht dazu, umzublättern, um herauszufinden, was da wohl noch so kommt.

Kombinieren Sie die Vorteile eines Onepager-CVs mit den Vorteilen eines vierseitigen CVs klassischer Länge

Onepager-CV sind wegen ihrer offensichtlichen Vorteile weit verbreitet, jedoch nicht die Norm. Oft sind sie das glatte Gegenteil vom oben beobachteten, verschämten Deckblatt, der ersten CV-Seite, wo von Funktionen und Unternehmen nichts preisgegeben wird. Im Unterschied zu diesen meist halbleeren Deckblattseiten sind Ein-Seiten-CVs meist dicht bepackt, kleine Seitenränder, kleine Schriftgröße, die eine Seite maximal ausnutzend und daher oft nicht sonderlich gut zu lesen.

Da Zeit mehr denn je zu einer der knappsten Ressourcen geworden ist, erfordern CVs, die maximale Wirkung erzielen wollen, die Konzentration der wichtigsten Inhalte auf einer einzigen Seite. Onepager-CVs wären somit eine sehr gute Idee, um sofort in den Berufslebenslauf des Managers hineingezogen zu werden, weil schon ein schneller Blick umfassende Information gibt. Wenn nur nicht allzu viel verloren ginge, würden Sie Ihr Berufsleben und das Informationsbedürfnis Ihrer Leser tatsächlich auf eine einzige Seite beschränken.

Die folgend abgedruckten Original-CV-Beispiele zeigen die Lösung. Dort enthält die erste Seite bereits alles Wesentliche (vergleichbar einem Onepager), zusätzlich hält der CV, wie in einem wohlsortierten Lager, eine Fülle weiterer

Argumente übersichtlich im Nebenraum bereit, nämlich auf den Seiten 2 bis 4. Die kann man lesen, muss es aber nicht, um den C-Level-Manager noch besser verstehen zu können.

Was muss diese erste CV-Seite enthalten? Eine Analyse dessen, was genau sich die Leser in den meist mehrseitigen CVs zusammensuchen, gibt erstaunlich klare Antworten auf das, was sie wissen wollen:

- Überschrift mit den zentralen Informationen in zwei Zeilen
- Ihr Foto
- Manager-Charakteristik
- Angestrebte Unternehmensfunktionen
- Berufliche Stationen

Dies auf einer einzigen Seite unterzubringen, kann nur gelingen, wenn man weniger wichtige Dinge ausspart und auf die nachfolgenden Seiten setzt, die gewissermaßen fakultativ gelesen oder überflogen werden können.

> **CEO-TIPP**
>
> Auf Anhieb Ihre erste CV-Seite wie einen Onepager mit allen wesentlichen Inhalten zu füllen, sollten Sie nicht einmal versuchen. Erarbeiten Sie besser in einem ersten Schritt zwei, drei, gar vier Seiten, um sich einen Überblick zu verschaffen. Kürzen Sie dann in mehreren Schritten.

Dieses anonymisierte Beispiel zeigt, wie auf einer einzigen Seite übersichtlich eine sehr komplexe Abfolge mehrerer sehr wichtiger Eigentümerwechsel dargestellt werden kann. Der C-Level-Manager kam in das Unternehmen, das sich kurz vor seinem Eintritt aus einem Mischkonzern abgespalten hatte, er diesen Umbruch miterlebt hat und danach noch drei weitere Male die Gesellschafter wechselten. Zur selben Zeit wechselte er noch zwei Mal seine Funktion und übernahm noch größere Verantwortung. Die jeweiligen zeitlichen Überschneidungen sind sehr leicht in den Spalten 1 und 3 nachzuvollziehen. Und die CV-Leser kennen in aller Regel die Welt der Unternehmen und wissen sehr genau, welche unterschiedlichen Erfahrungen mit solchen Funktions- und Berichtslinienwechseln sowie Eigentümerwechseln einhergehen.

Beim Betrachten des Beispiels haben Sie bitte vor Augen, dass die CV-Empfänger diese deutlich größer in DIN-A4-Format erhalten (hier bestimmt die Buchgröße das kleinere Format), was einen noch besseren Eindruck macht, weil im originalen DIN-A4-Format die Schrift und die Abstände größer sind, alles leichter lesbar und damit noch übersichtlicher wird.

Profil von Bernd Fintobel

Dipl.-Ingenieur Maschinenbau, 48 Jahre, verheiratet, zwei Kinder

Manager-Charakteristik:

- **Change- und Krisen-Manager** mit Restrukturierungserfolgen
- **Aufbau-Manager** und Brückenbauer mit **Leadership-Qualitäten**
- **Mittelstands-, Private Equity- und DAX-Konzern-Erfahrung**
- **Mehrsprachig:** Französisch (5 Jahre Expatriate im Werk), Englisch (u. a. viele UK- und USA-Einsätze), Deutsch, etwas Spanisch
- **„Mehrsprachig":** spricht die Sprache von
  - Gesellschaftern, Vorständen, Beiräten, Private-Equity- und strategischen Investoren und Banken
  - operativen und wissenschaftlichen Funktionen bzw. Hierarchieebenen: vom Shopfloor-Werker über Schichtleiter bis zum R&D-Experten

Angestrebte Unternehmensfunktionen:

Technischer Geschäftsführer, CTO; gesamtverantwortlicher GF oder Leiter Business Unit

Berufliche Stationen

Crane Shifting & Telescoping GmbH Weltmarktführer Teleskopausleger 14 Standorte auf drei Kontinenten, 1.400 MA, 320 Mio. € Umsatz; Tochterunternehmen von **T-Hybrid Inc.**, USA, 8,5 Mrd. $ Umsatz, 23.000 MA, börsennotiert (NYSE) **2010:** Abspaltung von **Haniel & Cie.**:	**Werkleiter, Geschäftsführer** des Stammwerks Reutlingen, 620 MA; Werks-Restrukturierung zur Integration in das weltweite Produktions- und Liefernetzwerk des strategischen Investor-Konzerns T-Hybrid Inc.: Verlust der Eigenständigkeit des Unternehmens	**2011 – heute** 2021 – heute
MBO mit 2 Private-Equity-Gesellschaften **2014:** Austausch eines PE-Gesellschafters, Einstieg eines neuen PE für 5 Jahre **2016:** nur noch *ein* PE-Hauptgesellschafter	**CTO** Produktion, F&E, Engineering, 730 MA; Berufung zum **Mitglied der Geschäftsleitung,** MBO-Anteilserwerb *und* direkt berichtend an Beirat	2014 – 2020
2021: 100 %-Übernahme Gesellschaftsanteile, auch der des Managements, durch **T-Hybrid:** Strategischer Investor, Sofort-Integration	**Leiter Technik** Funktionen wie oben, 730 MA; berichtend an CEO	2011 – 2014
Kornmünzer AG TIER-1-DAX-Automobilzulieferer 165.000 MA, 320 Standorte in 48 Ländern Pkw Division: weltweite Zentralfunktion für 21 Länder, Ludwigsburg	**Leiter Qualität F&E** Weltweite Qualitätsüberwachung für alle Pkw-Werke. 5 Mio. € Budget, 18 MA in Ludwigsburg, Shenzhen, China, Coventry, UK, und Detroit, USA	**1999 – 2011** 2009 – 2011
Lkw Division: Produktions- und Entwicklungswerk, 1.200 MA, Ludwigsburg **2008:** Übernahme Kornmünzer durch die **Steinpächer**-Gruppe	**Leiter Qualität im Produktions- und Entwicklungswerk** Qualitäts-Verantwortung in allen F&E-Projekten, OEM-Kundenverantwortung, 4 Mio. € Budget, 45 MA	2007 – 2009
Kornmüzer SNC France, Poissy Werk für Pkw-OE und Replacement Transmission, 1.200 MA, 2.000 Getriebe täglich	**Leiter Produktindustrialisierung** ***zugleich*** **Leiter Qualitäts-Management** TQM für alle Prozesse, 58 MA	**2002 – 2007**
Kornmünzer AG Lkw Division	**Leiter Prüf- und Versuchslabore** Weltweit Verantwortung für Standorte in Deutschland, Frankreich, Mexiko, China u.a., 140 MA	**1999 – 2002**

Korntal 17 | 71686 Ludwigsburg | Mobil: +49 171 424 2423 44 | E-Mail: Bernd.Fintobel@t-online.de

Die Überschrift mit den zentralen Informationen in zwei Zeilen

Kommen wir mit der Überschrift zum ersten der fünf CV-Bestandteile, die die wichtigste Seite, Ihre erste Seite, konstituieren. Gleich ein Beispiel vorneweg:

Profil von André Allersbach
Dipl.-Ingenieur Maschinenbau und MBA – Doppel-Abschluss
Deutsch-Franzose, 50 Jahre, verheiratet, zwei Kinder

Der Leser ist durch diese sehr verdichteten, staccatoartig aufeinanderfolgenden Informationen über die zentralen Parameter bezüglich des menschlich-privaten Rahmens sowie der Ausbildungsgrundlagen Studium und/oder Berufsausbildung schon einmal im Bilde. Und das mit meist nur zwei Zeilen unterhalb der Überschrift.

Adresse, Telefonnummer, E-Mail-Adresse sind zweifellos wichtig, aber völlig uninteressant und werden – um weder Platz noch Aufmerksamkeit zu vergeuden – in die Fußzeile der ersten Seite verbannt.

Ob Sie als Überschrift Kurzprofil, Profil, CV oder Curriculum Vitae wählen, ist Geschmackssache. Den Begriff verbinden Sie am besten gleich mit Ihrem Namen, das wirkt gleich persönlich und konkret, es ist nicht ein Profil, es ist Ihr Profil.

Gerade weil der Begriff Ihrem Geschmack entsprechen sollte, bedenken Sie: Kurzprofil oder Profil erinnert an profiliert, und profiliert ist sehr positiv konnotiert. CV ist nicht nur lateinisch, sondern durch seine Verwendung im Englischen ist diese Abkürzung auch international gebräuchlich. Curriculum Vitae ausgeschrieben wirkt auf manchen etwas bildungsbürgerlich. Es kann sein, dass es Ihnen daher sympathisch ist oder Sie es gerade deshalb nicht ausschreiben würden – Ihre Persönlichkeit darf und soll hier und im gesamten CV durchschimmern!

Hier noch einige Variationen:

Profil von Dr. oec. Friedrich Fabian Dellhorst
Diplom-Wirtschaftsmathematiker | 41 Jahre | verheiratet

Kurzprofil von Rudolf Ankermann
Diplom-Kaufmann, Bankkaufmann, 56 Jahre, verheiratet, 2 Kinder

Kurzprofil Dr. Georg Guldener
Diplom-Physiker, 52 Jahre, verheiratet, vier Kinder

Profil von Friedhelm Merkant
Diplom-Ingenieur (FH Esslingen), Maschinenbaumechanikermeister
Executive MBA General Management, St. Gallen
57 Jahre, verheiratet, 3 Kinder

Das sind genug persönliche Informationen über die meisten Führungskräfte. Das Alter ist von Interesse, nicht Geburtsort oder genaues Geburtsdatum, was zudem vermeidet, dass sich Leser verrechnen. Ebenso verzichtbar ist, wo und wie lange Sie studiert haben. Das ist auf dem C-Level nicht von Belang, hier zählen andere Kategorien. Ebenso die Staatsangehörigkeit. Sie lässt sie sich in aller Regel mit sehr großer Wahrscheinlichkeit vermuten. Wenn die Vermutung aufgrund verschiedener Inhalte keineswegs fast eindeutig ist, werden die meisten zu Recht die deutsche oder eine andere Nationalität oben anführen.

Wenn die von Ihnen besuchte Hochschule besonders attraktiv war, kann sie gleich in der zweiten Zeile hinter dem Studienabschluss genannt werden. Alternativ kann es empfehlenswert sein, diese Dinge an das Ende der »Beruflichen Stationen« setzen. Dies gilt auch für mitteilenswerte Themen von Bachelor-, Master- und Diplom-Arbeiten oder Dissertation. Nach Geschmack können Sie dort sogar die Abschlussnote vermerken.

Ihr Foto

Und am liebsten möchte der Leser wissen, wie der Mensch aussieht, der ihm schreibt. Wie wirkt er, wie kommt er rüber? Wenigstens auf einem Bild. Dieses Bedürfnis ist bei fast allen Menschen vorhanden, es sollte befriedigt werden. Kein Wunder, dass die sozialen Netzwerke, auch die beruflichen wie Xing und LinkedIn, die Kontaktaufnahme oder -pflege mit einem Bild unterstützen.

Fast müßig also, in diesem Zusammenhang das AGG, das Allgemeine Gleichbehandlungsgesetz zu nennen: Freilich darf aufgrund dessen das Unternehmen beispielsweise in der Stellenanzeige kein Bewerbungsfoto mehr anfordern (so wie niemand verpflichtet ist, sein Alter, seine Staatsangehörigkeit und dergleichen anzugeben). Gleichwohl wird das Unternehmen unaufgefordert fast immer ein Foto des Bewerbers erhalten. Zwar darf der Arbeitgeber auch die unverlangt vorgelegten Bewerbungsfotos gemäß AGG nicht als Entscheidungskriterium mit heranziehen, abgesehen von ganz seltenen Ausnahmen, aber dem jeweiligen Eindruck, den sie auf die Betrachter machen, kann sich wohl kaum jemand entziehen.

Ein gut gemachtes Foto in den CV zu integrieren, birgt vor allem Chancen. Keines zu schicken, sein Gesicht nicht zu zeigen, erzeugt auch im AGG-Zeitalter Verwunderung, vielleicht bei manchem Skepsis, zumindest zurzeit (noch) in Deutschland. Wenn Sie sich in anderen EU-Ländern, die die zugrunde liegenden EU-Gleichbehandlungsrichtlinien ebenfalls in nationales Recht umgesetzt haben, bewerben, könnten andere Usancen herrschen.

In Deutschland jedoch laufen Sie Gefahr, dass das Weglassen eines Fotos den Empfänger unwillkürlich zum Nachdenken bringt, warum er sich so verhält, warum er offenbar absichtsvoll zu dieser sehr kleinen Minderheit gehören will, die »ihr Gesicht nicht zeigen wollen«. Das wäre schade, Sie würden kritisches Nachdenken dort erzeugen und Aufmerksamkeit binden und damit ablenken von den vielen positiven Dingen, die Sie zu zeigen haben. Und da CV-Leser sich positive Gedanken über Sie machen sollten und sich nicht über Sie wundern, sollten Sie ein Foto von sich integrieren. Und dies als kleine zusätzliche Chance begreifen – nicht mehr und nicht weniger.

Was die Art des Fotos anbelangt, gelten die beiden Hauptkriterien wie für alle anderen Bewerber auch:

1. Integrieren Sie ein Foto von sich.
2. Kommen Sie auf dem Foto sympathisch rüber!

CEO-TIPP

Ihr Bild sollte vor allem sympathisch wirken – seriös und kompetent sind Sie sicher ohnehin, das belegen vor allem Ihre CV-Inhalte. Deshalb werden Sie eingeladen. Dennoch: Kaum jemand will sich mit unsympathisch wirkenden Menschen treffen; wer so wirkt, erschwert nur eine Einladung. Die meisten Fotografen tun sich leichter, wenn Sie sagen, Sie bräuchten es auch als Pressefoto.

Zum Praktischen: Sympathisch kann man nur wirken, wenn man Sie auch gut erkennt und Sie nicht in Briefmarkengröße Ihren CV zieren. Das heißt, ein »Brustbild« oder gar eines, das bis zur Gürtellinie oder weiter reicht, lässt Ihr Gesicht immer mehr schrumpfen. Empfehlenswert ist eine Porträtaufnahme bis zur Höhe des Krawattenknotens bei Herren, bei Damen analog. Und natürlich in Farbe. Aber spätestens hier fängt es an, dass Ihr Geschmack den Ausschlag geben sollte.

Manager-Charakteristik

Zu Recht setzen CV-Gestalter häufig eine kurze Zusammenfassung an den Anfang ihres Profils. Nicht wenige vergeben sich jedoch gleich zu Beginn des CV der Chance, den Leser aufgrund dieses einleitenden Überblicks zum Weiterlesen zu animieren. Meist, weil sie sich in vorgestanzten Worthülsen ergehen, die nicht typisch für den Manager dieses CV sind, sondern typisch für die Manager, wie man sie kennt oder zu einem Idealbild verklärt hat. Eine solche Zusammenfassung gefährdet schon zu Beginn die Glaubwürdigkeit und vor allem langweilt sie – und die beste Chance für einen »guten ersten Eindruck« wäre vertan, wenn nicht gar in das Gegenteil des Beabsichtigten verkehrt.

Wenn die Autoren dieses Buches dann überzeugend weiterschreiben: »Belangloses oder Selbstverständliches verbietet sich von selbst. Das reizt nicht zum Weiterlesen. Daher sollte diese einleitende Zusammenfassung nicht nur kurz, sondern prägnant, ja profiliert sein«, werden sich die meisten Leser denken: »Schön und gut, würde ich ja gerne machen, so einfach ist das aber nicht!«

Stimmt, das ist alles andere als einfach – auch für uns nicht. Denn es gehört zum Anspruchsvollsten der CV-Entwicklung überhaupt, was Sie nicht entmutigen sollte, sondern vielmehr anspornen könnte! Wie müssten Sie vorgehen? Die natürliche anfängliche Schreibblockade ist normal! Denn weil das Entwickeln einer solchen Manager-Charakteristik mit Substanz zu Anfang schwierig ist, fangen unsere Klienten und wir einfach nicht hiermit an, sondern wenden uns zunächst den beruflichen Stationen zu. Hier lässt sich vieles recht systematisch abarbeiten und setzt weniger Kreativität und Inspiration voraus.

Regelmäßig zeigt sich, dass Sie am besten die Überschrift Manager-Charakteristik oben auf der ersten Seite neben dem Platz für Ihr Foto gleich zu Beginn Ihrer CV-Entwicklung hinschreiben und dann den Platz darunter füllen, sukzessive wie bei einem Themenspeicher. Und ganz ohne Druck, er könnte auch lange ungefüllt bleiben. Meist wird diese Rubrik schon bald mit der ersten Idee gefüllt, weil Sie beim Bearbeiten und Entwickeln der nachfolgenden CV-Bestandteile auf Wesentliches stoßen, bisweilen Erkenntnisse gewinnen. Die schönsten sind die, die Sie selbst ein wenig überraschen, weil etwas recht Charakteristisches Ihnen zuvor nicht bewusst war.

Immer wieder werden Ihnen in den Wochen der CV-Entwicklung weitere Punkte in den Sinn kommen, vielleicht zunächst nicht so bedeutsame, aber erwähnenswerte Wesenszüge, Erfahrungen oder persönliche Expertisen, die Sie dort notieren, weil Sie meinen, es mache Sie wesentlich als Manager aus. Am Ende sind es fast immer deutlich mehr, als Sie im fertigen Dokument anführen können und wollen. Sie müssen sich also, wenn Sie in die Zielgerade Ihrer CV-Entwicklung einbiegen, entscheiden, welche Sie für die Endfassung verwerten wollen. Eine sehr gute abschließende Übung. Zwar lässt sich die Anzahl der Punkte durch Zusammenlegen meist kürzen, da manche inhaltlich nahe beieinander lagen. Sinngemäße Wiederholungen, die sich unversehens im Verlaufe der Bearbeitung einschleichen, indizieren aber ihre Wichtigkeit.

Nun zu einem Highlight der Bearbeitung Ihrer Manager-Charakteristik, das nicht jeder erlebt, aber jedem zu wünschen ist. Unter den Bulletpoints der Manager-Charakteristik darf, ja soll sich gerne auch ein mutiger Punkt befinden wie

Leadership-Qualitäten

Entwickeln von Mitarbeitern zu Teams mit dauerhaften Bestleistungen aufgrund von Freude an der Arbeit

»Freude an der Arbeit« – das ist ein Hingucker und wird vielleicht manchen irritieren, wie ein C-Level-Manager von sich sagen kann, seine Leute hätten Freude an der Arbeit, und offenbar ist es ihm darauf angekommen, sodass er diese Aussage gleich oben neben seinem Foto platziert. Klar, diese Führungskraft, die das für sich in Anspruch nimmt, hat natürlich vor allem Leistung erbracht, die Unternehmen, in denen er Verantwortung trug, vorangebracht und sehenswerte Erfolge erzielt. Das ergibt sich klar aus den folgenden Seiten. Aber wie er das gemacht hat, ist ihm wichtig herauszustellen. Denn er schreibt, wie Frank Sinatra singt, »I did it my way«. Ihm kam es darauf an, dass seine Mitarbeiter und Führungskräfte Freude an der Arbeit haben.

CEO-TIPP

Haben Sie den Mut, sich zu besonderen Eigenschaften zu bekennen, die nicht unisono von der vorherrschenden Managementliteratur gepriesen werden, wie beispielsweise, Sie hätten dafür gesorgt, dass Ihre Mitarbeiter wieder Freude an der Arbeit hatten. Wenn es wirklich so war, schreiben oder sagen Sie es. Eine solche, fast kühn wirkende Zuschreibung rüttelt Leser wach.

Eine Manager-Charakteristik soll wie der Klappentext eines Buches zum Weiterlesen reizen, da sind mutige Aussagen, nicht Alltägliches willkommen. Und wenn Sie überhaupt eine (gerne auch zwei) mutige, ungewöhnliche Aussage finden, dann reicht das auch aus, die anderen Bulletpoints können gerne nur sachlich beschreibend sein.

Welche können das sein? Was will der Leser gleich zu Anfang beispielsweise von einem vertriebsstarken CEO wissen? Was schreibt man, um den Leser in den CV hineinzuziehen?

Wie schafft man einen schnellen Überblick über das, was den Manager »im Wesentlichen ausmacht«, was sich einigermaßen spannend liest, also schon Nutzen verspricht, und gleichzeitig die Fantasie anregt, was mit so einem CEO wohl voranzutreiben wäre?

Manager-Charakteristik

- Mehrjährige Gesamtverantwortung als Geschäftsführer sowie Aufsichtsrats-/Beiratsvorsitzender diverser Vertriebsgesellschaften weltweit (EMEA, Asia Pacific, Americas)
- Analytische und gleichermaßen empathische Führungspersönlichkeit mit umfassenden Kenntnissen und Erfolgen in Gesamtverantwortung, Zentralfunktionen, Vertrieb und Finanzen in Mittelstands- und Konzernstrukturen sowie der Holdingebene
- Erfolgreich durch Transformation von Mindsets: Aktivität statt Bequemlichkeit, Agilität statt Hierarchie
- »Mehrsprachig«: spricht die Sprache von Geschäftsführern, Vorständen, Aufsichtsräten, Vertrieblern, Technikern und Finanzern

Das macht diesen Manager »im Wesentlichen aus«! Jedes Wort ist abgewogen, jeder Gedanke ausgewählt unter mehreren möglichen, die in der Endfassung nur noch unten auftauchen, weil sie nicht für so wesentlich befunden wurden. Vor unserem inneren Auge erscheint der dahinterstehende Mensch, wenn wir das lesen. So ist er wirklich.

Und wie zuvor im Beispiel mit der Freude an der Arbeit ist auch hier ein Punkt genannt, der aufhorchen lässt: Aktivität statt Bequemlichkeit, Agilität statt Hierarchie. Diese Führungskraft befreit die Mitarbeiter aus ihrer Bequemlichkeit, offenbar nicht mit Druck, nicht gestützt auf Hierarchie, sondern transformiert Mindsets, Haltungen, die die Handlungen bestimmen. Das ist nicht einfach so dahingesagt, das meint er wirklich, und der Leser glaubt es ihm. Sein Versprechen wird er im Gespräch einlösen müssen und können. Schließlich ist die Formulierung »Aktivität statt Bequemlichkeit, Agilität statt Hierarchie« sehr eingängig und sogar rhythmisch. An solchen Formulierungen wird gefeilt, das spürt der Leser, das zeigt ihm Respekt und zugleich die Gewissenhaftigkeit des Managers.

Noch ein zweiter, etwas weniger ins Auge fallender Punkt ist ein Element, das den Manager ebenfalls in ganz besonderer Weise beschreibt: »Analytische und gleichermaßen empathische Führungspersönlichkeit«. Das ist ungewöhnlich, denn der Manager hat ein MINT-Fach studiert und dort promoviert, das ergibt sich direkt oberhalb der Manager-Charakteristik unter anderen aus der Überschrift. Bei ihm vermutet man geradezu hohe analytische Fähigkeiten, aber eher keine besonderen empathischen Eigenschaften, die sind bei Mathematikern oder Ingenieuren meist schwächer ausgeprägt. Nicht so bei ihm. Er wusste Menschen zu nehmen. Und zu führen. Und das ergibt sich aus dem lapidaren: »analytische und gleichermaßen empathische Führungspersönlichkeit«. Bestätigt wird es auch durch die schon in der Manager-Charakteristik sichtbare breite Funktionsverteilung von Vertrieb über Finanzen bis hin zu Mindset-Transformation. Und weil seine beiden Pole so stark und in dieser Ausprägung so besonders waren, haben wir zusätzlich auf Seite 2 eine Gegenüberstellung der Pole in Tabellenform entwickelt, die auch aufgezeigt hat, welche Möglichkeiten das für sein Managen und Führen und damit für das Unternehmen eröffnet. Auch dies zeigt, dass der CV ein »Gesamtkunstwerk« ist, in dem alles ineinandergreift und wichtige Dinge unter verschiedenen Blickwinkeln zwei-, gar dreifach aufscheinen. Voraussetzung ist das »Erkenne Dich selbst!«, was unter beruflichen Gesichtspunkten nicht ganz so schwer ist. Sie werden sich besser als zuvor reflektieren, wenn Sie sich, wie hier empfohlen, intensiv und akribisch mit Ihren Berufsjahren über Wochen hinweg auseinandersetzen.

Die intensiv erarbeitete Substanz einer solchen vorangestellten Manager-Charakteristik erfüllt zugleich eine zweite Funktion: Sie können »Ihre Essenz« in den Gesprächen viel besser rüberbringen, weil Sie sie selbst sorgfältig erarbeitet und verinnerlicht haben. Ihr Gesprächspartner kann, wie zuvor schon Ihr Leser, Ihr Profil wahrnehmen, das idealerweise von einem unsichtbaren, aber spürbaren »roten Faden« in ihrem ausführlichen CV durchzogen wird. Und Leser und Gesprächspartner können besser einschätzen, ob Sie gut auf die zu besetzende Position passen würden.

> **CEO-TIPP**
> Ihre sorgfältig erarbeitete Manager-Charakteristik wird Ihrem CV vorangestellt und eignet sich zugleich hervorragend, um in den Gesprächen »Ihre Essenz« deutlich zu machen, etwa auf Fragen vom Typus: »Was kann ich von Ihnen erwarten, wenn Sie diese Verantwortung übernehmen würden?«

Ein letztes: An allen Stellen der CV-Entwicklung kommt es zu Ideen, was Sie oben an herausgehobener Stelle in Ihrer Manager-Charakteristik anführen könnten – bei der Bearbeitung der Abschnitte Internationalität, der Gewichteten Funktionserfahrung über Ihre gesamte Berufstätigkeit, bei den beiden Seiten über Ihre beruflichen Erfolge und so weiter. Stück um Stück werden Sie es herausfinden, und am Ende fällt Ihnen wie eine reife Frucht ein wichtiger Bestandteil des gesamten CV in die Hände. Fast anstrengungslos.

Bevor wir zum nächsten großen Schritt kommen, der zentralen Rubrik, Ihren »Berufliche Stationen«, noch ein kurzer, aber sehr wichtiger Zwischenschritt.

Angestrebte Unternehmensfunktionen

Die hier empfohlene CV-Struktur mit ihren besonderen CV-Elementen ist darauf ausgerichtet, den individuellen verdeckten Stellenmarkt auf C-Level-Ebene aufzudecken. Diese CVs gelangen daher initiativ auf den Schreibtisch der Entscheider. Sie tun gut daran, in allem schnell auf den Punkt zu kommen. Daher ist es unerlässlich, die angestrebten Unternehmensfunktionen sehr gut sichtbar an den Anfang zu stellen, so wie auch im Betreff des Anschreibens.

Das sofortige Erkennen Ihrer angestrebten Unternehmensfunktionen ist für alle anderen »Vertriebswege«, die Ihr CV noch nutzt, ebenso wichtig. Zu Beginn des vierten Kapitels auf Seite 167 ff. wurde unter dem Stichwort »Hindurchverkaufen« schon deutlich gemacht, dass dies auch erforderlich ist, wenn Ihr CV über das Kontaktnetz Entscheidern vorgelegt wird. Egal, warum Ihr CV auf den Schreibtisch der Entscheider gelangt, diese sollten sofort wissen, wo Sie im Unternehmen gebraucht werden könnten, und dies nicht aufgrund Ihrer bisher verantworteten Funktionen erahnen müssen.

Berufliche Stationen

Das Wichtigste in allen C-Level-CVs

Die »Beruflichen Stationen« stehen – neben den erzielten Erfolgen – im Zentrum jedes C-Level-CVs. Auf dieser Hierarchieebene kommt es mehr als irgendwo sonst darauf an, wo und in welcher Verantwortung Sie wie lange gewesen sind. Daher steht dieser zentrale CV-Inhalt auch auf der ersten Seite.

Entscheider unter den CV-Lesern wollen wissen, in welcher Verantwortung Sie waren (man kann auch sagen Funktion oder, aus dem Englischen durch allzu direkte Übersetzung eingedeutscht und inzwischen vorherrschend, Rolle), bei welchem Unternehmen und wie lange Sie diese ausgeübt haben. Und das am besten sofort, auf einen Blick, nicht erst durch Umblättern mehrerer Seiten. Das Zusammenspiel dieser drei Kriterien Funktion, Unternehmen und Dauer ist es, was die allermeisten Leser sofort interessiert, nicht der Studienabschluss oder Ihr Geburtsort und auch nicht Ihr Bewerbungsfoto – so sympathisch Sie auch rüberkommen mögen.

Jetzt sind wir im Haupthaus, im Zentrum des CVs. Und es ist nicht genug getan, diese drei Kriterien knapp untereinander aufzulisten, wie es gerne bei Onepager-CVs gemacht wird. Die Leser wollen noch deutlich mehr wissen – am liebsten auf der ersten Seite: informierende Angaben zum Unternehmen (die leider meist gar nicht geliefert werden – oder gleich mehrzeilig, langatmig im Fließtext, aus der Firmen-Website hineinkopiert). So viel geht einher mit dem konkreten Unternehmen, seiner Stellung im Markt und seinen Gesellschaftern. Das wollen die Leser wissen, wir befinden uns auf dem C-Level – bei Sachbearbeitern oder Werkern kommt all diesen Dingen keine oder nur untergeordnete Bedeutung zu.

Sie müssen in Ihrem CV darüber informieren, um was für ein Unternehmen es sich handelte (denn mit dem Namen allein ist meist wenig oder rein gar nichts anzufangen), wem es gehörte, worum es dort – kurz und knapp – ging und so weiter. All das ist maßgeblich für die Vorentscheidung »einladen oder nicht«. Wenn diese Informationen fehlen, wirken sie nicht für Sie und Sie schaden dem Eindruck, den man sich von Ihnen macht und der viel besser sein könnte!

CEO-TIPP

Das Zusammenspiel der drei Kriterien Funktion, Unternehmen und Dauer ist es, was Entscheider sofort und auf einen Blick interessiert – also verstreuen Sie es nicht über mehrere Seiten, sondern konzentrieren es auf der ersten Seite. Zusammen mit einer Fülle weiterer, stets gesuchter Informationen. Das passt tatsächlich auf eine Seite!

Das A und O des CV sind also Ihre beruflichen Stationen. Das ist für die meisten Entscheider das erste Auswahlkriterium. Natürlich nicht das einzige, aber fast könnte man sagen, alles andere sind nur Fußnoten, schön zu wissen, aber am Ende wenig ausschlaggebend für die Entscheidung, Sie einzuladen. Also gehören diese drei Kriterien auch auf die erste Seite. Das geht, sofern »flankierende Botschaften«, die Ihr Berufsleben übergreifen, auf den Seiten 2 bis 4 stehen. So ist es möglich, auf einer einzigen Seite alles Wesentliche zu Ihren beruflichen Stationen aufzulisten.

Und wie Sie diese komprimierte Übersicht für sich entwickeln können, erklären wir hier, holen da und dort etwas aus, damit Sie die dahinterliegende Logik und Gründe erkennen und sie gezielt umsetzen und nicht nur zufällig nachahmen können. Dass diese Vermutung zutreffen könnte, sehen Sie daran, dass Ihnen vermutlich nicht bewusst aufgefallen ist, dass die in Teil 1 und 2 abgedruckten CV-Beispiele dreispaltig sind und nicht wie meist zweispaltig. Nur wenn Ihnen Punkt für Punkt bewusst wird, was die Dreispaltigkeit für Vorteile bietet, können Sie diese auch gezielt nutzen.

Standardmäßig werden in CVs die einzelnen Stationen zweigeteilt untereinander geschrieben, meist etwa so (anonymisierter typischer Originalauszug eines C-Level Manager-CVs):

10.2020 – Geschäftsführer Alu Tech GmbH, Herne

heute

- Neudefinition der Tochtergesellschaft nach Restrukturierung
- Aufbau neues Geschäftsmodell
- Neudefinition und Start strategischer Vertriebsaktivitäten

Das, was wichtig ist, interessiert auch zuerst. Das sind aber sicher nicht zuallererst die jeweiligen Verweildauern, sondern zwei Dinge: die Funktion, die Sie bekleideten, und das Unternehmen, in dem Sie Verantwortung trugen. Zwar steht beides auch hier, aber »nur dem Namen nach«, ohne konkreten Inhalt: Wer kennt schon Alu Tech, Herne? Damit ist alles und nichts gesagt. Der Leser tappt in jeder Hinsicht im Dunkeln – das geht zu Ihren Lasten. Und Geschäftsführer ist ein Unternehmensorgan, insoweit konkret, aber nicht vielsagend, denn Geschäftsführer gibt es für Finanzen, Technik, Vertrieb, Personal und so fort. Und natürlich auch Alleingeschäftsführer oder gesamtverantwortlicher Geschäftsführer. Die Bulletpoints darunter lassen eher einen Vertriebsgeschäftsführer vermuten als einen Gesamtverantwortlichen. Das wäre etwas völlig anderes. Rätsel über Rätsel. Das präzise Beschreiben Ihrer konkreten Verantwortung ist ebenso wichtig wie die Darstellung Ihrer Erfolgsbeiträge. Beides schafft Sicherheit und Vertrauen. Wenn aber die übernommenen Verantwortungen und das Unternehmen gar nicht oder nicht übersichtlich beschrieben werden, haben Sie die Hälfte nicht genutzt.

Das steht im Zentrum, das ist wichtig.

Daher führen Sie detaillierte Unternehmens- und Verantwortungsbeschreibungen besser in den ersten beiden Spalten an; diese Reihenfolge, zumal in einer Tabelle, lenkt den Blick in die gewünschte Richtung und erleichtert dem Leser, Sie als Manager zu erfassen. Die Zeitspanne kommt notwendigerweise hinzu, aber besser in die letzte Spalte schreiben. Hier ein Beispiel:

Centauri Coating Components GmbH Marktführer Vakuumanlagen für Verpackungs- und Elektronikindustrie, 220 MA, 85 Mio. € Umsatz, globale Business Unit der **Centauri Inc.**, US-amerikanischer, börsennotierter Anlagen-Hersteller, 16 000 MA, 9 Mrd. $ Umsatz		**2017 – heute**
	Director R & D R & D-Programme für Produkt- und Prozessentwicklung, 18 MA, Budget 16 Mio. €/a, externe Entwicklungspartnerschaften u. a. in NL, USA, China; Komponenten für neue Batteriegeneration *Befördert für Reorganisation und Aufbau neuer Geschäftsfelder*	2021 – heute
	Director Product Management Produktstrategie und Roadmaps, 9 MA; Identifizieren neuer Wachstumsmärkte und Entwicklung erfolgreicher Produkt	2017 – heute

Nur durch diese Dreispaltigkeit können Sie das, was zusammengehört, an einer Stelle anführen und damit das Verstehen auch bei schnellem Lesen erheblich fördern: in einer Spalte alles, was das Unternehmen betrifft, in einer zweiten alles, was die Funktion, die ausgeübte Verantwortung ausmacht. Im Beispiel sind auf einen Blick die Gesamtzeit beim Unternehmen und die beiden Unterzeiträume mit aufsteigender Verantwortung zu sehen.

Wir lesen viele andernorts entwickelte C-Level-CVs und fast alle erfordern ziemlich lange Zeit, um in etwa zu verstehen, in welcher Abfolge diese drei Kriterien (Funktion, Unternehmen, Dauer) aufeinander folgten. Einer der Hauptgründe ist, dass meist mehrere Seiten vor- und zurückgeblättert und gleichzeitig die gelesenen, aber nicht mehr sichtbaren Inhalte in Erinnerung behalten werden müssen. Den Überblick über die all die Funktionen, Unternehmen und Zeiträume müssen im Kurzzeitgedächtnis gespeichert werden. Das Zusammensuchen über mehrere Seiten erfordert meist schon weit mehr als 60 Sekunden, eigentlich die Zeit, die man für eine Vorentscheidung maximal aufwenden will. Und häufig, wie im Beispiel des Geschäftsführers der Alu Tech GmbH oben, weiß man nicht einmal genau, woran man sich eigentlich erinnern soll, weil so wenig gesagt ist. Bei C-Level-Managern kommt aber einiges zusammen, oft haben sie die Fünfzig schon überschritten und viel erlebt. Wenn dann noch einzelne Funktionen beim selben Unternehmen getrennt aufgeführt werden, aber mit sich dauernd wiederholenden, identischen Unternehmensnamen, sodass die Gesamtzeit je Unternehmen erst errechnet werden muss, dauert alles noch viel länger. All das vermeiden Sie und sparen Ihrem Leser kostbare Zeit durch geschickte Reduktion auf der ersten Seite.

Weil C-Level-Manager de facto immer in der Geschäftsleitung, nicht unbedingt als Geschäftsführer, aber als oberster Leiter einer Unternehmensfunktion unmittelbar die Geschicke des Unternehmens mitlenken, sind, anders als für die Hierarchieebenen darunter, viele Informationen zum Unternehmen erforderlich, um sich überhaupt ein Bild über Art und Umfang der tatsächlich übernommenen Verantwortung machen zu können. Denn aus dem isoliert dastehenden Namen, beispielsweise Tri Technus AG, lässt sich nichts ablesen. Es ist aber ein himmelweiter Unterschied, ob Sie COO in einem Venture-Capital-finanzierten High-Tech-Start-up mit 500 000 Euro Umsatz waren oder das Tausendfache in einem Traditionsunternehmen mit 500 Millionen Euro Umsatz (das trotz seiner Größe die wenigsten Leser kennen werden) verantwortet haben. Mit beiden Unternehmenstypen verbinden die Leser sehr unterschiedliche Erfahrungen – die sie manchmal gut brauchen könnten, manchmal auch nicht.

Neben dem Namen des Unternehmens gehören Antworten auf die Fragen nach Mitarbeiteranzahl und Jahresumsatz, je nach Fall meist aber auch: Wem gehört das Unternehmen, wer sind die Gesellschafter (Familienmitglieder, genossenschaftlicher Verbund, Private Equity, börsennotierter Konzern etc.), welche

Branche, welche Dienstleistung erbringt, womit handelt oder was produziert das Unternehmen, regionale, internationale Ausdehnung, Anzahl der Werke, Niederlassungen, Tochterunternehmen, einschließlich Nationalitäten und so weiter.

Hinter dem vorhin zitierten CV-Auszug verbreiteter Art: »Alu Tech GmbH, Herne« verbarg sich tatsächlich:

Alu Tech GmbH

Tochtergesellschaft des börsennotierten US-amerikanischen Umweltkonzerns GEN-ALOO: Industrie-Reinigung chemischer, petrochemischer und industrieller Großanlagen, vormals Joint Venture Freudenberg und Siemens, € 40–60 Mio. Umsatz, 400 MA, an 4 Standorten in Deutschland, Frankreich, USA und China

Um wieviel eindrucksvoller ist das! Ohne auch nur einen einzigen Erfolg zu nennen. All das prägten seine Erfahrungen. Nur – es stand nicht da!

Und hinter dem mutmaßlichen Vertriebs-GF, Sie erinnern sich:

Geschäftsführer Alu Tech GmbH, Herne

- …
- Neudefinition und Start strategischer Vertriebsaktivitäten

verbarg sich in Wahrheit:

Geschäftsführer – Gesamtverantwortung

Sanierung und Turnaround des seit 7 Jahren hochdefizitären Unternehmens (≥ 4 Mio. € p. a. Verlust) durch:

- Rekrutieren und Implementieren neues Management-Team
- Stabilisieren der operativen Steuerung durch Implementieren Cash-Management, Dashboard-System u. a.
- Potenzial-Ausschöpfung bei Stammkunden sowie beträchtliche Neukundengewinnung

Berichtend an CEO der GEN-ALOO Zentralregion West-Europa

All dies passt auf eine Seite und gibt dem Leser wichtige Informationen (die Sie leider nicht so einfach aus der damaligen Job Description rüberkopieren konnten). Oft hat es auch nichts oder nur sehr überblicksmäßig mit Ihren erzielten Erfolgen zu tun. Angeführt wird regelmäßig, was Sie dort im Kern erlebt haben, denn es prägt Sie und Ihre Erfahrungen und Ihr Wissen bis heute mit. Die Unternehmensinformation Karl Schulze, Wuppertal dagegen sagt für sich genommen leider gar nichts aus, obwohl dort vermutlich ebenso lehrreiche Konstellationen die Verantwortung für das Unternehmen prägten und sich ebenso viel ereignet hat wie im Fall der Alu Tech, Herne. Und Karl Schulze mag mit 200 Millionen Umsatz ein großer Mittelständler sein – ein erster Anfang, wenn das unterhalb des Unternehmensnamen im CV steht –, die Leser werden ihn dennoch kaum kennen und sicher nicht im Netz schauen, wer sich dahinter verbirgt und daher über all die wichtigen Rahmenbedingungen im Ungewissen bleiben.

Der Unternehmensname kann wie bei Alu Tech GmbH, Herne sogar das Falsche andeuten: Industrie, irgendetwas mit Aluminium. Tatsächlich, lesen Sie oben in der Neufassung, war der Klient gesamtverantwortlicher Geschäftsführer eines Industriereinigers! Auch ein Familienname, der Unternehmensname ist, wie Thyssen Krupp oder Schaeffler, können den Leser in die falsche Richtung leiten und würde ein umso gravierenderes falsches Bild erzeugen, wenn er dort gar die letzten 20 Jahre Karriere gemacht hat (ein Fall aus der Praxis). ThyssenKrupp steht für die meisten für Stahl, einige wissen, dass es dort auch eine große Automotive-Sparte gibt. Wenn der Leser dies aber nicht vor Augen hat und von vornherein keinen Stahl-Mann akzeptieren würde, würde der CV eines ThyssenKrupp-Automotive-Manns leicht gleich beiseitegelegt werden, obwohl vielleicht gerade ein Automotive-Mann interessiert hätte. Oder genau umgekehrt wird allein der Unternehmensname Schaeffler, den fast jeder mit einem der marktführenden TIER-1-Automotive-Konzerne verbindet, für einen Bewerber zum Fallstrick, wenn er in einer Sparte der Unternehmensgruppe Verantwortung getragen hat, die nichts mit Automotive zu tun hat, er also auch über keinerlei Automotive-Erfahrung verfügt. Fast schon verhängnisvoll, denn die Erfahrung nebst Erfolgen, die er tatsächlich aufzuweisen hat und für die er ein passendes Unternehmen sucht – nämlich Maschinenbau, Automation, Werkzeugmaschinen, Robotik, Medizintechnik, Halbleiter, erneuerbare Energien und Non-Automotive-Mobilität –, vermutet natürlich kaum ein Leser, wenn Schaeffler prominent und ausgedehnt am Beginn seines CV steht.

SCHAEFFLER | www.schaeffler.com
Die Schaeffler Gruppe ist ein weltweit führender Automobil- und Industriezulieferer, erwirtschaftete in 2019 mit 92 000 Mitarbeitern einen Umsatz von ca. 14 Mrd. €. Mit Lösungen für Wälzlagerungen, Lineartechnik, mechatronischen Systemen und Direktantriebstechnik ist die Sparte Schaeffler Industrie ein TIER-1-Lieferant in alle Industriebranchen weltweit.

Und wenn, wie üblich, der CV zunächst nur überflogen wird, dann ist dieser kardinale Irrtum sehr wahrscheinlich ursächlich dafür, dass er weit weniger positive

Rückläufer auf Aussendungen erhält, und auf dem kleinen offenen C-Level-Stellenmarkt wird es sich ähnlich verhalten. Der Mann, der dort schon sein duales Studium absolviert hat und dann 18 Jahre sukzessive aufgestiegen ist und für kein anderes Unternehmen bislang Verantwortung getragen hat, wird zu Unrecht völlig falsch eingeschätzt. Aber dafür ist der CV-Verfasser verantwortlich, niemand sonst! Was soll man aber machen? Man kann doch nicht den Unternehmensnamen ändern? Nein, aber man kann schon statt Schaeffler – wie im vorherigen CV – Schaeffler Gruppe Industrie an den Anfang setzen (über alle drei Spalten der Berufsstationen hinweg) und wie hier bei der Beschreibung des Unternehmens viele Signale setzen, die in eine andere Richtung als Automotive weisen:

Schaeffler Gruppe Industrie
Mittelständisch geprägte, globale Business Units für Industriekunden der Maschinenbau-Branchen, Automation, Werkzeugmaschinen, Robotik, Medizintechnik, Halbleiter, erneuerbare Energien und Non-Automotive-Mobilität

Um es mit dem Goethe zugeschriebenen Aphorismus zu sagen: »Wer das erste Knopfloch verfehlt, kommt mit dem Zuknöpfen nicht zu Rande.« Klingt schön, ist aber ernst, denn kardinale Fehler, wie hier einer gemacht wurde und zunächst mit äußerst mageren Gesprächseinladungen über viele Monate hinweg bestraft wurde, können gerade einem »Ein-Firmen-Mann« die Fortsetzung seiner Karriere auf angemessenem Niveau dauerhaft vereiteln. Das ist bitter – und vermeidbar!

Eine kleine Entwarnung für unsere Leser: Zwar resultierten die »äußerst mageren Gesprächseinladungen« vermutlich gerade aus diesem kardinalen Fehler. Wäre der vorherige CV nicht ein herkömmlicher gewesen, sondern stattdessen so aufgebaut, wie es dieses Buch empfiehlt, dann wäre dieselbe Schaeffler-Beschreibung zwar noch immer ein gravierender Fehler, aber er würde sich nicht so verheerend niederschlagen. Die vielen anderen CV-Elemente – einschließlich der übrigen Elemente in der dreispaltigen Übersicht über Ihre Berufsstationen – mit den vereinzelten, aber gezielten Redundanzen auf den Seiten 2 bis 4, wirken wie ein sich selbst korrigierendes Sicherungssystem: Die entscheidenden Informationen werden hierdurch unter anderen Blickwinkel erneut beschrieben und damit zusätzlich präzisiert, gefährliche Missverständnisse werden viel unwahrscheinlicher.

Profil von Matthias Waller

Diplom-Ingenieur (FH Nürtingen), Maschinenbaumechanikermeister
Executive MBA General Management, INSEAD
52 Jahre, verheiratet, 3 Kinder

Manager-Charakteristik:

- Geradlinige, reflektierte, loyale Führungspersönlichkeit – erprobt in Turnaround und Expansion gleichermaßen
- Häufig in Mehrfach-Verantwortung und antriebsstark von der Pike auf Entwicklung bis zur Gesamtverantwortung
- Verstehen des Zusammenspiels aller Ebenen: Brückenbauer im Unternehmen und zum Kunden oder Lieferanten
- Mehrsprachig mit nationaler, internationaler und auch globaler Verantwortung – Englisch und Spanisch verhandlungssicher

Angestrebte Unternehmensfunktionen:

Gesamtverantwortlicher oder Allein-Geschäftsführer, BU-Leiter; CTO, COO, technischer Geschäftsführer

Berufliche Stationen

Unternehmen	Position	Zeitraum
Prätax Holding GmbH, Schweden Maschinen und Anlagenbau, Präzisionswerkzeuge, CNC-Bearbeitung 3 Divisionen, 2.400 MA, 520 Mio. € Familienunternehmen der Lars og søn-Group Holding AB 43%, Albert Kern 18% sowie 39% im Streubesitz (Deutsche Börse)		**2007 – heute**
	Allein-Geschäftsführer Prätax SA Uppsala Stammwerk der Division Machining der Prätax Holding GmbH, Schweden Rückkehr zur Profitabilität: Umsatz (2020): 142 Mio. €, 512 MA + Leih-MA; Gesamtverantwortung: F&E, Vertrieb, Marketing, Finance, Produktion und Service *Berichtend an CEO der Holding* *zugleich:*	2015 – heute *seit 6 Jahren*
	Global Head of Division General Machining Führen dieser Division der Prätax Holding GmbH mit P&L- und Gesamtverantwortung für 4 Standorte in S, D, USA, China, Umsatz (2020): 183 Mio. €, 738 MA + Leih-MA *Berichtend an CEO der Holding*	2019 – heute *seit 2 Jahren*
	Global Head of Service / Executive Vice President Führen und Ausbau weltweites technisches Servicegeschäft: P&L-Verantwortung für 4.500 Maschinen und 38 Mio. €, 85 MA *Berichtend an Global Head of Division General Machining*	2011 – 2015
	Gesamtleitung Kundenprojekte Gesamt- und P&L- Verantwortung für alle Kundenprojekte, 11 Projektleiter, 110 Mio. € Umsatz *zugleich:*	2008 – 2010
	Leiter mechanische Konstruktion verantwortlich für die mechanische Konstruktion und die Werkzeugtechnologie, 42 MA *zugleich ab April 2010:*	2009 – 2010
	Leiter Montage und Inbetriebnahme verantwortlich für die 3 Abteilungen: MA-Zahl von 102 auf 53 MA fast halbiert	2010
	Projektleiter Kundenprojekte Projekt-P&L-Verantwortung für 13 Mio. €, 0,5-5 Mio. €/Maschine: Lastenhefterstellung, Einkauf, SCM, Engineering, Produktion, Montage, Inbetriebnahme	2007 – 2008

Pforzheimer Landstraße 98 | D-74072 Heilbronn | Mobil: +49 172 337 924 | E-Mail: m.waller@t-online.de

Kunzau GmbH, Pforzheim		**1998 - 2007**
Inhabergeführtes Mittelstandsunternehmen: Herstellung von Spannwerkzeugen für Werkzeugmaschinen vorwiegend für Klein-serienteile, 380 MA, 38 Mio. € Umsatz	**Bereichsleiter Konstruktion** 4 Standorte, 46 MA, Gründung 2 neue Standorte mit Neuaus-richtung Geschäftsmodell: von kundenspezifischer Einzelfertigung zur margen- und ertragsstarken, standardisierten Serienfertigung *zugleich:* Entwickler und Leiter der unternehmensinternen Ausbildung zum Dipl.-Ing. an der Berufsakademie Lörrach, zeitw. zugleich Dozent *Berufsbegleitend: MBA- und GM-Studium INSEAD Fontainebleau*	1999 - 2007 2002 - 2004
	Angebotskonstrukteur Konstruktionen in enger Absprache mit internationalen Kunden	1998 - 1999
Fachhochschulreife, Ingenieur-Studium, Hochschule für Technik, Nürtingen, selbstfinanziert		**1993 – 1998**
Lanzert & Tetz GmbH, Neckarsulm Inhabergeführter Maschinenbau, 28 MA	**Mechaniker** Selbstständige Montage, Aufbau, Inbetriebnahme von Maschinen *Berufsbegleitend: 2-jährige Abendschule zum Meister Maschinenbaumechaniker Handwerkskammer Heilbronn*	**1990 – 1993**
Anstalt Durlach e.V. Werkstatt für Behinderte 480 Behinderte an 5 Standorten, 2.300 MA	**Mechaniker und Betreuung Behinderter (Zivildienst)** Planung, Fertigung, Aufbau behindertengerechter Vorrichtungen Betreuung von Mehrfachbehinderten in der Produktion *Berufsbegleitend: Abendschule Schweißer-Prüfung*	**1988 – 1990**
Daimler AG, Rastatt	**Ausbildung als Mechaniker**	**1985 – 1988**

Führungsverantwortung und Berichtslinien

- Führen von bis zu 4 Geschäftsführern, Vice Presidents, BU-Leitern und 550 MA an 4 internationalen Standorten
- Führen cross-funktionaler Teams und komplexer Matrixstrukturen, Aufbau Berufsausbildung zum Dipl.-Ing. (BA)
- Berichtslinien direkt an Holding-CEO, Gesellschafter, Inhaber
- Zusammenarbeit und konstruktive Auseinandersetzung mit Betriebsräten und Gewerkschaften auch für MA-Abbau und Betriebsvereinbarungen

Internationale Verantwortung und interkulturelle Erfahrung

- Ost-Europa, Italien, Spanien, Portugal, Türkei, USA, Mexiko, China, Japan und Taiwan: verantwortlich für eigene Vertriebs- und Serviceorganisationen, Handelsagenturen und -vertretungen
- Schweden, Italien, China und USA: persönliche Kundenakquisition und -betreuung
- China: Aufbau einer Serviceorganisation, Führen der chinesischen MA
- Schweden, USA, China, Japan: Führen der eigenen GmbH-GFs, Vice Presidenten und BU-Leiter

Engagement, Auszeichnungen, Patentanmeldung

- Mitglied in DIN- und internationalen ISO-Normenausschüssen, Lehrtätigkeit an der Berufsakademie Lörrach
- Berufsbegleitend: Abendschulen, u. a. zum Meister und Executive MBA General Management, INSEAD
- Preis der Stadt Nürtingen für hervorragende Diplomarbeit (1,0), später Industrie-Auszeichnungen 2020 EMO: 1. Preis für herausragende Innovationen, 2021: 1. Preis „Best of Industry Award" – MM Vogel
- Europäisches Patent EP 4 152 854 B2

Erfahrungs- und Kompetenzübersicht

Eigentümerstrukturen	Unternehmensphasen	Branchen-Know-how
• Gründergeführter mittlerer Handwerksbetrieb • Eigentümergeführtes Industrie-Unternehmen • Schwedischer Hightech-Mittelstand • DAX-Unternehmen • Diakonie-Einrichtung e.V.	• Expansion in China: Auf- und Ausbau • Starker Ausbau von Geschäftsfeldern • MA-Abbau um ⅓ in Krisen 2009 & 2020 • Sozialplan-Entwicklung und Verhandlung mit Betriebsrat und Gewerkschaft • Krise, Kurzarbeit, Sanierung, Turnaround • Schließung Produktionsstandort / Bereich • Umbau von Einzel- zur Serienfertigung	• Maschinenbau und Werkzeugmaschinenbau • Anlagenbau • Automobilindustrie TIER 1,2 • Semi-industrielle Juwelen-Fertigung, Luxusgüter • Konsumgüter-Industrie • Elektroindustrie

Keine Gefahr, kardinale Fehler zu machen, aber ein bedauerlich unvollständiges Bild Ihrer Leistungsfähigkeit bei den verbreiteten Schnelllesern zu erzeugen, folgt ebenfalls aus dem typischen, herkömmlichen CV-Aufbau: Die Standarddarstellung in den CVs – unterteilt zweispaltig in Berufserfahrung (Auflistung der Zeitspannen, Unternehmen, Funktionen) und vorausgegangener Berufsausbildung und/oder Studium, was wie ein Annex gegen Ende des CV folgt. Beide Blöcke mit Angabe vieler Zeiträume, so ist man es gewohnt. Und so – leider – überschneiden sich oft zwei Zeitstränge. Zum Nachteil des Managers. Denn viele haben ein Erst- oder Zweitstudium absolviert oder eine Promotion geschrieben, gleichzeitig während ihrer Verantwortung für eine Funktion in einem Unternehmen. Das ist eine Doppelbelastung, manchmal sogar gepaart mit der zeitintensiven Mitverantwortung für eine junge Familie. Das zeigt, ja beweist förmlich Belastbarkeit. Ohne dass Sie ein selbstbeweihräucherndes Wort darüber verlieren müssen – einfach Fakten darstellen, aber so, dass sie auch gelesen und verstanden werden: Nämlich vorne in den »Beruflichen Stationen«, wo sie natürlich auch hingehören, denn sie engagierten sich in diesen Fällen während Ihrer Berufsausübung und nicht vorneweg zwischen beispielsweise Abitur und Berufseinstieg.

Auch (Auslands-)Praktika, das Studium (mit-)finanzierende Werksstudenten- oder berufliche Ausbildungszeiten in Unternehmen werden durch den herkömmlichen Aufbau auseinandergerissen, obgleich sie zur frühen Berufserfahrung zählen.

Wenn Sie das kurz und knapp in die dreispaltigen Berufsstationen integrieren (vergleiche das Beispiel von Matthias Waller), statt die herkömmliche Aufteilung in Berufserfahrung und oft sich überschneidende Berufsausbildung wählen, werden es selbst eilige Leser nicht überlesen. Im herkömmlichen Aufbau dagegen zwingen Sie die Leser, über dazwischenliegende Seiten hin- und herzuspringen, sich dabei die jeweiligen Zeiträume zu merken, um diese Gleichzeitigkeit überhaupt zu entdecken oder festzustellen, dass sie aufeinanderfolgten. Das machen selbst Leser mit viel Zeit selten und würden es alsbald wieder aus dem Blick verlieren, wenn sie nicht zu den akribischen gehören und bei »Berufserfahrung« vorne eine Randnotiz machen.

All dies ist gerade auf dem C-Level häufiger anzutreffen, aber keineswegs bei allen. Wer dagegen zu denjenigen zählt, die solche zeitlichen Mehrfachbelastungen getragen haben, empfiehlt sich mit seinem besonderen Engagagent auch dem Leser.

Selbst dem flüchtigen Leser dürften die kursiv hervorgehobenen Mittelspalten-Informationen auffallen: Zu Beginn des Berufslebens drei berufsbegleitende Ausbildungen oder Studiengänge, davon das Erststudium selbst finanziert, und eine zweifache Funktionsverantwortung. In jüngerer Zeit drei weitere Zwei- beziehungsweise Dreifach-Funktionsverantwortungen. Das alles integriert in die Berufsstationen: ein einziger Zeitstrang, minimaler Platzaufwand, maximale Aufmerksamkeit.

CEO-TIPP

Ein nebenberufliches Erst- oder Zweitstudium ist besser (auch) in die Übersicht der Berufsstationen zu integrieren. Am Ende des CVs wird es leicht übersehen oder die Parallelität nicht erkannt. Ihr Leistungsvermögen wird auch durch das optisch geschickte Unterstreichen Ihrer zeitweisen Doppel-, gar Dreifach-Funktionen bei einzelnen Unternehmen betont.

Solches Engagement, solche Belastbarkeit ist auch bei unseren Klienten deutlich überdurchschnittlich, aber auch, wer nur eine oder zwei solcher Doppelbelastungen oder -verantwortungen aufweisen kann, hat ein kleines Zusatzargument für seine Person, seine Leistungsbereitschaft und Leistungsfähigkeit.

Die Dreispaltigkeit und damit die Aufspaltung von Unternehmen und Funktion bietet mehrere unschlagbare Vorteile:

- Das Schriftbild wird ruhiger, da Sie nicht mit Fetthervorhebungen, Unterstreichungen oder gar beidem arbeiten müssen, um Verantwortung von Unternehmen abzugrenzen. Weiterer sich dadurch ergebender Vorteil: Sie können Hervorhebungen sparsam und wirkungsvoll für Hervorhebungen anderer Begriffe nutzen, die die Aufmerksamkeit des Lesers in Ihrem Sinne lenken.
- Der Leser kann durch die Ein-Seiten-Technik der Berufsstationen auf einen Blick erfassen, in welchen Unternehmen Sie der Reihe nach waren und welche Verantwortung sukzessive hinzukam, also meist stetig zunahm.
- Umfirmierungen, Fusionen, Carve-outs et cetera werden sofort erfasst und stehen in unmittelbarem Zusammenhang mit Ihrer unveränderten oder auch daraufhin veränderten Funktion.
- Doppel- und Dreifach-Funktionen zur selben Zeit (also Mehrfach-Verantwortung) im Unternehmen werden einfach erkennbar, da die Verantwortung in einer eigenen Spalte steht.
- Verschiedene aufeinander folgende Funktionen im selben Unternehmen können auf einen Blick erfasst werden und der Irrtum wird ausgeschlossen, Sie wären ein »Jobhopper«, nur weil Sie in verschiedene Tochtergesellschaften mit bisweilen eigenwilligen Firmierungen und/oder in die Unternehmenszentrale wechselten oder Namensveränderungen infolge von Zu- und Verkäufen erlebten. Es wird sofort klar, dass Sie vielmehr in ein und derselben Unternehmensgruppe oder Konzern aufgestiegen sind, ein Irrtum ist nahezu ausgeschlossen,

zumal Sie in der dritten Spalte die übergreifenden Gesamtzeiträume (fett oder in größerer Schrifttype) markieren.

Zeitangaben

Einstein meinte: »Man muss die Dinge so einfach wie möglich machen. Aber nicht einfacher.« Auch bei den erforderlichen Angaben zu den Zeitspannen ist Einfachheit wichtig, um schnell und richtig verstanden zu werden. In vielen C-Level-CVs stehen sie aber so:

Group CFO	10.20 – heute
CFO	04.08 – 09.20
Leiter Rechnungswesen	08.04 – 03.08
Leiter Controlling	04.97 – 07.04

Das ist noch einfacher, als es vielleicht Einstein recht wäre. Denn solche optisch sehr regelmäßig wirkende Zeitangaben sehen zwar schick und modern aus, wirken auf die meisten Leser aber wie ein kleines Rätsel. Denn es erfordert schon sehr konzentriertes Lesen, um sich die jeweilige Dauer der Funktionsverantwortung auszurechnen: Energieaufwand des Lesers, die er schon zu Beginn verschwendet, die er nicht für Ihre wichtigen Botschaften nutzen kann.

Die Gefahr, sich zu verrechnen, wird durch diese Unübersichtlichkeit – mit üblichen, aber bedeutungslosen Füllnullen bei zehn von zwölf Monatsangaben – weiter erhöht. Nullen, die sich seit der Jahrtausendwende nochmals beachtlich vermehrt haben und mit den Monatsnullen kollidieren.

Und denken Sie daran, es gibt sicher viele zahlenaffine Menschen unter den Lesern, vermutlich aber ebenso viele, die keinen Blick, kein Gefühl für Zahlen haben. Die wollen Sie auch erreichen und nicht frustrieren.

Leichter verständlich – im Sinne von »aber nicht einfacher« – wird es, wenn man freiwillig das Jahrhundert hinzufügt:

Group CFO	10.2020 – heute
CFO	04.2008 – 09.2020
Leiter Rechnungswesen	08.2004 – 03.2008
Leiter Controlling	04.1997 – 07.2004

Am schnellsten und ohne Konzentration erfassbar sind die Zeiträume ohne Monatsangaben. In Ausnahmefällen, wie etwa bei einer Austragung als Geschäftsführer, der aber aktuell noch Gehalt bezieht und damit im Unternehmen ist (= bis heute), können sie hinzugefügt werden. »So einfach wie möglich« wäre sicherlich so:

Group CFO	2020 – heute
CFO	2008 – 2020
Leiter Rechnungswesen	2004 – 2008
Leiter Controlling	1997 – 2004

Vergleichen Sie die dritte Variante mit der ersten. Auf einen Blick sieht man die jeweilige Zeitdauer – und auf ein halbes Jahr mehr oder weniger, was die akribischen Leser, die Monatsangaben vorgesetzt bekommen, herausfinden können, kommt es sowieso nicht an. Und etwaige »Lücken«, die so kaschiert werden könnten, sollten Sie nicht beunruhigen. In ein und demselben Unternehmen entstehen sie nicht und viele haben selbst dann keine, wenn sie den Arbeitgeber gewechselt haben. Manche dagegen schon – so selten ist das gar nicht. Und? Auf der Bereichsleiter- und C-Level-Ebene ist das nicht ungewöhnlich und allemal besser, als vorschnell einen sich nahtlos ergebenden Job anzunehmen, von dem man nicht überzeugt ist. Wichtiger als pingelige Genauigkeit, die niemandem weiterhilft, ist es, den Leser so zu informieren, dass er nicht zusätzliche Konzentration für Verstehen und Rechnen, gar Verrechnen aufbringen muss.

Wer hierüber schreibt, macht Weiterlesen und Einladung wahrscheinlicher

Wenn Sie Ihre »Beruflichen Stationen« wie empfohlen aufgebaut haben, wird sich jeder Leser – schon auf der ersten Seite – ein umfassendes Bild Ihrer Karriere- und Verantwortungsentwicklung machen können.

Da sich die meisten Entscheider auf CEO-, Gesellschafter- und Aufsichtsratsebene einige zentrale Fragen stellen, die sich selbst aus den »Beruflichen Stationen« nicht »auf einen Blick« ergeben, aber für den Entschluss, weiterzulesen oder nicht, entscheidend sein können, fassen wir die Beantwortung dieser Schlüsselfragen auf der Seite 2 so zusammen, dass sie als informativer Eyecatcher fungieren und damit fast sicher registriert werden.

Denn zumindest unbewusst, oft auch ganz gezielt, suchen Unternehmensentscheider nach bestimmten Eigenschaften und Erfahrungen im CV, um sicherzugehen, dass der Bewerber dem Unternehmen ausreichend Nutzen bringen kann und sich ein Gespräch lohnt: Es geht dabei um die Bandbreite ausgeübter Führungsverantwortung sowie an welche Hierarchieebenen er bislang gewohnt war zu berichten; ferner die Vielfalt seiner internationalen Verantwortung und interkulturellen Erfahrung. Zum dritten ein grafischer Überblick seiner »Gewichteten Funktionserfahrung über die gesamte Berufstätigkeit« und schließlich eine Zusammenstellung all seiner Erfahrungen mit unterschiedlichen Eigentümerstrukturen, Unternehmensphasen, Branchen-Know-how und gegebenenfalls noch einem weiteren Aspekt wie etwas Methoden- oder Technologie-Know-how. All das im Überblick, denn auf der ersten Seite standen etliche, aber nicht alle Inhalte bereits verstreut bei der jeweiligen Verantwortung oder Unternehmen.

Aus all den Jahren, in denen wir mit diesen Elementen und Strukturen, die stetig weiterentwickelt wurden, arbeiten, wissen wir aus dem Feedback unserer Klienten vom Markt, dass dies zu den wesentlichen Bausteinen eines wirksamen C-Level-CVs gehört. Sie erhöhen – freilich nur bei Übereinstimmung mit den Belangen des Unternehmens – die Wahrscheinlichkeit signifikant, dass sich die passenden Unternehmen angesprochen fühlen und melden.

Für viele Führungskräfte sind alle vier genannten Übersichten sinnvoll, für einige sind es drei und sehr selten nur zwei. Welche es sind, kommt immer auf den Einzelfall an. Denn nichts ist Selbstzweck, nichts wird dargestellt, wenn die Überzeugung fehlt, dass es dem Leser wertvolle Informationen liefern wird.

Diese vier Übersichten sind deshalb schon für eine Einladung so wirksam, weil sie mit über die spätere Besetzung entscheiden. In ihrem Ausmaß und in ihrer Komplexität werden die Informationen der Übersichten aber nur durch die konzentrierte und singuläre Zusammenfassung auf Seite 2 ins Auge fallen und erfasst. Und sie werden beeindrucken, sofern sie mit den Unternehmensbelangen korrelieren. Zwar sind manche der Informationen – wenn auch nur in Teilen – bereits verstreut über den ganzen CV (von der Manager-Charakteristik über die Beruflichen Stationen bis hin zu den Beiträgen zum Unternehmenserfolg), aber sie werden bei diesen Übersichten gezielt vervollständigt und einige auftretende Redundanzen sind kein Versehen, sondern willkommen. Denn die wirklich wichtigen Dinge dürfen, unter verschiedenen Blickwinkeln, gerne zwei-, gar dreifach aufscheinen, damit sich die Wahrscheinlichkeit erhöht, dass auch der eilige Leser sie wahrnimmt.

Nur so muss sich der Leser nicht, um sich ein zutreffendes Bild von Ihnen machen zu können, über vier Seiten hinweg mühsam zusammensuchen, welcher Qualität und Quantität Ihre internationalen Erfahrungen und andere besetzungserheblichen Parameter sind. Er müsste sie sich nicht nur zusammensuchen, sondern im Grunde auch notieren und »hochaddieren«, um Güte und Umfang zu erkennen. Das macht kaum ein Leser für Sie, aber Sie könnten es und sollten es im wechselseitigen Interesse tun.

Führungsverantwortung und Berichtslinien

Die Führungsqualitäten einer Führungskraft sind der »Transmissionsriemen zum Erfolg«. Allein kann es niemand schaffen. Da jede Führungskraft andere Menschen zur Zielerreichung braucht, kommt es neben weiteren Erfolgsursachen ganz entscheidend hierauf an. Und verdient daher eine zusammenfassende Hervorhebung.

Ihre Führungsqualitäten beschreiben Sie im Abschnitt »Führungsstil und Persönlichkeit«, sofern Sie einen solchen Abschnitt einfügen wollen, und/oder in Ihrer Manager-Charakteristik und sowieso flankierend in dem einen oder anderen Punkt Ihrer Erfolgsbeiträge. In diesem ersten zusammenfassenden Abschnitt nach Ihren Berufsstationen geht es um Ihre bisherige Führungsverantwortung in quantitativer Hinsicht, denn die Entfaltung der Führungsqualitäten hängt durchaus zusammen mit der Anzahl geführter Mitarbeiter, verantworteter Hierarchieebenen und anderem mehr.

Denn auch das wollen Entscheider auf einen Blick wissen und nicht erst durch Vergleich aller Stationen die maximal erlebte Führungsspanne herausfinden – und womöglich nur die zweithöchste entdecken. Es macht nun einmal einen Unterschied, ob Sie bislang für maximal vier, 100 oder 800 Mitarbeiter Verantwortung getragen haben. Nicht so wichtig ist, ob dies vielleicht schon ein paar Jahre her ist, weil Sie zuletzt in einer Stabsfunktion mit naturgemäß kaum Führungsverantwortung waren, oder in einem Start-up oder einem anderen kleineren Unternehmen mit hohem Entwicklungspotenzial Verantwortung trugen, in dem Sie wahrscheinlich Führungsstrukturen erst aufgebaut haben. So etwas wie quantitative Führungserfahrung verlernt man nicht. Sehr gut daher, dies unübersehbar an erster Stelle dieses prominenten Abschnitts zu platzieren.

Diese Quantität sollte je nach Erfahrung weiter nach ihrer Komplexität aufgeschlüsselt werden, etwa:

Führen von bis zu 400 MA über 4 Hierarchieebenen, in bis zu 11 Ländern, an bis zu 27 Standorten, auch in Matrix-Organisationen

Die Anzahl der nachfolgenden Hierarchieebenen, die dort natürlich nur noch indirektes Führen ermöglicht, sowie das Führen über mehrere Standorte oder Länder erhöhen die Komplexität der Führungsspanne erheblich, ebenso eine Matrix-Organisation. Völlig unabhängig von der Mitarbeiteranzahl zeigt das eine deutlich höhere erworbene Führungskompetenz.

Direktes und indirektes Führen (weil über mehrere Hierarchieebenen oder nur fachlich, etwa über eine Matrix) sind klassische Verantwortlichkeiten. Eine andere Führungsverantwortung ergibt sich aus dem Leiten von Projekten, dem Steuern von Handelsvertretern oder Franchise-Nehmern oder dem Leiten von Seminaren oder Moderieren von Workshops. Es liegt auf der Hand, dass dies andere Kompetenzen erfordert als die klassische direkte Führung, aber in diesem Abschnitt nicht fehlen darf, sofern Sie darüber verfügen.

Es empfiehlt sich, danach einen Bulletpoint mit einem ein- oder zweizeiligen Überblick mit Ihren bisher erlebten Berichtslinien einzufügen. Sie können nach höchster Hierarchieebene und/oder nach Art der Gesellschafter (Gründer, Mitglied der mittelständischen Eigentümerfamilie, Private Equity, Aufsichts- oder Beirat) differenzieren. Die Leser wissen, dass damit viel zusammenhängt, denn die Art und Weise, wie Sie gewohnt waren, Bericht zu erstatten, hängt maßgeblich vom Typus der Berichtslinie ab. Bei Bericht etwa an einen Finanzinvestor, der nach recht kurzer Zeit das Beteiligungsunternehmen mit Gewinn veräußern will, ist es in der Regel grundlegend anders als bei einem Familienunternehmen in dritter Generation. Schön, wenn Sie schon beides oder andere Varianten erlebt haben.

Die Vielfalt Ihrer Berichtslinienerfahrung wird so zentral zusammengefasst. Klar, wenn es kaum Unterschiedliches zu nennen gibt, dann schreiben Sie nichts und lassen schon die Überschrift »Berichtslinie« weg.

Schließlich kommen wir zum dritten Unterabschnitt dieser Zusammenfassung: Betriebsräte. Sie werden weder geführt noch berichten die Führungskräfte an diese – sondern irgendwie und je nach Thema machen sie beides. Also ist dieser Abschnitt eine sehr gute Gelegenheit, an prominenter Stelle, mit dem letzten Bulletpoint, auch das noch einmal zu erwähnen oder – wenn es vielfältiger Natur war – aufzufächern. Und meist wird die Erwähnung der Betriebsratserfahrung unter dem Blickwinkel »Führungsspanne und Berichtslinien« eine Wiederholung sein, denn Sie würden sie noch an einer oder zwei weiteren Stellen anführen, etwa in der Manager-Charakteristik oder mit konkreten Inhalten und nicht nur abstrakt bei einem Ihrer Beiträge zum Unternehmenserfolg.

Internationale Verantwortung und interkulturelle Erfahrung

Existenz und Expansion von Unternehmen hängen heute mehr denn je von internationalen, gar weltumspannenden Lieferketten sowie internationalen, gruppen- oder konzernweiten Produktionsnetzwerken ab. Weltweite Aktivitäten wie Global Sourcing und Global Collaboration Management sind heute meist fester Bestandteil selbst kleinerer Unternehmen, die keineswegs den Status des »Hidden Champions« errungen haben müssen, die historisch irgendwo in der Provinz entstanden sind, weitab von den Metropol- oder Industrieregionen und dennoch von dort erfolgreich internationale Märkte beliefern.

Warum diese Einleitung? Weil sie erklärt, warum umfassende Erfahrungen auf internationaler Ebene unverzichtbar sind für die Zielgruppe dieses Buches, gleichviel ob sie eine neue Verantwortung in einem multinationalen Konzern oder einem KMU mit vielleicht zehn Millionen Jahresumsatz anstrebt. Etwa 98 Prozent unserer Klienten verfügen denn auch über reiche internationale Erfahrung, die auf deren vierseitigen CVs vielfach aufscheint. Ihre positive Wirkung entfalten kann diese Internationalität allerdings nur, wenn sie auf wenige Zeilen komprimiert zusammengefasst wird. Nur so kann der Leser beruhigt vermuten, dass Existenzsicherung und Expansion seines Unternehmens mit diesem Manager auch international gewährleistet wäre.

Beim Überblick »Internationalität« geht es um die Auflistung all der Nationen und Staaten, Kontinente und Weltregionen, mit denen Sie nennenswerte Berührung hatten. So, als ob Sie Stecknadel-Fähnchen auf eine Weltkarte pinnen würden. Für das Verbalisieren Ihres Überblicks ist wichtig: Niemals den bequemen, schnellen und naheliegenden Weg wählen und einfach Ihren dort zusammengefassten einzelnen Erfahrungen jeweils das Attribut »international« oder »global« anheften. »International« vierfach untereinandergeschrieben beeindruckt und informiert nicht, weil es nicht konkret und damit nicht greifbar ist. International ist aus deutscher Sicht schon ein Vertriebsstandort in Salzburg. International ist aber genauso ein Sales Hub in Singapur mit seiner multikulturellen Bevölkerung, verantwortlich für die vielen Märkte der Weltregion Asia Pacific. Es geht bei den Begriffen Singapur und Sales Hub – wieder einmal – darum, kleine Filme im Kopf des Lesers entstehen zu lassen, einen Hauch von Storytelling.

Andererseits würden Art und Ausmaß Ihrer Internationalität nicht sichtbar werden, wenn Sie lediglich zehn oder mehr Staaten aneinanderreihen würden, Länder, in denen Sie irgendwann, irgendwie einmal tätig waren oder sich aufgehalten haben. Ein bisschen Substanz ist erforderlich: Worum ging es im jeweiligen Land, welche Verantwortung trugen Sie konkret für eine Ländergruppe oder eine der drei Weltregionen?

Internationalität bezieht sich nicht nur auf Produktionsstandorte, Lieferketten oder Absatzmärkte, die Sie verantwortet haben. Selbstverständlich ist es auch eine internationale sowie interkulturelle Erfahrung, für Unternehmen tätig gewesen zu sein, die Franzosen oder Koreanern gehören, die aus den USA oder aus Russland sind. Selbst wenn Ihre damalige Verantwortung sich als General Manager Germany oder als Head of Finance oder Bereichsleiter F&E ausschließlich auf die deutsche Landesgesellschaft oder zwei deutsche Werke bezogen hat: Die Nationalität der Eigentümer wird auch eine scheinbar rein deutsche Verantwortung erheblich prägen und ist daher zu nennen. Sie haben mehr als nur eine Idee davon, wie es ist, für US-Amerikaner oder Chinesen zu arbeiten.

Bei jedem Ihrer Bulletpoints sollte nicht lapidar nur das Land oder der Kontinent stehen, erst eine durchaus knappe Konkretisierung schafft Vertrauen. Es sollte schon erkennbar sein, ob Sie ein Produktions- und Liefernetzwerke errichteten oder ausbauten, Sourcing oder Collaboration betrieben, Absatzmärkte aus- oder gar aufbauten, ein Unternehmen kauften oder verkauften, ein Werk errichteten oder schlossen.

Es sind mithin diejenigen Inhalte des CV, die ohnehin bereits verstreut und detaillierter auf Ihren vier CV-Seiten stehen – natürlich einschließlich ihrer beiden Seiten »Beiträge zum Unternehmenserfolg«. Sie brauchen meist nichts neu zu entwickeln, sondern lediglich sorgfältig zusammenzutragen. Umgekehrt beobachten wir auch oft: Indem sie an Ihre »internationalen Erlebnisse« denken und sie alle stichpunktartig zusammentragen, erinnern sich viele Klienten wieder an Erfolgsbeiträge, die sie noch gar nicht notiert hatten, oder an internationale Verantwortungen, die sie dann etwa bei den »Beruflichen Stationen« ergänzen oder bei »Gewichtete Funktionserfahrung über die gesamte Berufstätigkeit«.

Wenn es sehr viele Staaten sind, dann empfiehlt es sich, sie geografisch zu ordnen und etwas zurückhaltend zu sein, was zusammenfassende Begriffe wie Europa anbelangt. Der Kontinent ist so vielfältig, dass beispielsweise zehn europäische Länder, für oder in denen die Sie Verantwortung trugen, in ihrer wirtschaftlichen, gesellschaftlichen und rechtlichen Einzigartigkeit – selbst wenn alle der EU angehören – nicht mehr sichtbar wären. Verkaufen, selbst Produzieren in Spanien funktioniert völlig anders als in Schweden, ein Joint Venture zu etablieren oder einen Streik beenden ist in Frankreich eine andere Angelegenheit als in Tschechien. Sie sehen selbst: Das ist ein zusätzlicher Aspekt zur Internationalität, es sind interkulturelle Erfahrungen. Schreiben Sie konkret und vermeiden Sie Oberbegriffe wie Europa (es sei denn, Sie kombinierten diesen in einer Aufzählung mit anderen Kontinenten) und nennen stattdessen die die Länder, für die Sie gearbeitet haben. Am Ende von »Prinzip 2: Performance: Erfolgsdarstellung« haben wir diesen Aspekt im Abschnitt »KISS vs. Mehr kann auch besser sein!« eingehender untersucht sowie im Abschnitt »Emotionen und Assoziationen wecken« die emotionale Seite der Internationalität kurz beleuchtet.

Fast zuletzt ist bei Internationalität auch an verhandlungssicheres Englisch zu denken. Dieses ist so selbstverständlich, dass wir es, wenn es die einzige Fremdsprache ist, nie erwähnen, ebenso wenig wie Sie sicherlich den knappen Platz Ihrer vier CV-Seiten verschwenden würden für Selbstverständlichkeiten wie Ihren Pkw-Führerschein oder Ihre MS-Office-Kenntnisse. Darüber spricht man auf dem C-Level nicht. Ihr gesamter CV hat internationale Bezüge, ohne gutes Englisch könnten Sie niemals CFO oder CTO gewesen sein. Und sollten Sie zu den ganz wenigen gehören, die nicht fließend Englisch sprechen, dann gönnen Sie sich vor Ihrem Wechsel in eine neue, internationale Verantwortung einen zwei- oder dreiwöchigen Crash-Kurs auf Malta oder wofür Ihr Herz schlägt. Vorsorglich: Natürlich, wenn Sie mehr als Deutsch und Englisch sprechen, vermerken Sie das in Ihrem CV entweder in Ihrer Manager-Charakteristik oder unter dem Rubrum Internationalität, vorausgesetzt es kommt als dritte Sprache nicht lediglich drei Jahre Schulfranzösisch oder ein Latinum hinzu. So wertvoll beides sicher ist, beruflich kommunizieren können Sie damit nicht.

Internationale Verantwortung und interkulturelle Erfahrung

- Weltweite Verantwortung für 8 Vertriebsgesellschaften mit proaktiver Unterstützung des lokalen Managements in Italien, Spanien, UK, Skandinavien/Baltikum, Frankreich, Niederlanden, USA/Mexiko/Kanada und China
- Steuerung diverser unabhängiger Handelsvertreter in Korea, Indien, Türkei und Brasilien
- Schließen der Vertriebsbüros in Russland und der Türkei aufgrund unattraktiv gewordener Marktbedingungen sowie eines defizitären Lagers in Großbritannien
- Ausbau der osteuropäischen Märkte: Polen, Tschechien, Slowakei, Ungarn, Slowenien, Balkan-Staaten
- Fremdsprachen: Englisch, Französisch, Spanisch, etwas Arabisch

Internationale Verantwortung und interkulturelle Erfahrung

- Reiche interkulturelle Erfahrung durch 4 Jahre Expatriate mit Dienst- und Wohnsitz in Singapur mit ausgedehnten Einsätzen in Japan, Korea, Vietnam, Thailand, Malaysia und Indien sowie ständige, bis zu dreimonatige Aufenthalte in den USA
- Akquirieren und Betreuen strategischer Kunden in Europa, Asien und Nordamerika
- Direktes Führen von Mitarbeitern aus mehr als 20 Nationen – gezielt rekrutiert aus Schlüssel-Ländern
- Auf- und Ausbau eines Engineering-Hub in China

Gewichtete Funktionserfahrung

Die beiden Zusammenfassungen »Führungsspanne« und »Internationalität« sind für alle C-Level-Manager wichtig. Nicht für alle Lebensläufe, aber immerhin noch für etwa drei von vier, ist ein weiterer – dieses Mal grafischer – Überblick sehr nützlich: Die »Gewichtete Funktionserfahrung«, zur Klarstellung gerne ergänzt um »über die gesamte Berufstätigkeit«. Als Tortendiagramm fällt sie ins Auge, der Leser wirft unweigerlich einen Blick darauf und erfasst den Manager in seiner Vielfalt: seine bislang ausgeübten Funktions- und Verantwortungsschwerpunkte und ihre quantitative Gewichtung. Beides auf einen Blick ersichtlich durch die Größe der Segmente mit innenliegenden Prozentangaben. So sind die Haupt- und Nebenschwerpunkte bislang ausgeübter Funktionen sofort erkennbar, einschließlich der jeweils zugehörigen Erfahrungen und Expertise, die in Stichworten unter den drei bis fünf Segmentüberschriften mit Spiegelstrichen aufgeführt werden.

Das ergibt einen Überblick, der einerseits sehr individuell Ihre Erfahrungsvielfalt zeigt, und andererseits die wichtigsten Dinge aufgelistet, die – je nach Ihrer Funktion – von allen CEOs, CFOs oder COOs erwartet werden müssen: beispielsweise Strategie/Business-Modell für den CEO, Reporting und HGB/IFRS-Jahresabschlüsse für den CFO oder Qualitätssicherung und KVP für den COO. Damit gibt das Tortendiagramm in sehr knapper Form Sicherheit bezüglich des Selbstverständlichen und zeigt zugleich Ihre individuellen Schwerpunkte, ja bisweilen Besonderheiten auf.

Der zweite Vorteil einer solchen grafischen Übersicht: Ihre CV-Leser denken in Unternehmensfunktionen, in CxO-Kategorien. Diese Darstellung berücksichtigt dies durch ihre Überschriften, informiert sie kurz und bündig über Ihre CxO-Variationen und erweitert Ihre Gestaltungsmöglichkeiten, denn Sie können die Wahrnehmung der Leser in Ihrem Sinne lenken – im Rahmen dessen, was Sie tatsächlich verantwortet haben. Wenn Sie bislang keine Gesamtverantwortung innehatten, diese aber anstreben, tun Sie gut daran, glaubhaft zu machen, dass diese Ihnen durch Ihre bisherigen Verantwortungen ein wenig vertraut ist (sicherlich werden Sie für die Darstellung eine kleinere Segmentgröße wählen). Dies dürfte bei den meisten C-Level-Managern wahrheitsgemäß darstellbar sein. Auch wenn Sie selbst keinen gesamtverantwortlichen Funktionstitel im Unternehmen geführt haben (CEO, GM, BU-Leiter oder Ähnliches), aber vertraut sind mit typischen GM-Aufgaben wie Strategie, Risk-Management, Compliance oder gar der unerlässlichen P&L-Verantwortung, können Sie dies in einem kleineren Segment zusammenfassen und dafür die zutreffende Segmentüberschrift General Management, statt beispielsweise General Manager, wählen.

Selbst wenn Sie keine Gesamtverantwortung anstreben, kann es – etwa für CFOs und andere sehr eng mit dem Gesamtverantwortlichen zusammenarbeitende Funktionen – empfehlenswert sein, ein kleines Segment für »General

Management« zu reservieren. Der CEO, der Ihren CV liest und einen Finanzchef oder Technischen Geschäftsführer sucht, wird es gerne sehen, wenn sein mögliches künftiges »Mitglied der Geschäftsleitung« aus praktischer Erfahrung eine Idee davon hat, was ein Gesamtverantwortlicher alles im Blick haben muss, weil er in Teilen selbst schon ähnliche Verantwortung getragen hat. Vor allem war er es offenbar gewohnt, stets das Unternehmen als Ganzes zu sehen und nicht alles durch die Brille des Fachverantwortlichen Finanzen oder Technik zu betrachten und zu versuchen, für diese Bereiche das Beste herauszuholen.

Nutzen Sie diesen Gestaltungs- und Informationsspielraum. Denn so lenken Sie den Blick auf das jeweilige Gewicht Ihrer Funktionserfahrung, worüber die Berufsstationen-Übersicht von Seite 1 im Überblick nicht informiert. Dies rückt auch vielleicht unvermeidbare Falschzuordnungen zurecht,

Weiterer Vorteil: Wenn Sie in manchen Berufsstationen sehr unternehmensspezifische und für den Leser schwer zuzuordnende Funktionsbezeichnungen führten, die Sie im CV nennen mussten, weil Sie sie guten Gewissens nicht in übliche Funktionsbezeichnungen umwandeln konnten, dann wird dies erneut richtiggestellt (zusätzlich zu den erläuternden Unterpunkten in der mittleren Spalte der Berufsstationen von Seite 1).

Ein solches Tortendiagramm ist nicht nur für Mehrfach-Funktionserfahrungen geeignet, sondern auch sehr gut für die Schwerpunkt- und Inhaltsdarstellung einer einzelnen Funktion wie etwa Finanzen oder Technik.

Gewichtete Funktionserfahrung

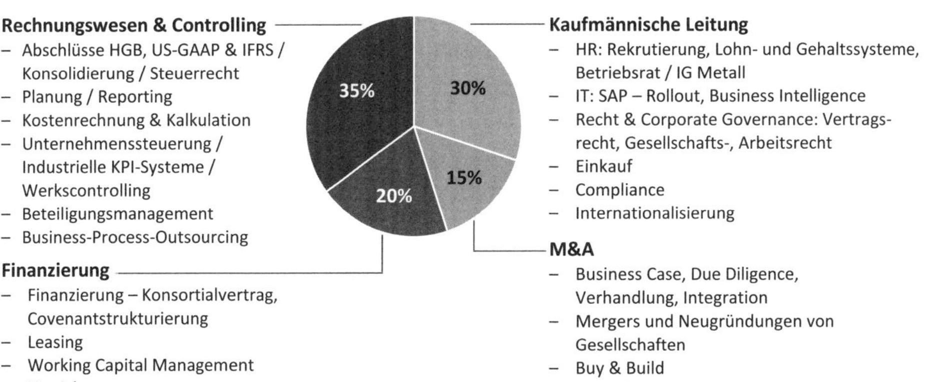

Die Darstellungsmöglichkeiten sind vielfältig, sie sind immer am Informationsbedürfnis der Leser und an den eigenen Interessen auszurichten. Diesen Gestaltungsspielraum nutzen Sie zur übersichtlichen Klarstellung der Fakten sowie für Ihr Ziele, Vertrauen zu stiften, dass Sie tatsächlich das konnten oder könnten, was Sie anstreben.

Auch wenn für etwa 75 Prozent der C-Level-CVs eine solche grafische Übersicht sehr erhellend ist und deren Wirksamkeit noch einmal zusätzlich steigert, ist es bei manchen klüger, die Aufmerksamkeit des Lesers sowie den Raum für anderes zu nutzen.

Erfahrungen mit unterschiedlichen Eigentümerstrukturen, Unternehmensphasen, Branchen und Methoden: die Erfahrungs- und Kompetenzübersicht

Eine Zusammenfassung Ihrer bislang erlebten unterschiedlichen Arten von Unternehmenseigentümern und -phasen: Warum sollten Sie prüfen, ob eine solche Übersicht für das bessere Verständnis auch Ihres CVs wichtig sein könnte?

Weil sehr viele Ihrer CV-Leser gezielt, zumindest unbewusst, danach suchen! Sie wollen wissen, ob Sie sowohl für Mittelstands- als auch für Konzernunternehmen gearbeitet haben und diese von innen kennen. Oder ein reiner Mittelstands- oder Konzernmann sind. Denn hieraus werden sie schließen, ob Sie eher gut oder weniger gut in ihr Unternehmen passen würden.

Mittelstand und Konzern, beide haben ihre typischen Strukturen, Unternehmenskulturen und Entscheidungswege. Und viele Entscheider verbinden mit diesen beiden in Deutschland meistverbreiteten Eigentumsverhältnissen oft noch weitere Stereotypen. Und egal ob der CV-Leser gerade ein Unternehmen aus dem Konzern oder Mittelstand vertritt, nicht wenige dünken sich jeweils der anderen Seite überlegen, und gleichzeitig beneiden viele wiederum die anderen um deren typischen Vorteile. Beide erlebt zu haben, in beiden Erfolge erzielt zu haben, macht Sie noch ein bisschen attraktiver, denn einerseits sind Sie mit den Strukturen und der Unternehmenskultur, die das suchende Unternehmen selbst aufweist, vertraut, zum anderen bringen Sie auch Erfahrungen mit dem »Gegenpol« mit und könnten seine Vorzüge, soweit möglich und gewünscht, auch in das Unternehmen übertragen, dessen Entscheider gerade Ihren CV lesen. Schließlich: Kunden und Lieferanten des Unternehmens sind fast immer auch »von der anderen Seite«, als Mittelständler hat man meist mit Konzernen oder Konzerntochterunternehmen zu tun und umgekehrt.

Wenn Sie über Mittelstandserfahrung verfügen, ist es zudem gut anzuführen, ob das Unternehmen vom Eigentümer selbst geführt, gar vom Unternehmer gegründet wurde, denn oft werden Sie an diesen berichtet haben und er das Unternehmen insgesamt geprägt haben, oder ob das Unternehmen von Mitgliedern einer Familie in zweiter oder dritter Generation geführt wurde. Auch mittelständische Familienunternehmen, die ausschließlich von Fremdgeschäftsführern geführt werden, deren Familienmitglieder aber (teilweise) im Aufsichts- oder Beirat sitzen, weisen meist einen anderen Charakter auf als etwa Aktiengesellschaften im Streubesitz. All dies kennzeichnet mehr oder weniger die Erfahrungen, die Sie in das neue Unternehmen mitbringen würden und interessiert dessen Entscheider.

Und noch erfahrener wären Sie, noch mehr typische Situationen, mögliche künftige Konstellationen und Konfliktlagen wären Ihnen bereits vertraut, wenn Sie für weitere Eigentümerverhältnisse gearbeitet und deren Bedürfnisse und Gepflogenheiten kennengelernt hätten. Zu nennen wären Private-Equity- oder Venture-Capital-Gesellschaften, Stiftungen, öffentlich-rechtliche Unternehmen oder Partnergesellschaften. Klar, niemand hat und braucht alles, aber mehr als eine Eigentümerstruktur erlebt zu haben, ist immer gut. Und es gibt noch mehr als die hier aufgezählten. Beispielsweise gehören auch Start-ups mit ihrer ganz eigenen Kultur dazu. Wobei Start-up-Erfahrung auch gut in die zweite Spalte dieser Übersicht »Unternehmensphasen« passen würde, wenn Ihnen das dort wichtiger ist. Wenn Sie sorgfältig gearbeitet haben, dann ist all das zwar schon auf Seite 1 ersichtlich (es sei denn, Sie wollten es dort bewusst nicht hervorheben), aber es ist verstreut über Ihre »Beruflichen Stationen« und nur durch die zusammenfassende Hervorhebung wird sichergestellt, dass die Bandbreite Ihrer Erfahrungen dem Leser bewusst wird.

Den Leser interessiert noch ein Zweites: Ihre erlebten, gar gesteuerten Unternehmensphasen in ihrem Verlauf vom Anfang bis zum Ende, von der gerade erwähnten Start-up-Phase bis hin zum Unternehmensverkauf, einer Fusion oder Insolvenz. Natürlich, auch Insolvenz! Niemand will zahlungsunfähig werden, was aber, wenn das Unternehmen verschuldet oder unverschuldet darauf zusteuert? Dann ist es wertvoll, eine Führungskraft an Bord zu haben, die das schon einmal erlebt hat.

Fraglos attraktiver macht Sie also eine größere Bandbreite erlebter Unternehmensphasen, gleichviel, ob Sie CEO, CFO, COO oder CHRO waren: Wenn Sie immer nur in Unternehmen waren, die expandiert haben, in denen neue Kundenzielgruppen, Geschäftsfelder und Länder erschlossen wurden, es immer nur aufwärts ging, wie geübt werden Sie mit einer Abwärtsentwicklung sein? Wenn Sie niemals rückläufige Unternehmensphasen und Märkte erlebt haben, Sanierungen und gar Verlustphasen, dann wird man genauer hinschauen, ob Sie als vieljähriger »Schönwetterkapitän«, der immer nur neue Ufer angesteuert hat, damit klarkommen würden, wenn die See unruhig wird, die Margen, gar Gewinne schwinden und die Verlustzone in Sichtweite ist. Wenn Sie nie gezeigt haben, wie Sie aus rückläufigen bis existenzbedrohenden Phasen wieder herauskommen, dann ist das eben so. Niemand hat alles erlebt, niemand kann alles. Sie würden sich da schon hineinfinden, würden Sie selbst und hoffentlich auch Ihr Gesprächspartner vermuten. Aber wenn Sie es schon erlebt haben: hinschreiben! So, dass es ins Auge fällt, beispielsweise mit einer solchen Übersicht. Das Schiff, das Unternehmen, vertraut der Eigner lieber den Kapitänen, Steuermännern und ersten Offizieren an, die schönes und schlechtes Wetter kennen, mit Auf- und Abwärtsentwicklungen umzugehen wissen. Übrigens: Unternehmenseigentümer sind vom Denken her meist auch Kaufleute und damit vorsichtig. Und sei es dem angeschriebenen Unternehmen auch noch so viele Jahre gut gegangen, sie fürchten immer, es könnte einmal schlechter, es könnte schwierig werden und umgekehrt, auch wenn Ihr CV gerade von Verantwortlichen eines Unternehmens gelesen wird, das noch inmitten einer langen Phase schlechter Zahlen steckt, es wären keine Unternehmer, wenn sie nicht hofften, dass das Unternehmen da wieder herauskommt und es dann wieder ordentlich ans Geldverdienen geht. Es kommt also nicht nur darauf an, was jetzt gerade erforderlich ist, sondern die Verantwortlichen wollen auch für eine künftige negative wie auch positive Entwicklung gewappnet beziehungsweise gerüstet sein.

Dieses Bild von Ihnen müsste sich der Leser erst erschließen, indem er sich die Fakten dazu aus Ihrem CV zusammensucht. Ihres Spektrums auf einen Blick bewusst wird er sich nur durch eine solche Zusammenfassung mit lenkender Überschrift. Logisch, wenn Sie hier kaum oder gar keine Variationen erlebt haben, werden Sie das nicht auch noch besonders herausstellen und keine Übersicht einfügen; sie ist zwar für viele C-Level-Manager sinnvoll, aber vielleicht nur für gut die Hälfte. Aber selbst wenn Sie zur anderen Hälfte gehören und Ihre Vielfalt bislang erlebter Eigentümervarianten und Unternehmensphasen geringer ist, sollten Sie für sich selbst diesen Überblick zur Vorbereitung auf spätere Gespräche zusammenstellen.

Eine Fülle des denkbaren Variantenreichtums ganz normaler C-Level-Manager finden Sie in den hier abgedruckten Originalbeispielen oder in den CVs der anderen Kapitel. Am wichtigsten sind meist die Eigentümerstrukturen und Unternehmensphasen. Hervorhebenswert sind bisweilen auch erworbenes Branchen-Know-how oder Ihre Prozess-, Technologie- und Methoden-Bandbreite oder Ihr Expertenwissen. Je nach Bedarf kann die Übersicht zwei, drei oder vier Spalten aufweisen.

Erfahrungs- und Kompetenzmatrix	
Erlebte Eigentümerstrukturen	**Mitgestaltete Unternehmensphasen**
• Börsennotierter internationaler Konzern • Private Equity: KKR und Goldmann Sachs. • Mittelständisches, eigentümergeführtes Service- und Vertriebsunternehmen. • Industrieunternehmen in Familienbesitz. • Globales Händler- und Niederlassungsnetz	• Aufbau-Phasen, Expansionen, Akquisitionen und Integration, Reorganisationen, • Krisenphase mit Umsatzeinbruch und Kurzarbeit mit anschließender Konsolidierung und erneutem Wachstum, • Beitrag zur Gewinnung des chinesischen Groß-Investors Zhang: Auszeichnung von Goldman Sachs
Erworbenes Branchen-Know-how	**Produktion, Service & Prozessstandards**
• Maschinen- und Sonderbau • Automotive • Mess- und Regeltechnik • Galvanik/Werkstofflabore	• Einzel- und Serienfertigung • Gewährleistungs- und Lieferantenregressabwicklung • SAP/R3 CS & WTY, Sales & Service • SixSigma, 5S, Process & Operational Excellence

Erfahrungs- und Kompetenzübersicht	
Erlebte Eigentümerstrukturen	**Mitgestaltete Unternehmensphasen**
• Eigentümergeführtes Start-up-Unternehmen • Amerikanisch geführte mittelständische Unternehmensgruppe • 4 börsennotierte, global tätige Konzerne	• Aufbau, Expansion, Marktführerschaft und Setzen von Branchenstandards in einzelnen Geschäftsfeldern • 4 Post-Merger-Integrationsphasen nach Akquisitionen • Restrukturierung der Entwicklungsorganisation in Berlin und China mit drei Standortschließungen
Prozess-, Technologie- und Methoden-Bandbreite	**Erworbenes Branchen-Know-how**
• Einzel- und Kleinserien-Fertigung • Six Sigma (Green Belt) • Produkt- und Portfolio- Management • Stage Gate und agile Produktentwicklung • Business Excellence Systeme	• Erneuerbare Energien, Brennstoffzellen, Batterien • Halbleiterindustrie; Öl-, Gas- und Petrochemie • Feuerwehr, Rettungskräfte, Spezial-Einsatzkräfte • Industrieller Arbeitsschutz • Sensorik, Mess- und Regeltechnik, Automatisierung

Führungsstil und Persönlichkeit

Im Überblick »Führungsverantwortung und Berichtslinien« ging es vor allem um die quantitativen, messbaren sowie die zielgruppen- und organisationsspezifischen Dimensionen Ihrer Führungserfahrung.

Bei dieser Rubrik geht es um die qualitativen Aspekte Ihrer Führungserfahrung, um Ihren Führungsstil. Auch dieser ist naturgemäß bei einem Bereichsleiter, C-Level-Manager oder Geschäftsführer von sehr großer Bedeutung. Er wird wohl jeden Entscheider besonders interessieren – nur, will er davon lesen? Oder will er das lieber zurückstellen für das Kennenlerngespräch, wo er Sie unmittelbar erlebt und er die Chance hat nachzufragen, um Ihrem tatsächlichen Führungsstil auf die Spur zu kommen.

Was niemand lesen will, sind – bisweilen auch noch etwas selbstgefällig wirkende – Floskeln, Worthülsen und plakative Buzzwords. Und seien sie auch noch so modisch und scheinbar ganz wichtig wie die Hands-on-Mentalität. Auch wenn diese Eigenschaft in den meisten Stellenanzeigen und Job Descriptions von

Führungskräften gefordert wird, überlegen Sie es sich gut, ob Sie einstimmen in diesen Chor und genau dieses Persönlichkeitsmerkmal in Ihrem CV für sich in Anspruch nehmen wollen. Stünde Hands-on-Mentalität nicht überall, wären Sie vermutlich gar nicht auf die Idee gekommen, sich ausgerechnet diese zuzuschreiben. Und wenn sie Sie treffend beschreibt, gut, dann wählen Sie wenigstens ein nicht so verbrauchtes Wort, sonst glaubt Ihnen sowieso niemand, dass Sie nicht lediglich Durchschnittsanforderungsprofile für Führungskräfte abhaken wollen.

Kurzum, Ihren Führungsstil anders zu beschreiben, als er landauf, landab immer ähnlich gefordert wird, ihn zutreffend individuell zu beschreiben, ist eine besondere Kunst. Es kann gelingen, erfordert aber Zeit und Feinarbeit. Gleichzeitig wäre es eine gute Übung, eine lohnende zudem, sich hierüber eingehend Gedanken zu machen, sich vielleicht mit Menschen auszutauschen, die Sie in Ihrer Eigenschaft als Führungskraft kennen. Denn zu Recht gehört die Frage nach Ihrem Führungsstil zu den naheliegendsten, die an C-Level-Manager im Bewerbungsgespräch gerichtet werden. Sie sollten darauf vorbereitet sein.

Im Abschnitt Manager-Charakteristik (S. 178 ff.) sind Beispiele individueller Führungsstilmerkmale beschrieben, die Anregungen geben können. Und in diesem Abschnitt sind weitere Beispiele. Wenn es Ihnen gelingt, Ihren individuellen Führungsstil zu beschreiben, dann fügen Sie das ein. Wenn Sie nicht recht zufrieden sind, ist es Geschmackssache, ob Sie dann lieber keine Aussage zum Führungsstil machen und lieber das Gespräch abwarten und es schriftlich bei der Darstellung Ihrer quantitativen Führungsverantwortung belassen – oder eben einstimmen in das, was üblicherweise in Stellenanzeigen und Stellenbeschreibungen von Personalabteilungen und Personalberatern gefordert wird.

Und wenn Sie eine kurze Rubrik »Führungsstil und Persönlichkeit« einfügen, gleichen Sie sie sorgfältig mit der Manager-Charakteristik ab. Denn Führungs- und auch Managementstil als Teil Ihrer Persönlichkeit werden dort und/oder in diesem Abschnitt erscheinen.

Schließlich noch eine Überlegung zum Thema Persönlichkeit, das bis heute in vielen C-Level-CVs abgearbeitet wird: Interessen und Hobbys. Ob beides Teil der Persönlichkeit ist, mag dahingestellt bleiben. Vertretbar ist es schon und daher scheinen auch etliche Führungskräfte einer Art Reflex zu unterliegen und fügen noch eine weitere Überschrift in ihren CV ein und listen drei bis vier Substantive auf: etwa Lesen, Kochen, Reisen. Warum nicht, wenn dem so ist. Frage: Wollen Sie das auch? Oder haben Sie Mut zur Auslassung? Vielleicht, weil man keinen Einblick geben will in Privates? Jedenfalls nicht schriftlich an unbekannte Leute, aber gerne einem konkreten Menschen, der einem freundlich in die Augen blickt und interessiert fragt?

Eine aussagekräftigere Alternative, um persönliches Engagement vorab schriftlich im CV kundzutun, wäre die folgende Rubrik.

Engagement und Auszeichnungen

Auch diese führen Sie am besten, der schnellen Lesbarkeit halber, mit drei bis maximal fünf Bulletpoints auf, und natürlich nur, wenn genügend bemerkenswerte Punkte zusammenkommen. Verstreut über die CV-Beispiele in diesem Buch ist Ihnen diese Überschrift vielleicht schon aufgefallen, dort können recht unterschiedliche Betätigungen und Erfolge privater, aber auch beruflicher Natur, versammelt werden: sportliche und berufliche Preise oder Mitgliedschaften, Verbandstätigkeiten, Jury-Mitgliedschaften, ehrenamtliche Tätigkeit als Richter am Arbeits- oder Sozialgericht oder der Kammer für Handelssachen, politisches Engagement, Lehraufträge an Hochschulen, Vortragsredner, Patentinhaber, Autor (Buch, Buchbeitrag, Fachartikel), soziales Engagement in jeglicher Hinsicht. Diese Auflistung gibt typische Beispiele, Sie werden die Ihren finden und überlegen, ob sie es Ihnen wert sind, angeführt zu werden – und wenn ja, ob die Überschrift »Persönliches und berufliches Engagement« oder eine Abwandlung besser passt.

Schlusswort

Die C-Level-Manager, die ihre in diesem Buch beschriebene persönliche Strategie entwickelt und umgesetzt haben, gingen durchschnittlich einen sechsmonatigen Weg: vom ersten Entwurf ihrer neuen Unterlagen, ihrer schrittweisen Vervollkommnung, der Zielgruppendefinition, Adressselektion und Aussendung über die vielen Gespräche bei unterschiedlichen Unternehmen bis hin zur sorgsamen Auswahl und Entscheidung für eine neue Aufgabe, einschließlich der Prüfung und Unterzeichnung eines neuen Arbeits-, Geschäftsführer- oder Vorstandsvertrags.

Dieser skizzierte Weg ist zweigeteilt: Die erste Hälfte endet mit der Aussendung an die Unternehmen, die zweite beginnt mit den Erstgesprächen bei den Unternehmen und vorgelagerten Personalberatern und schließt ab mit der Vertragsunterschrift. Im Zentrum dieses Buches *Die CEO Bewerbung* steht die erste Hälfte des Wegs, auch wenn da und dort schon einzelne Chancen sowie Hürden und Fallstricke der zweiten Hälfte kurz angesprochen worden sind.

Ein zweiter Band, *Die CEO Auswahl* schließt sich daher an, der sorgsam durch die Untiefen des C-Level-Auswahlverfahrens navigiert und all das beschreibt, womit im Zuge eines meist viele Wochen andauernden Auswahlverfahrens zu rechnen und wie am besten hierauf zu reagieren ist. Er umfasst ebenso das Nutzen sich auftuender Chancen, beispielsweise bei den Vertragsverhandlungen, zeigt aber auch detailliert auf, wie Erstgespräche am besten zu führen sind, damit sie höchstwahrscheinlich fortgesetzt werden, und worauf bei den Folgegesprächen zu achten ist, damit Sie noch vor Vertragsunterschrift herausfinden können, was Sie nachher erwartet – kurzum, damit Sie die richtige Entscheidung treffen, Ihre Karriere weiterentwickeln und Ihre Zufriedenheit aufrechterhalten können und nicht etwa durch Fehlentscheidungen bei der Auswahl vom Regen in die Traufe kommen, wie der Praxisfall Reblan gezeigt hat. Denn einen Wechsel ohne Risiko gibt es nicht.

Am Ende dieser auch anstrengenden vielen Monate, nach Durchlaufen dieser beiden Teile, sollte die Belohnung auf Sie warten: Einem Bergsteiger gleich haben Sie mit dieser besonderen Methode den nächsten Gipfel erreicht und genießen nach diesem anstrengenden und doch auch schönen Weg die wunderbare Aussicht auf das, was vorher nicht sichtbar und erkennbar war. Sie können stolz auf Ihren Einsatz sein und sind meist begeistert von Ihrer wohlverdienten »Ernte«. Zugleich wissen Sie nun, dass diese »Bergbesteigung« jederzeit wieder machbar ist – auch bei höheren Bergen. Das beflügelt! Und vor allem gibt es Sicherheit, eben weil es wiederholbar ist. Das größte Vertrauen in sich selbst und seine Fähigkeiten gewinnt man stets, wenn einem etwas wirklich wichtig ist und gelingt, so wie hier die systematische Suche einer neuen Aufgabe.

Der Hirnforscher Gerald Hüther beschreibt das, was nach Verantwortungsübernahme folgt, so: »Dann strengt man sich auch richtig an, um es zu erreichen. Dann fokussiert man seine Aufmerksamkeit auf das angestrebte Ziel, dann unterdrückt man alle möglichen anderen Bedürfnisse, dann entwickelt man eine Strategie und macht einen Plan, um das, was einem so wichtig ist, nun auch wirklich umzusetzen. Und wenn das Ganze dann auch tatsächlich klappt, ist man hellauf begeistert. […] Denn nur für das, was einem Menschen wichtig ist, kann er sich auch begeistern, und nur wenn sich ein Mensch für etwas begeistert, kommt in seinem Gehirn die Gießkanne mit dem Dünger in Gang.« (Hüther, 2013)

Der Einsatz dieser Methode und die Umsetzung der sieben Prinzipien haben jedoch einen größeren Wirkungskreis als lediglich den Ihrer berechtigten persönlichen Zufriedenheit und Ihres beruflichen Weiterkommens. Denn auch Unternehmen profitieren von dieser erreichten Passgenauigkeit und gegenseitigen Nutzenoptimierung. Würden alle Unternehmenslenker und Personalentscheider auf Erfolgsbeiträge, Transparenz und Wahrhaftigkeit achten, würde sich das nachhaltig auf die Motivation der Mitarbeiter – nach oben und unten – auswirken. Diese gesteigerte Motivation führte in Kombination mit den Erfolgsbeiträgen des neuen C-Level-Managers zu einem noch höheren Beitrag für das Unternehmen – und einer Steigerung des Public Values (Gomez/Meynhardt, 2011). Die Wirkung würde also weit über den einzelnen eingestellten C-Level-Manager hinausgehen. Bei konsequenter Umsetzung würde sie das ganze Unternehmen und damit auch seine Kultur erfassen. Das ist ein mutiger Schritt und verlangt von den oberen Führungskräften ein Loslassen von tradierten Denk- und Handlungsweisen. Doch auch diese Bergbesteigung würde reich belohnt.

Wir können noch einen Schritt weiter gehen. Was würde das für die Wirtschaft und schließlich die Gesellschaft bedeuten, wenn die hier empfohlenen sieben Prinzipien gelebt würden? Das mag einem philosophischen Gedankenspiel gleichen. Doch sind es gerade diese Gedankenspiele, die uns Menschen auf neue Wege und Ideen bringen. Die Vorstellung, dass (fast) alle Menschen den zu ihrem Potenzial passenden Job finden, hat etwas Wunderbares. Auch wenn es aus heutiger Sicht dafür eines Wunders bedarf.

Doch jeder von Ihnen kann einen Teil dazu beitragen, ein bisschen Wunder zu vollbringen. Fangen Sie zunächst bei sich an und schaffen Sie für sich die rundum passende Aufgabe. Als C-Level-Manger sind Sie dann erneut an Personalauswahl, Personalentscheidungen und Personalführung beteiligt. Wenn Sie in dieser verantwortungsvollen Position die sieben Prinzipien im Kopf und Herzen haben, tragen Sie dazu bei, mehr Begeisterung, Nutzen und Erfolg für das Unternehmen und seine Mitarbeiter und letztendlich die Gesellschaft zu erreichen. Sprich, diese sieben Prinzipien sind nicht auf die Phase der Bewerbung und beruflichen Neuorientierung beschränkt. Sie sind im größeren Zusammenhang wertvolle Führungsprinzipien.

Literatur

Bender, Rolf; Häcker, Robert; Schwarz, Volker, *Tatsachenfeststellung vor Gericht: Glaubhaftigkeits- und Beweislehre, Vernehmungslehre*, München, 5. Aufl., 2021.

Bürkle, Hans, *Aktive Karrierestrategie,* Wiesbaden, 4. Aufl., 2013.

Bürkle, Hans, *Mythos Strategie,* Wiesbaden, 2. Aufl., 2012.

Ehmann, Hermann, *Läuft!: Neue unverzichtbare Bürofloskeln*, München, 2021.

Hüther, Gerald, *Was wir sind und was wir sein könnten,* Frankfurt am Main, 10. Aufl., 2013.

Kanning, Uwe P., *Personalauswahl zwischen Anspruch und Wirklichkeit. Eine wirtschaftspsychologische Analyse*, Berlin, Heidelberg, 2015.

Kitz, Volker; Tusch, Manuel, *Das Frustjobkillerbuch,* Frankfurt am Main, 2018.

Malik, Fredmund, »Zu viele Sandkasten-Elemente«, in: *Personalwirtschaft – Magazin für Human Resources, 04/2008.*

Malik, Fredmund, *Strategie des Managements komplexer Systeme: Ein Beitrag zur Management-Kybernetik evolutionärer Systeme*, Bern, 11. Aufl., 2015.

Meynhardt, Timo, »Mehr Füchse – weniger Igel«, in: *Harvard Business Manager, Schwerpunkt Karriere. Der große Sprung – wie aus Managern* Topmanager werden, 07/2012.

Meynhardt, Timo; Neumann, Paul; Christandl, Fabian: *»Sinn für das Gemeinwohl«. In: Harvard Business Manager, 2018, S. 66–71.*

Meynhardt, Timo; Pinkwart, Andreas; Suchanek, Andreas; Zülch, Henning, *Das Leipziger Führungsmodell: Führen und beitragen*, 3. Aufl., 2019.

Nebel, Jürgen; Nebel, Nane, *Die CEO-Auswahl: Die drei Hürden zur neuen Verantwortung und wie Sie diese meistern*, Frankfurt, New York, 2020.

Nölke, Matthias, *Vertrauen im Beruf. Wie man es aufbaut. Wie man es nutzt. Wie man es verspielt*, Freiburg, 2. Aufl., 2016.

Schmitt, Tom; Esser, Michael, *Statusspiele. Wie ich in jeder Situation die Oberhand behalte,* Frankfurt am Main, 10. Aufl., 2010.

Strobl, Natascha, *Radikalisierter Konservatismus: Eine Analyse*, Berlin, 2021.

Weuster, Arnulf, *Personalauswahl I. Internationale Forschungsergebnisse zu Anforderungsprofil, Bewerbersuche, Vorauswahl, Vorstellungsgespräch und Referenzen*, Wiesbaden, 3. Aufl., 2012.

Weuster, Arnulf, *Personalauswahl II. Internationale Forschungsergebnisse zum Verhalten und zu Merkmalen von Interviewern und Bewerbern*, Wiesbaden, 3. Aufl., 2012.

Register

90-Sekunden-Spots 14, 80

Absichtserklärungen, vertragliche 41
Abwesenheit, familienbedingte 19
Adressselektion 81, 144, 211
AIDA-Formel 85
Alternativentransparenz 92
Alternativlosigkeit 40
Anforderungsprofil 103 f., 129
Anschaulichkeit 66
Anschlussbeschäftigung, fehlende 19
Antipathie 108
Assessment-Center 108
Assoziationsketten 66
Audit 108
auftrumpfen 128
Aufwendungsersatzausschluss 131
Augenhöhe 31, 40, 43, 84, 88, 119 f., 122 f., 125–133
Auswahlverfahren 38, 62 f., 91, 108, 121, 131, 150, 211
Auszeichnungen 77, 191, 206, 209
Authentizität 93, 117, 121, 148, 151
Autonomie 37, 39 f., 44

Bedarf, wecken von 143 Befreiungsschlag 24, 30
Begeisterungsfähigkeit 20, 117 f.
Begriffe
–, abstrakte 66
–, aufgeladene 66
–, emotional besetzte 67
Beiträge
- zum Geschäftserfolg 14, 51
- zum Unternehmenserfolg 32, 49 f., 52–55, 58, 62, 74, 88, 97 f., 109, 111, 114, 116, 128, 136 f., 158, 170, 196, 198, 200
Beobachtungsgabe 23
berufliche Stationen 71, 73, 76, 83, 108, 174 f., 177, 179, 182–184, 190, 192, 195 f., 200, 205
Berichtslinien 73 f., 77, 124, 134, 146, 163, 191, 197 f., 207
beschönigen 122
Betriebsamkeit, operative 50
Bewerberinterview 75
Bewerbungsfoto 111, 177 ff., 183
Bewerbungsgespräch 26, 72, 95, 99, 101, 105, 116 f., 133, 148, 208
Bewerbungsmappe 43 f., 80, 172 f.
Bewerbungsphase 23
Bewerbungsratgeber 12, 61, 116
Bewerbungsstrategie 19, 25 f., 136
Bewerbungsunterlagen 61 f., 65, 108, 120
Bewerbungsverfahren 14, 39, 61, 63, 93 f., 108, 121, 128, 132
Beziehungsnetzwerk 28, 30 f.
Branchengrenzen 23
Branchenwechsel 21, 92
Briefanrede 87

Charaktereigenschaften 60
Charisma 117
C-Level-Manager 12 f., 29 f., 32, 38, 40–43, 45 f., 61 f., 72, 81, 88 f., 91 f., 94 f., 110 f., 114, 116, 121 f., 124 f., 131, 134, 136, 143 f., 174, 180, 186, 201, 202, 206–208, 211 f.
Compliance-Regeln 31, 133
Compliance-Richtlinien 43
Compliance-Vorschriften 31
CV-Aufbau 60, 71, 192

Dankbarkeit 120
DAX-Vorstände 14, 31
Deckblatt 172 f.
Defensive 123
Defizite, ansprechen von 102
Detailgenauigkeit 70
Direktansprache 22, 31 f., 47, 62, 150
Direktmarketing 12, 83, 85 f.

Ehrlichkeit 64, 93–95, 104, 106, 148, 151
Eigentümerunternehmer 23, 25, 90, 120, 140
Eigentümerstruktur 74, 77, 89, 91, 191, 196, 203 f., 206 f.
Einstellungsverhandlungen 24
Einwandbehandlungstraining 14
Einzel-Assessment 132
Emotionalität 107–109, 116 f., 121
Energo-Kybernetische Strategie 135
Engagement 77, 191, 193, 208 f.
Engpasskonzentrierte Strategie (EKS) 11, 135
Entfaltungsmöglichkeiten 26
Entscheidungsgrundlage 92, 127
Entscheidungsprozess 86, 88, 145, 168
Entscheidungsspielfeld 22 f.
Entscheidungsträger, Direktansprache von 22, 31f., 62, 150
Entwicklungsschritte, nächste 27
Erfahrungs- und Kompetenzübersicht 191, 203, 206 f.
Erfolgsdarstellung 13 f., 49–52, 54, 60 114, 116, 136, 200
Erstgespräche 15, 21 f., 25, 28, 30 f., 39, 82 f., 90, 115, 125, 128 f., 139, 149, 171, 211
Erwünschtheit, soziale 94
Evolutionskonforme Strategie 135
Executive-Search-Berater 19, 28, 39, 47, 62–64, 83, 121, 126, 139, 143, 149, 168
Executive Summary 73 f.

Fachkompetenzen 50, 124
Familienunternehmer 25
Family Office 28, 140
Feedback 139, 169
Fehlbesetzung 124
Finanzkrise 27
Firmendatenbanken 44, 82, 140
Folgegespräche 26, 129, 131, 145, 150, 211
Formulierungskunst 94
Fotoshootings 14
Fragen, indiskrete 119
Fragen, zuspitzen von 104, 133
Frageoptionen 133
Freistellungszeit 150
Führungsebene
–, erste 11, 41
–, mittlere 122
–, zweite 11
Führungserfahrung 12, 71, 73, 197, 207
Führungsstil 96, 197, 208 f.
Führungsverantwortung 71, 77, 122, 191, 196–198, 207 f.
Funktionserfahrung, gewichtete 77, 182, 196, 200–203
Funktionsspagat 27
Funktionsverantwortung 11, 192–194
Fusion 20, 46, 105, 193, 205

Gehaltsgewinn 92
Gehaltstransparenz 92
Gehaltsvorstellungen 133
Geiz 131
Gelassenheit 126
Gemütslage 26
Gesamtverantwortung 24, 51, 58, 75 f., 86, 136, 181, 187, 190, 202
Geschäftsführervertrag 24 f.
Gesichtsverlust 129
Gesprächsangebote 28, 141
Gesprächsführung 110, 152
Glaubwürdigkeit 53, 60, 95, 102, 108, 117, 128, 150, 179
Gleichzeitigkeit, fehlende 40
Golfplatzmentalität 124
Gründerunternehmer 23
Gutsherrentum 124

Headhunter 13, 21 f., 27, 29 f., 32, 38 f., 41 f., 46, 92, 94, 120, 122, 143 f.
Hidden Agenda 38, 145, 149
Hoffnung 22, 124

Humor 116
Hygiene, psychische 119

Individualität 121
Informationslage, eingeschränkte 138
Initiativbewerbung 14, 19, 32, 44, 47, 80 f., 85, 88, 125 f., 140, 142
interkulturelle Erfahrung 77, 191, 196, 198 f., 200 f.
internationale Verantwortung 191, 196, 198, 200 f.
Internationalität 57, 74, 77, 141, 182, 199–201
Internetforen 105
Interview 50, 63 f., 89, 94 f., 99, 108, 117, 132, 167
Interviewstile 63 f.
Intransparenz 29

Jobbörse, elektronische 42
Job Description 32, 43, 84, 101, 187, 207

Jobinterview 125 ff.
Joint Venture 20, 74, 187, 200

Kaltakquisition 81
Karriereknick 28
Karrieremanagement 44
Kennenlerngespräch 23, 25, 132, 159–162, 207
Klauseln
–, arbeitsvertraglich zugesicherte 27
–, unbestimmte 40
Kommunikationssicherheit 101
Kompetenzdarstellung 13
Kompetenzkataloge, gleichförmige 13 f.
Kompetenztest 14
Komplexität 57, 65, 73, 138, 196 f.
Kontaktnetz 29–31, 38 f., 41, 44, 183
Krankheit 19
Krisenphase 77, 206
Kundenbeziehungsmanagement 53
Kybernetik 135 f., 144
Kybernetische Managementlehre 135
kybernetische Regelkreise 138

Lean-Management-Methoden 25
Lebenslauf 14, 38, 49, 54, 71, 73, 84, 169, 172 f., 201
Leidenschaft 76, 116–118
Leistungswille 121
LinkedIn 32, 177
Lobhudeleien 23, 61
Lügen 93 f., 122

Malik Management Zentrum St. Gallen 11
Managementfehler 107
Managementqualitäten 24
Managementtrainer 11
Managementvakanzen 29, 92
Manager-Charakteristik 76, 174 f., 178–182, 192, 196, 198, 201, 208
Marktansprache, systematische 120
Marktanteilssteigerung 52
Marktattraktivität 38
Marktinteresse, vermutetes 137
Marktreaktionen 11
Markttransparenz 32
Mentor 20 f.
Merger 38
Methodik 30, 138
Motivationsergründung 123 f.
Motivationsschreiben 120–123

Nachhaken 132
Netzwerke, soziale 32, 65, 177
Neuorientierung 26, 39, 75, 119, 150, 213
Niederlage 27
Nutzenoptimierung, gegenseitige 212
Nutzenversprechen 115

Offenlegung, Pflicht zur 100
Onlinemedien 37, 41
Outplacement-Beratung 14, 29

Paradigmenwechsel 26
PAR-Methode 136
Passgenauigkeit 212
Performancedarstellung 33, 55, 110
Personalberater 61, 63, 99, 111, 119, 125, 149, 167 f., 170
Personalchef 13, 27, 43 f., 61–63, 92, 99 f., 105 f., 120, 122, 126 f., 129, 139, 141, 143, 168

Personalverantwortliche 13, 27, 32, 39, 47, 61 f., 64, 138
Personalverantwortung 19
Persönlichkeit 170 f., 176, 197, 207 f.
Phrasen, anzeigentypische 32
Präsentation 32, 67, 169
Private Equity 77, 186, 198, 206
Professionalität 107 f., 117
Prognostizierbarkeit, geringe 138
Psychotest 14
Public Value 212

Qualifikationsprofil 87
Qualitätsverbesserung 53
Quereinsteiger 144

Rasterfahndung 44, 82
Ratgeberliteratur 12, 42, 99, 102
Regelkreise, kybernetische 138
Reisekosten, Übernahme der 130
Reizworte 82, 140 f.
Rekrutierungsprozesse 31
Rekrutierungsverfahren 61, 63
Respektlosigkeit 120
Restrukturierung 58, 91, 150, 175, 184, 207
Rhythmus 62
Rollenspiele 14, 102
Rücklagen 24
Rückmeldung 53, 83, 138 f.

Sachlichkeit 65, 107
Sanierung 12, 74, 87, 187, 191, 205
Scheuklappendenken 144
Selbstbewusstsein 56, 128 f.
Selbstwahrnehmung 119, 139
Selfmademen 23
Serienbrief 87
Seriosität 61, 108, 117
Servilität 128
Social Media 32
Social Skills 50
Souveränität 37, 39–41, 44, 88, 92
Stabsfunktion 71, 96, 197
Standardformulierungen 32
Stärken-Schwächen-Analyse 127, 134
Stellenanzeigen 39, 61, 84, 122, 167, 177, 207 f.
Stellenanzeigen-Bewerbung 39
Stellenausschreibung 13, 27, 38
Stellenbeschreibung 13, 27, 50, 62, 94, 101 f., 117, 122 f., 208
Stellenmarkt
–, offener 80, 92, 169
–, verdeckter 29 f., 39, 92, 142, 182
Stolperfallen 128
Stolpersteine 128
Storytelling 109, 115 f., 199
Strategieentwicklung 127, 135–138, 141
Strategieumsetzung 87, 138 f.
Suchprozess 86
Sympathie 108, 111

Transparenz 29 f., 38, 56, 69–75, 80, 82, 89, 92, 99, 102, 105, 212
Treffsicherheit 92
Tunnelblick 26

Übertreibung 93 f.
Überzeugungskraft 108 f.
Umsatzzuwächse 51 f.
Umstrukturierung 28
Unternehmensalltag 38, 42, 44, 118
Unternehmensankäufe 12
Unternehmensentwicklung 20, 127, 163
Unternehmensfunktionen, angestrebte 77, 86, 135, 174 f., 182 f., 190
Unternehmenshierarchie 11
Unternehmenskultur 57, 90 f., 112, 138, 204
Unternehmensphasen 74, 77, 191, 196, 203–207
Unternehmenssteuerung 107, 127
Unternehmensstrategie 12, 77
Unternehmensverkauf 12, 51, 205
Unternehmenszahlen 24, 26
Unternehmensziele 51–53, 55, 74
Unwahrheit 93–95, 99

Vakanz 29–31, 38, 41–43, 47 f., 62, 80–84, 88, 121 ,134, 139, 142 f., 151, 167
Vakanzentransparenz 38, 92
Verkaufsverhandlungen 24

Versprechungen 23, 41
Vertriebsverantwortung 11, 20
Videosession 14
Vorstellungsgespräch 13 f., 94, 108, 124, 145, 149

Wahlfreiheit 37, 39–41,92
Wahlmöglichkeit 42
Wahrhaftigkeit 93, 95, 123, 148, 151, 212
Wahrnehmung 23, 26, 126, 202
War for talents 131
Werteforschung 12
Wettbewerbsdruck 31, 112
Wirtschaftssektor 19, 21 f.
Worthülsen 84, 179, 207

Die Autoren

Foto: © joerg petry – jp fotografie

Dr. Jürgen Nebel war unter anderem Geschäftsführer eines Konzerntochterunternehmens und Headhunter für eine international führende Executive-Search-Beratung. Er ist heute als Karriere-Berater, Karriere-Coach und Rechtsanwalt auf das Newplacement oberer Führungskräfte spezialisiert.

Foto: © joerg petry – jp fotografie

Nane Nebel ist Karriereberaterin und -coach mit umfassender Praxiserfahrung als Inhouse-Consultant eines DAX-Konzerns und in verschiedenen operativen Führungsfunktionen. Sie unterstützt Führungskräfte bei der beruflichen Neuorientierung. Zudem schreibt sie Blogbeiträge zu Karriere und Bewerbung von Führungskräften als Xing-Branchen-Insider.